Agile Führung

Steffi Triest, Jan Ahrend

Agile Führung

Mitarbeiter und Teams erfolgreich führen und coachen

2. Auflage

mitp

Bibliografische Information der Deutschen Nationalbibliothek
Die Deutsche Nationalbibliothek verzeichnet diese Publikation in der Deutschen Nationalbibliografie; detaillierte bibliografische Daten sind im Internet über http://dnb.d-nb.de abrufbar.

Bei der Herstellung des Werkes haben wir uns zukunftsbewusst für umweltverträgliche und wiederverwertbare Materialien entschieden.
Der Inhalt ist auf elementar chlorfreiem Papier gedruckt.

ISBN 978-3-7475-0622-6
2. Auflage 2023

www.mitp.de
E-Mail: mitp-verlag@sigloch.de
Telefon: +49 7953 / 7189 - 079
Telefax: +49 7953 / 7189 - 082

eco zoom
natureOffice.com/DE-077-529981
CO2e-emissions compensated

Lektorat: Katja Völpel
Covergestaltung: Christian Kalkert
Coverfoto: Worawut/stock.adobe.com
Satz: Petra Kleinwegen
Druck: Plump Druck und Medien GmbH, Rheinbreitbach

Inhaltsverzeichnis

Vorwort zur zweiten Auflage

Natürlich war es für uns eine großartige Überraschung zu erfahren, dass unser Buch zum zweiten Mal aufgelegt werden soll. Sehr wahrscheinlich liegt das daran, dass das Thema weiterhin in vielen Unternehmen eine große Rolle spielt.

Andererseits ist ja die Zeit nicht komplett stehen geblieben. Jan Ahrend hat sich zwischenzeitlich dem Thema Achtsamkeit gewidmet und dazu ein weiteres Buch publiziert: »Agile & Mindful Leadership«. Rund um die Etablierung von Achtsamkeit im professionellen Kontext finden sich viele konkrete Anwendungsfälle und Workshops.

Unternehmen, die sich mit dem Agilen Mindset auseinandersetzen, werden Bezüge zur Achtsamkeit herstellen. Möglich ist es aber auch, dass Resilienz oder Embodiment oder eine Melange aus beidem als Orientierung dienen.

Da die Zielrichtung des vorliegenden Buchs eine allgemeine Annäherung an alle Optionen ist, haben wir diese Struktur beibehalten.

Wir stellen in dem ergänzten Kapitel 5 gute und lohnende Ansätze vor, die dabei helfen, die Mitarbeiter des Unternehmens stärker in den Mittelpunkt zu rücken.

Die Struktur der Unterkapitel folgt wiederum der bereits vorliegenden Anordnung (vom Einzelnen über das Team zum Unternehmen als Ganzes).

Einleitung

Agilität ist mehr als eine Modewelle, sie wird nicht wieder verschwinden. In der Management-Literatur haben solche Wellen alle möglichen Themen und Ansätze auf die Tagesordnung von Managern gespült. Mit Agilität verhält es sich da anders. Agilität ist die Reaktion auf eine veränderte Welt. Diese Veränderung ist mit dem Wort VUCA sehr gut zusammengefasst. Es enthält die Anfangsbuchstaben von Volatilität (Schwankungsbreite), Unsicherheit, Komplexität (im Englischen mit »C«) und Mehrdeutigkeit (im Englischen ambiguity – »A«). Die Welt und damit der Markt verändern sich nachhaltig. Er wird immer stärker durch diese vier Attribute geprägt und sie treten nicht isoliert, sondern gemeinsam auf. Diese VUCA-Welt wird für viele Unternehmen zunehmend unplanbar und Agilität wird vielerorts als die Antwort auf diese Unplanbarkeit verstanden.

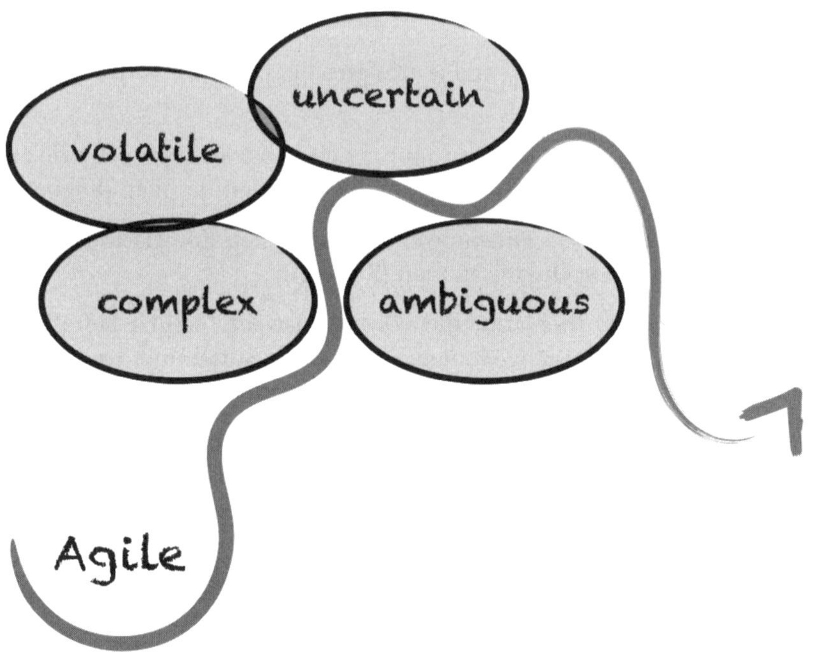

Abbildung 0.1: Agile als Reaktion auf VUCA

Unternehmen versuchen immer stärker, situativ und schnell auf Veränderungen zu reagieren, statt einmal geschriebene Pläne zu unreflektiert weiter auszuführen. Mit dieser Flexibilität wird auf allen Unternehmensebenen gleichzeitig experimentiert. Auf der strategischen Ebene und auch auf der Mitarbeiter- und Teamebene werden neue bewegliche Tools eingesetzt. Experimente damit und das Ausgründen von Start-ups führen oft nicht kurzfristig zum gewünschten Ergebnis und Agilität ist daher in vielen Unternehmen schon zum Unwort mutiert. Sie wird zum Teil schon als die Effizienz 2.0 verunglimpft. Deshalb hier in aller Deutlichkeit:

Agilität ist ohne das passende Mindset vermutlich nicht einmal ein zweitklassiges Tool.

Ein Reisender, der sich Komfort und hohe Servicequalität wünscht, bucht eine Kreuzfahrt mit dem Anspruch »so richtig zu genießen«. Er hat gute Chancen, am Ende der Reise befriedigt von Bord zu gehen. Wer sich mit demselben »Mindset« auf eine Wanderung durch Lappland begibt, wird sehr wahrscheinlich frustriert nach Hause zurückkehren. Auch eine High-End-Campingausrüstung ersetzt das passende Mindset nicht. Agilität ist wie eine Reise mit leichtem Gepäck: mit Handgepäck.

Dieses Buch hat den Anspruch, Sie auf die Strapazen und auch die schönen Erlebnisse einer solchen Reise ganzheitlich vorzubereiten. Dazu sind die folgenden Betrachtungsebenen notwendig:

Der Mitarbeiter: führt sich selbst und je erfolgreicher er das tut, umso erfolgreicher ist das Unternehmen (Kapitel 1).

Das selbstorganisierte Team: Das Team führt sich selbst und optimiert die eigenen Prozesse. Es folgt gemeinsam einer Vision und dient dem Kunden (Kapitel 2).

Leadership: Das Wirken von Führungskräften im agilen Kontext funktioniert anders als in hierarchischen Organisationen (Kapitel 3).

Die agile Organisation: Nicht nur die Führung ist von Agilität betroffen, auch Struktur, Prozesse, Funktionen, Strategie, physische Mittel und die Identität des Unternehmens sind von der Veränderung betroffen (Kapitel 4).

All diese Betrachtungsebenen sind notwendig, um das Thema ganzheitlich zu erfassen und zu implementieren. Teilimplementierungen schaffen im gleichen Umfang Probleme und Konflikte, wie sie sie lösen. Es gibt bereits viele kluge und interessante Bücher zur Agilität der ersten Welle.

Vielen ist aber gemeinsam, dass sie auf Teilaspekte fokussieren und deshalb den Kern nicht immer treffen.

Kapitel 1

Selbstführung

In der in der Einführung vorgestellten »VUCA-Welt« sind die Dinge komplex, unsicher, vage. Jede Situation hat etwas Neues, und Lösungsmuster aus der Vergangenheit funktionieren eventuell nicht mehr. Der Mensch hat über Jahrtausende gelernt, mit Komplexität umzugehen. In den letzten 100 Jahren wurde die Arbeitswelt sehr stark auf die logisch-planerischen Fähigkeiten reduziert. Diese Einschränkung gilt im Agilen nicht mehr. In agilen Unternehmen atomisiert sich Führung in das Zusammenspiel von vielen Rollen und Teams, die gemeinsam auf Augenhöhe agieren. Der Mitarbeiter wird befähigt, in seinem Umfeld Entscheidungen im Sinne der Unternehmensvision zu treffen. Die Trennung von Denken und Umsetzen, die Taylor im 19. Jahrhundert eingeführt hat, wird im Agilen wieder aufgehoben. Es werden wieder ganze Menschen benötigt, die alle ihre Fähigkeiten und Ressourcen einsetzen. Zur Bearbeitung von Komplexität haben Menschen neben analytischen Fähigkeiten auch Emotionen und der Zugang zur Intuition spielt eine sehr wichtige Rolle. So muss Unsicherheit beispielsweise wahrgenommen und in die Arbeit integriert werden, nicht ausgeblendet. Die Balance zwischen Forderung und Überforderung und den geeigneten Umgang mit Stress muss jeder selbst steuern.

Mit dieser Ausweitung von Führung auf potenziell alle Mitarbeiter eines Unternehmens wird es notwendig, mit dem Ursprung von Führung, der Selbstführung zu beginnen.

Jeder Mitarbeiter führt und motiviert zunächst sich selbst. Seine Fähigkeiten in der Emotionsregulation und in der Kommunikation bilden die Grundlage für die erfolgreiche Übernahme von Verantwortung in multiplen Rollen und Prozessen. Die Mitarbeiter werden stärker gefordert. Agilität ist für den Mitarbeiter eine Chance, sich selbst und seine Fähigkeiten zu entwickeln. Nur wenn er diese Chance für sich erkennt und nutzen möchte, wird er sich auf den Weg zum lebenslangen Lernen begeben. Ohne diese Erkenntnis kann Agilität sehr schnell als Überforderung wahrgenommen werden. Agilität kann als eine Reise für das ganze Unternehmen und für dessen Mitarbeiter gesehen werden.

Veränderung ist auf dieser Reise nicht die Ausnahme, sondern die Konstante. Bei den aktuellen Fähigkeiten und Unfähigkeiten der Mitarbeiter beginnt diese Reise. Menschen können sich nur selbst entwickeln und sie bestimmen, in welche Richtung. Man kann sie nur zu dieser Reise einladen und günstige Rahmenbedingungen schaffen.

1.1 Das Agile Mindset

»Eure Zeit ist begrenzt. Vergeudet sie nicht damit, das Leben eines anderen zu leben. Lasst euch nicht von Dogmen einengen – dem Resultat des Denkens anderer. Lasst den Lärm der Stimmen anderer nicht eure innere Stimme ersticken. Das Wichtigste: Folgt eurem Herzen und eurer Intuition, sie wissen bereits, was ihr wirklich werden wollt.« – Steve Jobs

Mindset bedeutet Denkweise oder Geisteshaltung. Agile Mindset könnte man direkt mit beweglicher Geisteshaltung übersetzen. Sich situativ an Veränderungen anpassen und für neu auftretende Themen innovative Lösungen entwickeln. Das Loslassen alter Lösungen und das Einlassen auf neue Erfahrungen ist auch wichtig. Veränderungen werden nicht nur akzeptiert, sondern neugierig vorangetrieben. Experimente werden gestartet und ausgewertet. Gute Lösungen werden verbessert.

Es geht darum, mithilfe kreativer Prozesse im Team neue Lösungen zu entwickeln und die Zusammenarbeit zu fördern. Das Team ist ein echtes Team, nicht nur ein Pseudo-Team, das zufällig an derselben Aufgabe arbeitet. Jeder ist committet (engagiert) und geht auf die anderen ein. Andere Meinungen sind willkommen und werden als Bereicherung erlebt. Es wird hart um die beste Lösung gerungen, diskutiert, experimentiert. Auf den Menschen wird empathisch offen freundlich eingegangen – »hart in der Sache – weich zu den Menschen«. Der eigene Beitrag zum großen Ganzen wird verstanden und die gegebenen Zusagen zu Teilergebnissen werden eingehalten. Mit viel Mut werden ungewöhnliche Wege beschritten.

Reflexion – die regelmäßige, nachträgliche und gemeinsame Bewertung der Zusammenarbeit – bietet die Gelegenheit, ehrlich und offen darüber zu sprechen, was jeden bewegt. Auch Probleme im Team und in der Zusammenarbeit werden angesprochen und gelöst. Es ist von jedem die Bereitschaft vorhanden, das eigene Verhalten anzupassen, wenn dies hilfreich ist. Die gute Beziehung und die Zusammenarbeit sind die Basis für gemeinsame Erfolge. Die Gruppe ist wichtiger als der eigene Beitrag. Das gilt für Diskussionen und für die Umsetzung. Jeder packt dort mit an, wo es für das gemeinsame gute Ergebnis in der Situation wichtig ist. Gemeinsames Lernen: miteinander und voneinander, ist Teil des Prozesses. Informationen fließen offen, jeder unterstützt jeden.

An der Beschreibung merkt man, dass ein agiles Mindset nicht etwas Persönliches ist, sondern sich sehr stark auf die Interaktion mit anderen bezieht. Jeder Einzelne bringt bestimmte Eigenschaften mit, die dann erst in der Gruppe oder in wechselnden Gruppen als »Agile« bezeichnet werden können. Ohne Interaktion keine Agilität. Agile beschreibt dabei das »Wie?«, nicht das »Was?« und auch nicht das »Wer?«.

Mit Eigenschaften beschrieben, würde der Begriff »Agile« das Folgende beinhalten:

- emphatisch
- kreativ
- offen
- kommunikativ
- mutig
- committet
- neugierig

Die Zusammenarbeit in Interdisziplinären Teams wird für die Innovationskraft von Unternehmen immer wichtiger. Aus dem Zusammenspiel verschiedener Kompetenzen entstehen neue bahnbrechende Lösungen und Produkte. Dazu agieren Teams auf Augenhöhe ohne einen direkten disziplinarischen Vorgesetzten.

Die Integration der Mitarbeiter in das Team und die Ausrichtung auf das gemeinsame Ziel leistet jeder Mitarbeiter für sich. Das Mindset des Mitarbeiters ist zentral für diese Integrationsleistung. Daher lohnt es sich, den psychologischen Hintergrund des Mindsets zu betrachten.

Professor Dr. Julius Kuhl hat in seinen Forschungen zur Motivation von Menschen einen wichtigen Beitrag für dessen besseres Verständnis geleistet:

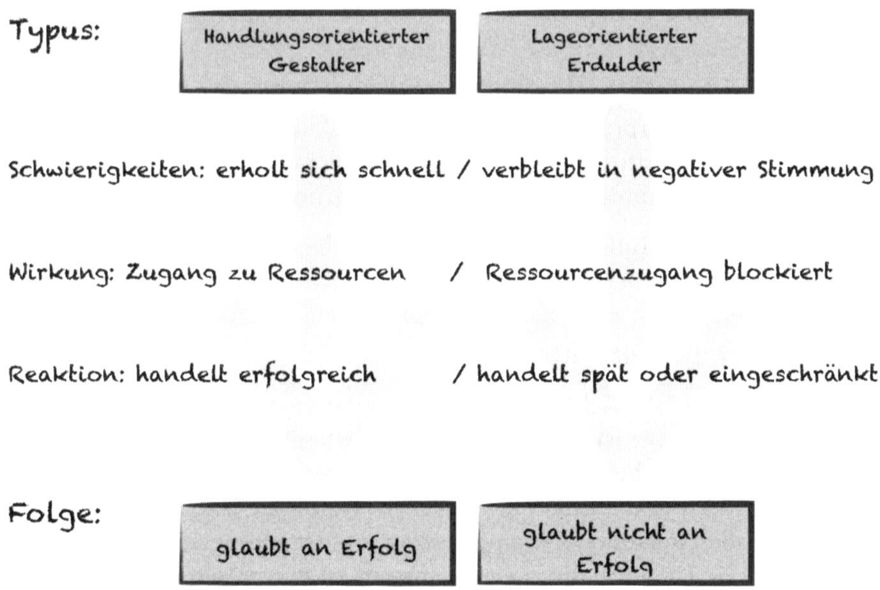

Abbildung 1.1: Gestalter und Erdulder

Bezogen auf die Motivation unterscheidet er Gestalter und Erdulder.

1.1.1 Der lageorientierte Erdulder

Wenn er unter Stress gerät, verbleibt er vergleichsweise lange in der negativen Emotion, die durch den Stress ausgelöst wird. Seine Erholung benötigt viel Zeit. Er hat nicht gelernt, sich selbst und seine Emotionen zu beeinflussen. Er betrachtet sich selbst als Opfer von äußeren Bedingungen. Seine Emotionen stellen sich ihm wahr und richtig dar, dementsprechend sucht er nach bestätigenden Erklärungen.

Diese Erklärungen findet er selbstverständlich. Durch diese negativen Emotionen ist er in seinem Inneren von vielen Ressourcen – womit in diesem Zusammenhang Kompetenzen und Handlungsmöglichkeiten gemeint sind – abgeschnitten. Ein Beispiel ist die Kreativität: Sie fällt einem zu, wenn man positiv gestimmt ist.

Durch diese eingeschränkte Fähigkeit ist er nur zum Teil in der Lage, auf neue Herausforderungen zu reagieren, und oft tut er dies spät. Durch diese fehlende Kapazität reduziert er sich selbst in seinen Möglichkeiten, gerne greift er auf bestehende Handlungsmuster zurück, die er aus vorherigen Lösungsansätzen gelernt hat.

In einem einfachen Kontext, innerhalb dessen sich nicht viel verändert, ist dieses Verhalten durchaus erfolgreich.

In einem komplexeren Umfeld, in dem immer wieder neu Lösungen entworfen werden müssen, ist dieses Vorgehen nur noch zum Teil oder gar nicht mehr erfolgreich. Die Konsequenz aus dieser Einschränkung ist, dass Misserfolge erlebt und verarbeitet werden müssen. Diese Erfahrung verhindert Erfolg und den Glauben daran; neue Themen werden nicht mit dem so hilfreichen Optimismus angegangen.

Diese Art von Angestellten erwartet klare Ziele, deren Erreichen durch einen kontrollierenden Chef überprüft wird. Es herrscht die Annahme, dass erhöhter Druck die Leistungsbereitschaft eines solchen Mitarbeiters erhöht. In vielen Unternehmen herrscht noch heute dieses hierarchische Führungsverständnis vor.

Wahrscheinlich ist es müßig, herauszufinden, ob die dominanten Führungskräfte oder die passiven Mitarbeiter zuerst da waren.

1.1.2 Handlungsorientierte Gestalter

Im Kontrast dazu erholt sich der handlungsorientierte Gestalter sehr schnell von Stress und Belastung. Er ist in der Lage, seine eigenen Emotionen positiv zu beeinflussen. Das hilft ihm, belastende Situationen schneller hinter sich zu lassen und wieder optimistisch in die Zukunft zu blicken. Durch die positive Stimmung hat er Zugang zu allen Ressourcen (Kompetenzen und Handlungsmöglichkeiten) und ist deshalb in der Lage, kreative neue Lösungen zu entwickeln. Er hat Erfolg mit der Umsetzung seiner Aufgaben und Ziele, was ihm dabei hilft, auch die Zukunft optimistisch zu betrachten. Mitarbeiter mit diesem Mindset ergreifen selbst die Initiative, wenn es Probleme gibt. Sie benötigen nicht die Anweisung und die Kontrolle durch einen Vorgesetzten, um Probleme anzugehen. Sie handeln auf Basis intrinsischer Motivation und glauben an den Erfolg ihrer Handlungen. Diese Art von Mitarbeitern wird in hierarchisch geprägten Unternehmen von dominanten Führungskräften kritisch beäugt. Sie dulden deren Handlungen nur, wenn es in ihrem Sinne ist. Wenn sie anderer Meinung sind oder die Prioritäten anders einschätzen, bekommen solche Mitarbeiter Probleme mit ihrem Vorgesetzten.

Es ist offensichtlich, dass der handlungsorientierte Gestalter dem agilen Mindset sehr nahekommt und deshalb für interdisziplinäre Teams gut geeignet ist. Mitarbeiter mit diesen Eigenschaften werden daher im Augenblick gesucht.

Um die aktuelle Umbruchsituation und das bisher vorherrschende Mindset besser zu verstehen, ist es notwendig, in die Vergangenheit zu schauen:

Ein Unternehmen, das bereits über Jahrzehnte existiert, hat eine eigene Geschichte. Im Laufe dieser Geschichte gibt es viele Errungenschaften, die gemeinsam erreicht worden sind. Hierarchie war ungefragt ein Teil der Unternehmensstruktur. Diese Hierarchie wird in verschiedenen Unternehmen unterschiedlich stark ausgeprägt und gelebt, in ihren Grundzügen hat sie eine Wirkung auf das Mindset der Mitarbeiter, das im Folgenden kurz beschrieben werden soll.

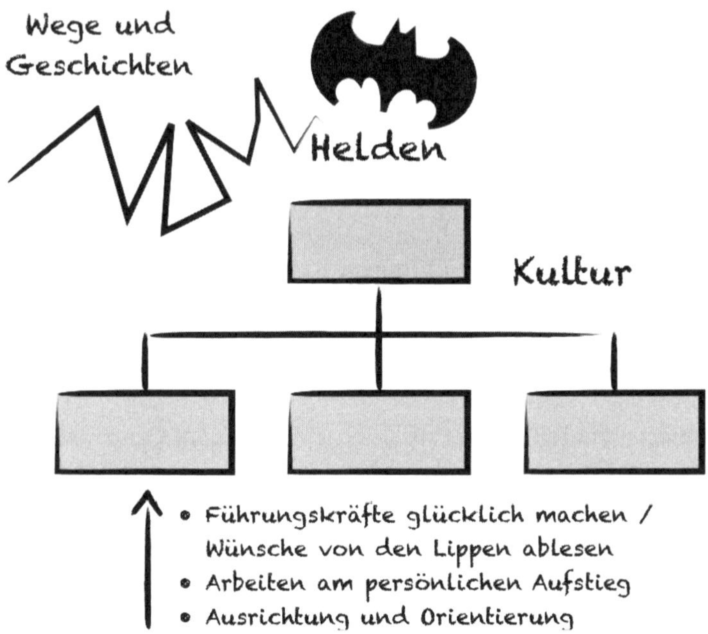

Abbildung 1.2: Helden und Heldengeschichten

Unternehmen sind durch hierarchische Strukturen geprägt. Diese Strukturen beinhalten klar im Organigramm abgetrennte Bereiche und Führungskräfte tragen die Verantwortung für diese Bereiche. Die Mitarbeiter sind disziplinarisch der Führungskraft unterstellt. Führungskräfte sind weisungsbefugt. Ihre Rolle stattet sie mit mehr Macht und Gestaltungsmöglichkeiten aus. Für die Verantwortung, die sie übernehmen, werden Führungskräften materielle Vorteile vom Einkommen bis zum Dienstwagen gewährt. Sie bestimmen über die Ausrichtung des Unternehmens und treffen die wichtigen Entscheidungen.

Symbolisch kann man Führungskräfte auch als Helden beschreiben, die das Unternehmen hervorbringt.

Der Weg des Aufstiegs einer Führungskraft symbolisiert eine Heldengeschichte. Diese Helden bekommen besondere Aufmerksamkeit geschenkt und dienen als Rollenmodell für die anderen Mitarbeiter. Sie haben einen großen Einfluss auf das Erleben und die Entwicklung des Mindsets der Mitarbeiter. Dieser Einfluss ist oft größer als erwartet. Die Heldengeschichten sind so etwas wie ein Teil der DNA der Unternehmenskultur, sie sind ganz tief im kollektiven Bewusstsein verankert. Wer im Unternehmen ist, übernimmt diese Werte unbemerkt. Es ist oft nur für Außenstehende im Kontrast zu anderen Unternehmenskulturen beobachtbar.

Robert Dilts beschreibt mit seinem Modell »Logical Level« die Rangordnung der Ebenen im menschlichen Bewusstsein.

Wir haben mithilfe einer exemplarischen Zuordnung des Erdulders und des Gestalters versucht, darzustellen, wie tief sich das hierarchisch geprägte Denken in das Handeln und Erleben der Mitarbeiter verfestigt hat.

Gestalter haben den Wunsch, Dinge umzusetzen, und sehen für sich die Möglichkeit, in einer Rolle mit mehr Macht mehr erschaffen zu können. Auf diese Weise können sie sich häufiger und besser einbringen. Sie verfolgen zielstrebig die im Unternehmen entwickelten Karrierepfade.

Um Karriere zu machen, ist es notwendig, von den Führungskräften als kompetent und engagiert wahrgenommen zu werden. Nur Helden können neue Helden schaffen.

Führungskräfte schlagen die Teilnehmer für interne Assessment-Center oder neue Führungspositionen vor. Wer im Sinne der Führungskraft agiert, hat Aussicht auf Erfolg. Um schneller als andere an den wichtigen Themen zu arbeiten, versuchen viele Mitarbeiter, ihren Führungskräften die Wünsche von den Lippen abzulesen, noch bevor sie diese ausgesprochen haben.

Auf diese Weise können sie sich schneller geeignet platzieren als andere. Es wird alles versucht, um die Führungskraft erfolgreich und glücklich zu machen. Wer nicht die gewünschte Leistung erbringt oder die falschen Themen besetzt, hat keine Chance auf Aufstieg, im Gegenteil, er macht sich entbehrlich.

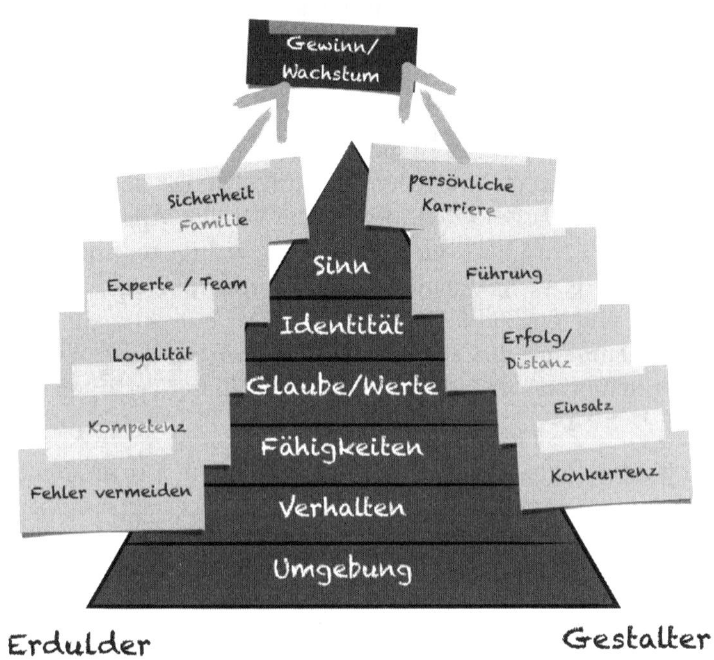

Abbildung 1.3: Mindset Gestalter und Erdulder

Die Sichtweise der Führungskraft auf die Welt prägt die Wahrnehmung aller Teammitglieder. Diese Denkweise führt zu einer Vereinzelung der Karriere-Kämpfer, die um die Gunst der Führungskräfte werben. An der Oberfläche kann, je nach Kulturprägung, sogar kooperiert werden, um nicht negativ aufzufallen, in Wirklichkeit versucht jeder, für sich das Beste zu erreichen und noch sichtbarer als andere zu sein. Diese Darstellung ist bewusst etwas überzeichnet, um den Einfluss von Hierarchien auf das Mindset von Mitarbeitern deutlich zu machen.

Erdulder sind oft schon länger im Unternehmen und haben keine eigenen Karriereambitionen mehr oder haben diese nie für sich entwickelt. Sie haben sich mit der Situation arrangiert und passen sich an. Auch wenn sie es am Anfang möglicherweise noch nicht waren, entwickeln sie sich dabei immer mehr zu lageorientierten Erduldern.

Sich mit den Gegebenheiten abzufinden und sich anzupassen an Fremdbestimmtheit, ist für sie sinnvoll. Diese Gruppe ist in vielen Unternehmen oft eine deutliche Mehrheit. Rein statistisch ist der Aufstieg nur für wenige möglich. Die wichtigen Entscheidungen und Sitzungen werden oft direkt von den Führungskräften beeinflusst. Diese Entscheidungen sind zu akzeptieren und die Auswirkungen müssen hingenommen werden, auch wenn die eigene Meinung eine andere ist.

Gute Vorgesetzte versuchen, ihre Mitarbeiter in viele Entscheidungen mit einzubeziehen, auf diese Weise lassen sich negative Auswirkungen einsamer Entscheidungen minimieren. Die Tendenz zur Reduzierung des eigenen Wirkungskreises auf das, was in den eigenen Möglichkeiten liegt, ist dennoch vorhanden.

Eine Grenze ist die Abteilungsgrenze. Es ist nicht sinnvoll, sich für etwas zu engagieren, was keinen direkten Bezug zur eigenen Abteilung hat. Die andere Grenze wird durch die Prioritäten des Vorgesetzten vorgegeben. Was der Vorgesetzte nicht wichtig findet und erwartet, wird auch nicht als wichtig wahrgenommen. Diese Gruppe von Mitarbeitern neigt oft zum gemeinsamen »Jammern«. Auf diese Weise schaffen sie Augenhöhe und Verbindung mit anderen. Das gute Klima im Team und die Bindung der Teammitglieder untereinander können auf diese Weise gestärkt werden. Die Positionierung als Erdulder lässt sich an dieser Verhaltensweise gut erkennen.

Ausgesagt wird mit diesem Verhalten: »Wir hier unten können ja sowieso nichts dagegen machen, auch wenn wir wissen, wie es besser geht, uns fragt ja keiner.«

Die Integration in eine von einem Agilen Mindset geprägte Umgebung ist sowohl für den Erdulder als auch für den durch hierarchische Verhaltensmuster geprägten Gestalter mit einer Veränderung verbunden.

Wenn Erdulder ohne Begleitung in ein agiles Umfeld wechseln, kann es passieren, dass sie einfach weiter alles »richtig machen« und den Rest erdulden. Dieses »Richtig-Machen« ist nicht als aktive Verweigerung zu verstehen, auch wenn es so aussehen mag, sondern ein über Jahre gelerntes Verhaltensmuster, das nur langsam abgebaut werden kann.

Auch die Eingliederung von Gestaltern mit Karriereambitionen ist oft zunächst mit Schwierigkeiten verbunden. Gestalter engagieren sich stärker, dies allerdings mit dem Ziel, sich selbst zu begünstigen. Sichtbarkeit ist für sie wichtig. Agilität heißt aber auch, dass das Team wichtiger ist als der Beitrag des Einzelnen. Das Team muss über den Individuen stehen, sonst kommt es zu keinem echten Zusammenhalt.

Wenn ein agiles Team aus den beiden holzschnittartig beschriebenen Prototypen besteht, ist das Risiko groß, dass etwas entsteht, das man als pseudoagil beschreiben kann. In einem solchen Team wird alles »richtig gemacht«. Die Gestalter werden versuchen, die wichtigen Themen und die Diskussionen zu besetzen, um voranzukommen. Sie zeigen Initiative und Gestaltungswillen.

Die Erdulder erkennen schnell die Übernahme einer informellen Führungsrolle durch die Gestalter an und schaffen in Teilgruppen eine gute Atmosphäre, in denen gemeinsam geklagt wird. Die DNA der Hierarchie geht weiter und hat einen trennenden Effekt im Team. Wirkliche Zusammenarbeit und Austausch um der Sache willen sind eingeschränkt. Es werden weniger und schlechtere Ergebnisse erzielt als eigentlich möglich. Die gelernten Muster lassen sich nicht einfach beenden, ohne sie direkt zu benennen und neue Muster zu etablieren.

Für das Mindset des Hierarchie-Erdulders ist wichtig, ihn immer wieder freundlich an seine Möglichkeiten und seine Verantwortung zu erinnern. Es reicht nicht, »alles richtig« zu machen, das gibt es im Agilen nicht mehr. Idealerweise entwickelt sich der Erdulder in agilen Kontexten Schritt für Schritt immer mehr in Richtung Gestalter, indem er die sich ihm bietenden Möglichkeiten ergreift und aktiv wird. Die Entscheidung für diese Entwicklung liegt jedoch beim Mitarbeiter selbst und sie dauert oft Jahre und ist von vielen Rückschlägen begleitet. Ungeduld und Aktionismus sind nicht hilfreich für die Entwicklung eines Mindsets.

Gestalter sind im Vergleich einfacher zu integrieren. Um den Gestalter im agilen Umfeld vollständig ankommen zu lassen, muss das Unternehmen glaubhaft neue Heldenbilder und Karrierepfade aufbauen. Auch das ist ein langwieriger Prozess.

Das Zielbild des agilen Mindsets beinhaltet jedoch nicht nur rationale oder emotionale Elemente. Agilität benötigt Menschen, die mit sich und der Welt im Einklang leben. Sie folgen idealerweise ihrer eigenen Vision und finden Sinn in ihrem Leben und Schaffen. Sie sind mit ihrem Körper und ihren Emotionen gut verbunden und haben dadurch Zugang zu ihrer Intuition.

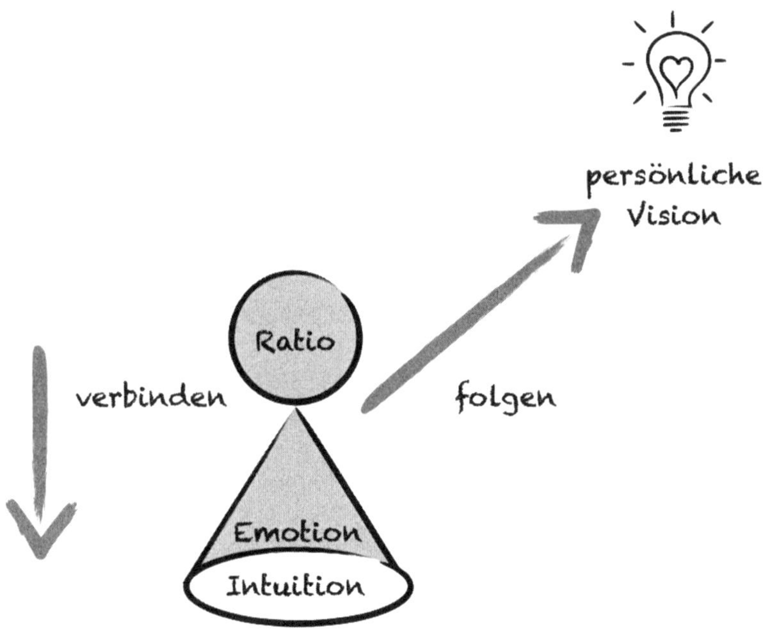

Abbildung 1.4: Menschen verbunden mit sich und ihrer Vision

Intuition ist eine Quelle des Wissens ohne direkte Erfahrung. Man hat eine Ahnung oder tendiert in die Richtung, die besser wäre. Intuition ist oft mit Emotionen verbunden. Deshalb ist es wichtig, eine Atmosphäre im Team zu erzeugen, die es ermöglicht, sich über Emotionen auszutauschen, nicht nur über Fakten.

Intuition ist nicht unfehlbar. Es gibt viele Prozesse, die intuitives Wissen stören können.

Der israelische Psychologe Daniel Kahnemann hat diese Prozesse gemeinsam mit Amos Tversky über mehrere Jahrzehnte erforscht und seine Erkenntnisse in dem Buch »Schnelles Denken, langsames Denken« (englischer Originaltitel: Thinking, Fast and Slow) zusammenfasst.

Danach entwickelt sich Intuition nur sehr langsam und hat immer eine Abhängigkeit zum Kontext, in dem sie entstanden ist. Sie ist eine wichtige, aber eben auch sehr vage Quelle für Informationen.

Sie hat den großen Vorteil, dass diese Quelle sehr wenig rückwärtsgewandt ist.

Auf diese Weise kann man sie sehr gut gegen Erfahrungen abgrenzen. Intuition kann man auch in vollkommen neuen Situationen haben, in denen man auf keine Erfahrungen zurückgreifen kann. Das macht sie in neuartigen, innovativen Situationen so wertvoll. In komplexen Szenarien gibt es eine Vielzahl von möglichen Wegen, die beschritten werden können. Eine gute Intuition kann bei der Selektion der Handlungsoptionen wichtige Dienste leisten.

Oft wird Intuition als »Bauchgefühl« bezeichnet, weil man es eben nicht so richtig begründen kann. Es ist eben nur eine schwache Ahnung. Der Zugang zur Intuition und das Wissen um die eigenen Muster, die sie beeinflussen, sind ein wichtiges Element vom Agilen Mindset. Auf diese Weise lernt der Einzelne besser, durch Komplexität zu navigieren, und löst sich immer mehr von der Idee, dass jeder einzelne Schritt zu 100% verstehbar und begründbar ist. Zu diesem Navigieren gehören auch Phasen des Driftens und Übersteuerns: »*Wenn Sie glauben, alles unter Kontrolle zu haben, dann fahren Sie noch nicht schnell genug.*« – Mario Andretti

Aufgabe: Mehr Gestalten lernen

In dieser Übung geht es darum, zu lernen, in welchen Situationen du dich gestaltender oder erduldender verhältst. Das Ziel ist, Möglichkeiten zu finden, mehr ins Gestalten zu kommen und ganz konkrete kleine Schritte und persönliche Projekte zu finden.

1.) Stelle dir eine besonders schwierige Situation mit deinem Chef vor.

Beschreibe die Situation:

____

____

Wie hast du dich verhalten?

2.) Stelle dir eine besonders schwierige Situation mit einem Kollegen vor.
Beschreibe die Situation:

Wie hast du dich verhalten?

3.) Stelle dir eine Familienfeier vor. Du hast keinen besonderen Draht zu den Personen, mit denen du am Tisch sitzt.
Beschreibe die Situation:

Wie hast du dich verhalten?

4.) Stelle dir einen großen beruflichen Misserfolg vor.
Beschreibe die Situation:

____

____

____

____

Wie hast du dich danach verhalten?

____

____

____

____

5.) Ein Meetingraum (oder eine Kaffee-Ecke) in einem Unternehmen, in dem du zu einem Meeting eingeladen hast, ist total unaufgeräumt.
Beschreibe die Situation:

____

____

____

____

Wie hast du dich verhalten?

____

____

____

____

6.) Du triffst deine Kollegen an der Kaffeemaschine. Alle jammern über den Stress in der Abteilung.
Beschreibe die Situation:

____

____

____

____

Wie hast du dich verhalten?

____

____

____

____

Auswertung

Bewerte dein Verhalten, indem du dir null Punkte für völlig passives Verhalten gibst und zehn Punkte für aktives lösungsorientiertes Angehen.

1.)

2.)

3.)

4.)

5.)

6.)

Bilde den Mittelwert aus den Bewertungen.

In welcher Situation bist du mit deiner Reaktion unzufrieden?

Was kannst du tun, um in dieser Situation einen höheren Wert zu bekommen?

____

____

____

____

____

____

Wie kannst du diese Idee am besten umsetzen?

____

____

____

____

____

____

1.2 Denk- und Handlungsmuster

»Denken ist schwer, darum urteilen die meisten.« – Carl Gustav Jung

Neben dem Mindset sind auch Denk- und Handlungsmuster wichtig für die erfolgreiche Navigation durch Komplexität im Team. Um die unterschiedlichen Vorgehensweisen besprechbar zu machen und gemeinsam Strategien zur Komplexitätsbewaltigung zu entwerfen, hat sich das Cynefin-Modell etabliert. Jeder Mensch hat seine eigenen Denk- und Handlungsmuster. Diese sind oft vom Umfeld geprägt und beinhalten persönliche Präferenzen und Vorlieben. Das Cynefin-Modell ist hilfreich, um diese zu reflektieren und zu hinterfragen und mit dem jeweiligen Kontext sinnvoll zu verbinden.

Der Prozess zum Finden passender Denk- und Handlungsmuster beginnt in der Mitte der Grafik in Abbildung 1.5. In jeder neuen Situation haben wir nicht genug Wissen zum Kontext, um direkt eine Zuordnung vorzunehmen. Die erste Frage lautet deshalb immer: »In welchem Kontext befinden wir uns?« Erst danach kann ein sinnvolles Denk- und Handlungsmuster praktiziert werden.

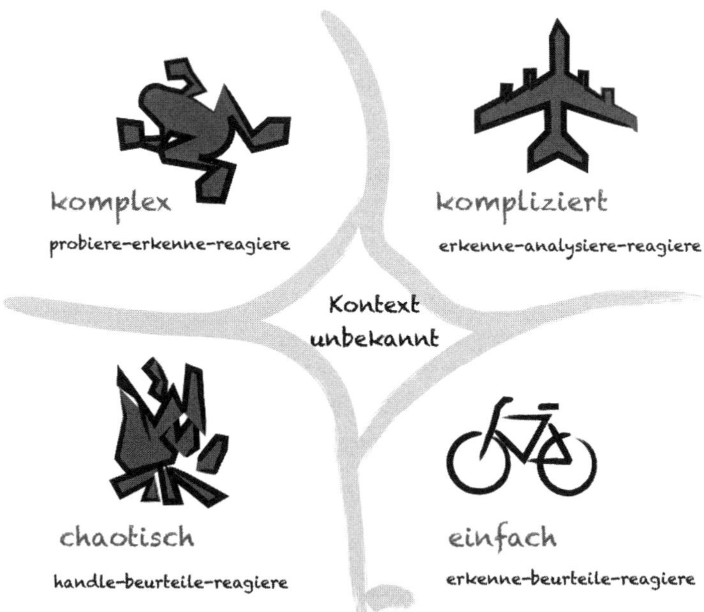

Abbildung 1.5: Cynefin-Modell

Ein einfacher Kontext ist durch eine direkte und bekannte Beziehung von Ursache und Wirkung geprägt. Dieser Zusammenhang ist für jeden sofort ersichtlich. Das Handlungsmuster ist entsprechend nachvollziehbar. Die Zusammenhänge müssen erkannt, dann beurteilt werden und schließlich wird reagiert. Auch die Reaktionen sind unschwer abzuleiten. Aus der Erfahrung existieren »Best Practices« (die beste Vorgehensweise), diese sind erprobt und können übertragen werden. Für das Segment »einfach« gilt daher zusammengefasst: Die Zukunft lässt sich leicht vorhersagen, rückwirkend betrachtet gibt es keine neuen Erkenntnisse.

In einem etablierten Unternehmen können wir als Beispiel für einen einfachen Kontext die monatliche Lohnabrechnung heranziehen:

Es ist klar, wie, wann und mit welchen Systemen die Lohnabrechnung ausgeführt wird. Es lässt sich zuverlässig vorhersagen, wie der Lohn auf das Konto des Arbeitnehmers kommt. Eine Abweichung davon kann es z.B. geben, wenn das unterstützende EDV-System ausfällt und dadurch die Lohnabrechnung einen chaotischen Zustand annimmt. Wenn es aber keine Notfallmaßnahmen gibt, ändert das nichts an der Tatsache, dass im Normalfall die Lohnabrechnung eher einem wohldefinierten und bekannten Prozess folgt.

Im komplizierten Kontext gibt es immer noch einen eindeutigen Zusammenhang zwischen Ursache und Wirkung. Dieser ist jedoch nur für den Experten offensichtlich. Um diesen Zusammenhang zu identifizieren, benötigt der Experte eine Analyse. Aus diesem Grund wendet man auch hier ein Handlungsmuster an. Die Analyse durch den Experten folgt auf das Erkennen des Problems. Der Experte ist aufgrund seiner Erfahrung in der Lage, die beste Handlungsempfehlung aus einer Vielzahl von »Good Practices« (gute Praxis) auszuwählen.

Möglicherweise braucht es mehrere Experten unterschiedlicher Disziplinen, die gemeinsam eine geeignete gute Praxis auswählen.

Für diesen Quadranten lässt sich die Zukunft zwar nicht leicht, aber dennoch deterministisch vorhersagen.

Als Beispiel kann hier die digitale Fernsehübertragung dienen: Alles ist in sehr umfangreichen DVB-Spezifikationen, die zur Übertragung von Fernsehsignalen eingehalten werden müssen, spezifiziert. Mit genügend hohem Aufwand ist genau vorhersagbar, wie die Bilder vom Sender zum heimischen Empfänger gelangen. Bei Störungen lassen sich nach eingehender Analyse Maßnahmen zur Wiederherstellung ableiten.

In komplexen Kontexten sind Ursache und Wirkung schwach ausgeprägt und nicht ersichtlich. Es gibt keine richtigen Antworten mehr, die Dinge sind im Fluss und es lassen sich nur einzelne Orientierungsmuster ableiten. Es gibt auch keine gute Praxis mehr.

Jede Lösung hat neue kreative Anteile. Das Handlungsmuster beginnt entsprechend mit Probieren oder Experimentieren. Ein Experiment fußt idealerweise bereits auf beobachteten Mustern und versucht, eine Lösungshypothese zu unterstützen. Der Entwurf solcher Hypothesen setzt in der Regel den Austausch zwischen interdisziplinären Experten voraus. »Trial and Error« (Versuch und Irrtum) ist natürlich auch möglich, dauert aber oft erheblich länger.

Das Experiment wird beobachtet und aus dem Ergebnis werden die nächsten Schritte abgeleitet.

Es entsteht ein zyklischer Prozess, bei dem ein Experiment auf das nächste folgt, um die gefundene Lösung schrittweise zu verbessern. Agile Techniken sind sehr gut geeignet, um komplexe Probleme zu lösen.

Hierin liegt die Stärke von Agilität. Die Notwendigkeit, agiles Vorgehen einzuführen, begründet sich oft in der Zunahme von Komplexität (VUCA).

In einem komplexen Umfeld lässt sich die Zukunft nicht deterministisch vorhersagen, rückwirkend betrachtet war jedoch klar, wie eins zum anderen führte. Komplex ist z.B. die Entwicklung eines Internetportals:

Im Vorfeld ist kaum zu sagen, wie ein Portal vom Markt angenommen wird. Im Nachhinein lassen sich aber Gründe für Erfolg oder Misserfolg finden.

Im chaotischen Kontext gibt es keinen Zusammenhang zwischen Ursache und Wirkung. Es gibt mehrere große Unbekannte und es ist nicht vorhersagbar, wie das System reagieren wird. Es ist von großen Turbulenzen geprägt. Das Handlungsmuster beginnt mit dem Handeln. Dieser Handlung liegt jedoch nicht mehr der Versuch zugrunde, eine Hypothese zu verifizieren. Der Anteil von »Trial and Error« ist deutlich höher. Das Ziel ist es, das System überhaupt erst einmal zu stabilisieren. Nach diesem Kriterium wird die Handlung beurteilt und neue Handlungsschritte folgen in rascher zeitlicher Taktung.

Im chaotischen Kontext lässt sich die Zukunft nicht mehr deterministisch vorhersagen, auch rückwirkend betrachtet wird nicht bekannt, warum die Dinge so kamen, wie sie kamen.

Ein Beispiel ist die Finanzkrise von 2007. Mit der Pleite von Lehman Brothers sind Prozesse ins Rollen gekommen, die nicht mehr zu stoppen waren. Eine Abwärtsspirale startet, die alle bisherigen Marktprinzipien obsolet machte. Das Handeln aller Regierungen galt dem Versuch, erst einmal die Lage wieder zu stabilisieren.

Die Arbeit mit dem Cynefin-Modell zeigt gut auf, dass es kein »one size fits all« (Universalkonzept) gibt und dass es viele gleichwertige Lösungsansätze und Muster nebeneinander geben kann.

Bei einfachen Problemen gibt es nur Richtig und Falsch. Für alle anderen Probleme gibt es viele verschiedene Schattierungen dazwischen. Es muss Komplexität in der Lösungsfindung zugelassen werden. Das Arbeiten mit Mustern und Hypothesen macht die Welt in einer anderen Form verstehbar. Die Kommunikations- und Diskussionsfähigkeit werden für komplexe Lösungen im Team ein entscheidender Erfolgsfaktor.

Der Wechsel zwischen verschiedenen Phasen und das Arbeiten in Prozessmustern kann man mit diesem Modell gut reflektieren. Es kann dabei auf einer Art Metaebene die Richtung vorgeben. Auch das Heranziehen von vielen Informationsquellen wie Intuition oder Emotionen kann im Prozess integriert werden.

Aufgabe: Denk- und Handlungsmuster

In dieser Übung geht es darum, die eigenen Denk- und Handlungsmuster, die im Cynefin-Modell beschrieben sind, besser kennenzulernen, um flexibler auf verschiedene Kontexte reagieren zu können.

Was ist das vorherrschende Handlungsmuster des Cynefin-Modells in deinem Unternehmen?

____

Wie variabel wird in verschiedenen Situationen reagiert?

____

Was ist das vorherrschende Handlungsmuster in deiner Abteilung?

____

Wie variabel wird in verschiedenen Situationen reagiert?

____

Was ist das vorherrschende Handlungsmuster in einem Projekt, an dem du mitarbeitest?

____

Wie variabel wird in verschiedenen Situationen reagiert?

____

Was ist das vorherrschende Handlungsmuster in deinem Privatleben?

____

Wie variabel reagierst du in unterschiedlichen Situationen?

____

Welche unterschiedlichen Emotionen lösen die verschiedenen Handlungsmuster bei dir aus?

____

____

____

____

Suche dir ein persönliches Experiment (z.B einen Tag lang niemanden zu grüßen) in einem komplexen unvorhersehbaren Kontext. Was genau ist dieses Experiment?

____

____

____

____

Woran erkennst du, dass das Experiment erfolgreich verlaufen ist?

____

____

____

____

1.3 Glück und Erfolg

»Nicht Erfolg ist der Schlüssel zum Glück, sondern Glück ist der Schlüssel zum Erfolg. Wenn du gerne tust, was du tust, wirst du auch erfolgreich sein.« – Albert Schweitzer

Unternehmen haben nicht das Ziel, Menschen glücklich zu machen, und der Faktor Glück spielt bei der Auswahl von Personal bisher keine Rolle. Es gibt aber zumindest einige Start-ups, die bereits einen Feel Good Officer im Vorstand haben.

Er trägt die Verantwortung für das Wohlergehen und im weitesten Sinne auch das Glück der Mitarbeiter. Von traditionell geprägten Personen wird so etwas gerne belächelt.

Der Zusammenhang ist jedoch statistisch zweifelsfrei belegt und von Shawn Achor auch in Buchform beschrieben: »The Happiness Advantage«. Glück und Einsatz hängen danach anders zusammen, als man landläufig denkt.

Die vorherrschende Meinung ist, dass man sich besonders anstrengen muss, um erfolgreich zu sein, und im Anschluss das daraus resultierende Glück genießen zu können. Man muss also erst Erfolg haben, um hinterher glücklich zu sein.

Inzwischen ist aber belegt, dass Ursache und Wirkung hier vertauscht worden sind.

Glückliche Menschen sind erfolgreicher. Sie sind besser in der Lage, kreative Aufgaben zu lösen, und haben Zugang zu allen Ressourcen – wobei auch hier wieder persönliche Ressourcen gemeint sind und damit die Gesamtheit an Wissen, Kenntnissen, Fertigkeiten, Haltungen, Persönlichkeitsmerkmalen, Begabungen, Beziehungen, Netzwerken, die einer Person als Potenzial zur Verfügung stehen.

Das Gehirn funktioniert bei glücklichen Menschen besser. Das Glück der Mitarbeiter wird somit auch für Unternehmen zum wirtschaftlichen Faktor.

Die Glücksforschung versucht ergänzend die Frage zu beantworten, wie glückliche Menschen, die bereits ein gutes Leben führen, eine weitere Verbesserung erreichen können. Martin Seligman ist der Namensgeber und einer der maßgeblichen Treiber der Positiven Psychologie. Die Positive Psychologie versucht, die Frage – welche Faktoren machen Menschen glücklicher – zu beantworten.

Seine Theorie des Wohlbefindens lässt sich anhand eines Konzepts von fünf Merkmalen darstellen, die beschreiben, was ein gutes Leben ausmacht und was getan werden kann, um es (noch) erfüllter zu gestalten.

Die fünf Merkmale wurden zu dem Akronym PERMA zusammengesetzt und geben dem Konzept seinen Namen:

- Positive Emotionen [Positive Emotions]
- Engagement
- Positive Beziehungen [Relationships]
- Sinn, Sinnhaftigkeit [Meaning]
- Leistung, Zielerreichung [Achievement/Accomplishment]

Positive Emotionen sind der erste Faktor, der unser Glück beeinflusst. Die Erinnerung an positive Emotionen führt dazu, dass wir gerne an Erlebnisse in der Vergangenheit denken. Daraus ergibt sich, dass wir genauso hoffnungsvoll auch in die Zukunft schauen. Es hilft uns, optimistisch zu sein. Dieser Optimismus ist hilfreich, um in der Zukunft erfolgreich zu handeln. Wenn wir glücklich sind, sind wir ganz präsent im jetzigen Augenblick. Vergangenheit und Zukunft sind für diesen Moment nicht relevant. Menschen mit positiven Emotionen sind für andere Menschen attraktiver als schlecht gelaunte Menschen. Die Zusammenarbeit mit einem Menschen, der gute Laune hat, ist deshalb angenehmer als die Zusammenarbeit mit einem schlecht gelaunten Menschen. Emotionen können sich übertragen und auf diese Weise können wir Glück (und Unglück) teilen und vermehren.

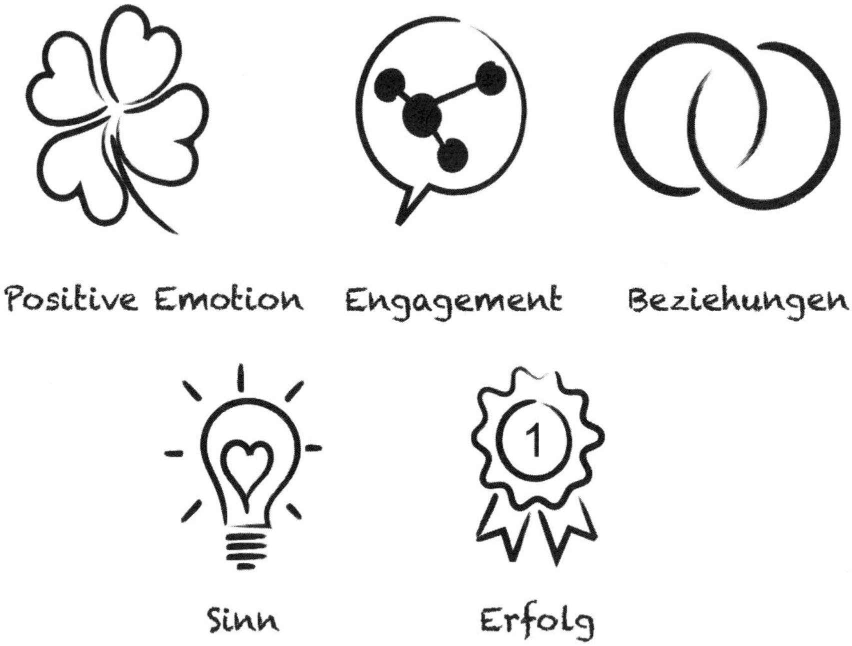

Abbildung 1.6: PERMA-Modell

Ein weiterer Faktor ist das **Engagement**. Engagement bedeutet, sich vollkommen einer Aufgabe zu widmen und sich darin zu verlieren. Dieser Vorgang wird auch als Flow bezeichnet. In diesem Zustand sind wir eins mit der Aufgabe, vergessen die Zeit und den Aufwand, den wir betreiben. Emotion und Motivation sind Teil des Engagements. Etwas erreichen wollen, ganz hinter einer Sache zu stehen, ist Ausdruck von Engagement. Diese eine Sache zu einem guten Ergebnis zu führen, ist die logische Folge von Engagement. Warten oder Aufschieben sind keine gute Option für Engagement. Die Möglichkeit, sich voll und ganz für eine bestimmte Zeit für eine Sache einsetzen zu können, ist wichtig, um das Engagement ausleben zu können und in die Tat umzusetzen.

Das Engagement ist sehr eng mit dem **Sinn** verknüpft. Wenn wir eine Aufgabe als sinnvoll erleben, steigt die Wahrscheinlichkeit, dass wir uns für sie engagieren und Flow erleben.

Sinn macht nur etwas, das größer ist als man selbst, das größer ist als das Abarbeiten einer Aufgabe oder die Ausschüttung von Gewinn an die Aktionäre eines Unternehmens. Das ist nur Mittel zum Zweck.

Was wollen wir gemeinsam in die Welt bringen? Wie wollen wir gemeinsam die Welt ein Stück besser machen? Weshalb gibt es uns? Diese großen Fragen kann nur der Sinn zufriedenstellend beantworten. Sinn ist oft zweigeteilt. Auf der einen

Seite sieht jeder Mensch für sich persönlich einen Sinn im Leben. Danach richtet er sein Privatleben aus. Idealerweise gibt es eine Verknüpfung zwischen dem im Privatleben verfolgten Sinn und der Ausrichtung des Unternehmens, für das wir arbeiten. Auf diese Weise kann das Unternehmen uns eine Perspektive und Zufriedenheit bieten.

Das Engagement wird positiv durch den Sinn der gemeinsamen Aufgabe unterstützt. Sich für eine als wertvoll wahrgenommene Aufgabe zu motivieren, ist viel einfacher als für eine unsinnig erlebte Aufgabe. Das Engagement aller steigt mit dem Sinnerleben an. Die direkte Auswirkung von Engagement ist in der Regel Erfolg.

Erfolge tragen zum Glück bei, man ist begeistert, wenn die Umsetzung eines Ziels gelungen ist. Die Zukunft erscheint uns vielversprechend. Das erreichte Resultat motiviert uns. Erfolge sind die beste Grundlage für neue Erfolge. Erfolge nicht nur wahrzunehmen, sondern auch zu feiern, ist wertvoll.

Der Ansporn wird größer und die Verbindung zwischen den Beteiligten wird gestärkt. Sich mit anderen über ihre Erfolge zu freuen, macht sie noch wirkungsvoller. Auch Erfolgsgeschichten zu teilen, kann den Erfolg vermehren.

Einen besonders großen Einfluss auf Glück haben **Beziehungen**. Wenn wir gute Beziehungen pflegen, fällt es uns leichter, Stress abzubauen und Anstrengungen zu verarbeiten. Das Glück ist teilbar. Wenn andere Menschen glücklich sind, zu denen wir eine gute Beziehung haben, dann freuen wir uns mit und sind auch glücklich.

Auch in schwierigen Lebensphasen sind Beziehungen wichtig, wenn wir einen Rat benötigen oder einfach nur unser Herz ausschütten wollen. Gute Beziehungen zu den Kollegen und zur Führungskraft werden von vielen Menschen als sehr wichtiger Faktor für Arbeitszufriedenheit genannt. Ehrliches Interesse am anderen und Empathie sind Grundlage für gute Beziehungen.

1.3.1 PERMA in Verbindung mit Agilität

Viele Unternehmen haben bereits erkannt, dass das Thema Resilienz im direkten Zusammenhang mit der Ausfallrate von Mitarbeitern steht.

Der Begriff Resilienz hat sich im Laufe der Zeit gewandelt. Früher bezeichnete Resilienz eine spezielle Eigenschaft von Kindern, die ihre psychische Gesundheit unter Bedingungen erhielten, unter denen die meisten Menschen zerbrochen wären.

Später wurde die Bedeutung ausgeweitet. Dies ist mit der Erkenntnis verbunden, dass psychische Widerstandsfähigkeit nicht nur in Extremsituationen, sondern auch im Alltag von Vorteil ist. Heute werden Menschen mit diesem Merkmal allgemein als resilient bezeichnet. Der Begriff wird nun zum Beispiel auch für Menschen verwendet, die mit Belastungen der Arbeitswelt in angemessener Weise umgehen und so ihre psychische Gesundheit erhalten müssen.

Die Zielgruppe der Positiven Psychologie ist eine andere. Es sind die »ganz normalen« Mitarbeiter, die, die glücklich und erfolgreich sind und trotzdem noch glücklicher und erfolgreicher sein könnten.

Für diesen Personenkreis geht es nicht darum, weitere Kurse zu belegen und die intellektuellen Fähigkeiten zum Thema Glück zu verbessern, sondern es geht darum, in der gelebten Arbeit mehr Glücksmomente zu ermöglichen. Für einige Menschen kann das die zusätzliche Integration von Sport und Bewegung in den Arbeitsalltag sein, für andere vielleicht die Intensivierung von Beziehungen.

Agilität kann einen positiven Einfluss auf die Zufriedenheit und das Glück von Mitarbeitern haben. Wenn ein Team eine herausfordernde und sinnvolle Aufgabe annimmt, die z.B. das Leben des Kunden verbessert, dann wird es sich voraussichtlich stark engagieren und in diesem Engagement Flow erleben. Den Sinn einer Aufgabe im Team zu verfolgen, schafft eine Ausrichtung für Teams. Sie folgen einer gemeinsamen Vision, der sie ihr Handeln unterordnen.

Agile Methoden schaffen immer wieder Ergebnisse in Teilschritten, die dann wieder überarbeitet werden. Auch diese Teilergebnisse als Erfolg zu würdigen, ist bedeutsam. Flow und das Erleben von Flow im Team hängen stark mit diesen gemeinsam erreichten Erfolgen zusammen.

Gemeinsam erfolgreich zu sein, ist auch eine gute wichtige Grundlage für gute Beziehungen. Beziehungen können in agilen Umfeldern leichter entstehen, da die Mitarbeiter im Team mit vielen anderen in Kontakt kommen und die Zusammenarbeit selbst beeinflussen können.

Gute Beziehungen ergeben sich aus echter Team- und Zusammenarbeit und natürlich hat die Stimmung im Team Einfluss auf die Stimmung des Einzelnen. Begeisterung im Team sorgt dafür, dass sich die Mitarbeiter gut fühlen und gemeinsam erfolgreich sind.

Für die Personalauswahl in Unternehmen stellen Themen wie Mindset und Glück eine neue Herausforderung dar. Es ist schwierig, aufwendig und nicht immer erfolgversprechend, Menschen ändern zu wollen.

Viel einfacher erscheint es, Menschen, die bereits ein bewegliches Mindset haben und mit sich und der Welt zufrieden sind, einzustellen.

Zufriedenheit lässt sich aber nicht aus einem Zeugnis ablesen.

Bewerbungsgespräche sind bisher im Wesentlichen auf die fachlichen Qualifikationen ausgelegt. Einige Start-ups und selbstorganisierte Unternehmen lassen Bewerber Probe arbeiten, und Teams entscheiden, wer eingestellt wird. Auf diese

Weise lassen sich Sympathie oder Antipathie und die Einschätzung des Mindsets und die Vereinbarkeit von Werten mit in den Einstellungsprozess integrieren.

Positive Emotionen sind nicht nur bei Erfolgen möglich, auch gemeinsam erlebte Schwierigkeiten können positive Emotionen auslösen. Wenn nach vielen Höhen und Tiefen am Ende ein gutes Ergebnis steht, kann das viel befriedigender sein, als wenn es einem zugeflogen ist. Gemeinsames Lernen und Reflektieren wird von vielen Teams als ein Auslöser von positiven Emotionen genannt.

1.3.2 Entwicklung von Glück

Es gibt jede Menge seriöser und unseriöser Ratgeber für die Suche nach dem Glück. Wir beschränken uns auf die oben schon erwähnte Positive Psychologie Der Begriff wurde 1954 von dem amerikanischen Psychologen Abraham Maslow eingeführt und in den 1990er Jahren von Martin Seligman aufgegriffen. Im Gegensatz zur traditionellen defizitorientierten Psychologie befasst sich die Positive Psychologie mit den positiven Aspekten des Menschseins, so werden etwa Glück, Optimismus, Geborgenheit, Vertrauen, individuelle Stärken, Vergebung oder auch Solidarität behandelt. Inzwischen benennt der Begriff eine Schule innerhalb der Psychologie.

Christopher Peterson und Martin Seligman unterscheiden sechs Tugenden, denen insgesamt 24 Charakterstärken zugeordnet sind:

- Weisheit und Wissen: Kreativität, Neugier, Aufgeschlossenheit, Lernfreude, Perspektive
- Courage: Tapferkeit, Beharrlichkeit, Integrität, Vitalität
- Menschlichkeit: Liebe, Freundlichkeit, soziale Intelligenz
- Gerechtigkeit: soziale Verantwortung, Fairness, Führungsstärke
- Mäßigung: Vergeben und Mitleid, Demut und Bescheidenheit, Besonnenheit, Selbstregulation
- Spiritualität: Wertschätzung von Schönheit, Dankbarkeit, Hoffnung, Humor, Spiritualität

Aus der Positiven Psychologie ist auch ein Führungsansatz entwickelt worden – Positive Leadership. Dieser Ansatz basiert im Wesentlichen auf den im PERMA-Modell beschriebenen Elementen und dem Prinzip, durch Führung positiv zu bestärken. Er ist grundsätzlich gut mit dem hier beschriebenen Ansatz der Agilen Führung vereinbar.

Aufgabe: Glück und Erfolg

In dieser Übung geht es darum, die eigenen Stärken auf dem Weg zu Glück und Erfolg besser zu verstehen.

Die Grundidee ist, die bestehenden Stärken noch weiter auszubauen und sie noch besser zu nutzen, um die eigenen Ziele zu erreichen: Stärken zu stärken. In der folgenden Tabelle bewertest du bitte deine Charakterstärken. Die sieben größten Stärken sind sogenannte Signaturstärken. Bei der Selbstbewertung ist es wichtig, ehrlich zu sein, um möglichst passende Ergebnisse zu bekommen, mit denen man gut arbeiten kann.

Ablauf:

Bewerten aller Charakterstärken mit Werten zwischen null und zehn. Null bedeutet, die Charakterstärke »trifft gar nicht für mich zu«. Zehn bedeutet dabei, »trifft für mich vollkommen zu«: Mit dieser Stärke arbeite ich bereits sehr erfolgreich.

Danach bitte den Mittelwert in den jeweiligen Rubriken (Tugenden) ausrechnen. Die Summe aller Werte geteilt durch die Anzahl der Rubriken ergibt dein Ergebnis.

NR	Tugend	Charakterstärke	Bewer	Mittelwert
1.	**Weisheit und Wissen:** kognitive Stärken, die den Erwerb und den Gebrauch von Wissen beinhalten	1. Kreativität 2. Neugierde 3. Urteilsvermögen 4. Freude am Lernen 5. Weisheit	___ ___ ___ ___ ___	
2.	**Mut**: emotionale Stärken, die mit Willenskraft innere und äußere Hindernisse beim Erreichen von Zielen überwinden	6. Tapferkeit 7. Ausdauer 8. Authentizität 9. Enthusiasmus	___ ___ ___ ___	
3.	**Menschlichkeit**: Interpersonale Stärken, die liebevolle menschliche Begegnungen ermöglichen	10. Bindungsvermögen 11. Freundlichkeit 12. Soziale Intelligenz	___ ___ ___	
4.	**Gerechtigkeit:** Stärken, die das Gemeinwesen fördern	13. Teamwork 14. Fairness 15. Führungsvermögen	___ ___ ___	
5.	**Mäßigung:** Stärken, die Exzessen entgegenwirken	16. Vergebungsbereitschaft 17. Bescheidenheit 18. Vorsicht 19. Selbstregulation	___ ___ ___ ___	
6.	**Transzendenz:** Stärken, die Sinn stiften, einer höheren Macht näher bringen (Religiosität, Spiritualität)	20. Sinn für das Schöne 21. Dankbarkeit 22. Hoffnung 23. Humor 24. Religiosität / Spiritualität	___ ___ ___ ___ ___	

Ergebnisinterpretation

Die sieben Stärken mit den höchsten Punktbewertungen sind die Signalstärken. Sie charakterisieren deinen Weg zum Erfolg.

Die Tugenden, die den höchsten Mittelwert erzielen, prägen das äußere Erscheinungsbild. Diese in der Tugend zusammengefassten Charakterstärken sind nach außen für andere gut sichtbar und prägen deinen Eindruck auf andere.

Aufgabe
Wie kannst du die sieben Stärken mit dem höchsten Wert weiter ausbauen, um erfolgreich zu sein? Idealerweise nimmst du dir eine konkrete Aufgabe vor, die dir sehr am Herzen liegt. Wie kannst du deine sieben stärksten Stärken nutzen, um dieses Ziel zu erreichen?

1 ______________________________

2 ______________________________

3 ______________________________

4 ______________________________

5 ______________________________

6 ______________________________

7 ______________________________

Selbstbild Fremdbild
Wähle drei bis sechs Menschen aus deinem unmittelbaren Umfeld, die oben dargestellte Liste (ein Foto genügt) und bitte die Personen, dich analog zu deiner eigenen Bewertung einzuschätzen. Werte die Ergebnisse genauso aus wie deine eigenen. Vergleiche die Ergebnisse. Welche Schlüsse kannst du aus der Differenz ziehen?

____

____

____

____

____

____

____

1.4 Emotionsregulation

»Wir wissen zu viel und fühlen zu wenig. Zumindest spüren wir zu wenig von jenen schöpferischen Emotionen, aus denen ein sinnvolles Leben entspringt.« – Bertrand Russell

Eine präzise Definition von Emotionen aus wissenschaftlicher Sicht gibt es nicht. Deshalb hier eine Definition: Emotion bezeichnet eine Gemütsbewegung im Sinne eines Affekts. Sie ist sowohl ein psychophysiologisches als auch psychisches Phänomen, das durch die Wahrnehmung eines Ereignisses ausgelöst wird. Das Wahrnehmen geht einher mit physiologischen Veränderungen, spezifischen Kognitionen, subjektivem Gefühlserleben und reaktiver Verhaltenstendenz des Menschen.

Daher kann man über eine Emotion sagen, dass sie:

- bewusst erlebt wird
- eine klare Dauer hat
- objektbezogen ist
- eine subjektive Komponente mit einem Verhaltensaspekt beinhaltet
- entsprechende physiologische Reaktionen auslöst

Wie man aus dieser Definition schon sehen kann, handelt es sich nicht nur um ein Element, sondern um eine Mischung aus vielen Elementen. Um diese Mischung aus diversen Emotionen, deren Gleichzeitigkeit und deren Überlagerung geht es.

Viele Faktoren spielen eine Rolle, und Klarheit sowie Eindeutigkeit sind selten vorhanden.

Emotionen folgen keinen nachvollziehbaren Regeln. Sie haben eine eigene Logik und jeder Mensch ist unterschiedlich in seinen Reaktionen, Präferenzen und seiner Sicht auf die Welt.

Um die Erforschung dieser Subjektivität geht es bei der Emotionsregulation. Emotionen prägen unsere erlebte Wirklichkeit und erhöhen die Wahrscheinlichkeit, reaktive Handlungsmuster aus der Vergangenheit zu wiederholen.

Ob diese Muster gut oder schlecht passen, wird immer erst im jeweiligen Kontext sichtbar. In einem agilen Kontext sind viele Interaktionen mit anderen Menschen notwendig.

Die Wahrscheinlichkeit für emotionale Konflikte nimmt zu. Aus diesem Grund ist es für alle Beteiligten sinnvoll, sich mit ihren Emotionen und von ihnen ausgelösten Mustern zu befassen. Das Ziel dieser Auseinandersetzung ist die Emotionsregulation.

Diese Regulation hilft dabei, nicht selbst zum Spielball von Automatismen zu werden, sondern in die Wahrnehmung und den Handlungsablauf einzugreifen, um passendere Reaktionen und Muster zu entwickeln.

Ein wichtiger Anteil von Emotionen sind Gefühle. Diese einordnen zu können, ist ein erster Schritt für die Emotionsregulation. Gefühl ist ein psychologischer Terminus, der als Oberbegriff für unterschiedlichste psychische Reaktionen wie Angst, Ärger, Komik, Ironie sowie Mitleid, Eifersucht, Furcht, Freude und Liebe dient. Ihre Deutung liegt jedoch im subjektiven Bereich.

Gefühle sind das Produkt der Verarbeitung von Reizen, die ihren Ursprung in unseren Sinnesorganen haben. Sie vermitteln damit ein Bild von der uns umgebenden Welt, aber auch von Vorgängen unseres eigenen Körpers. Gefühle sind nicht nur Ausdruck äußerer Tatsachen, sondern auch unserer eigenen Beurteilung.

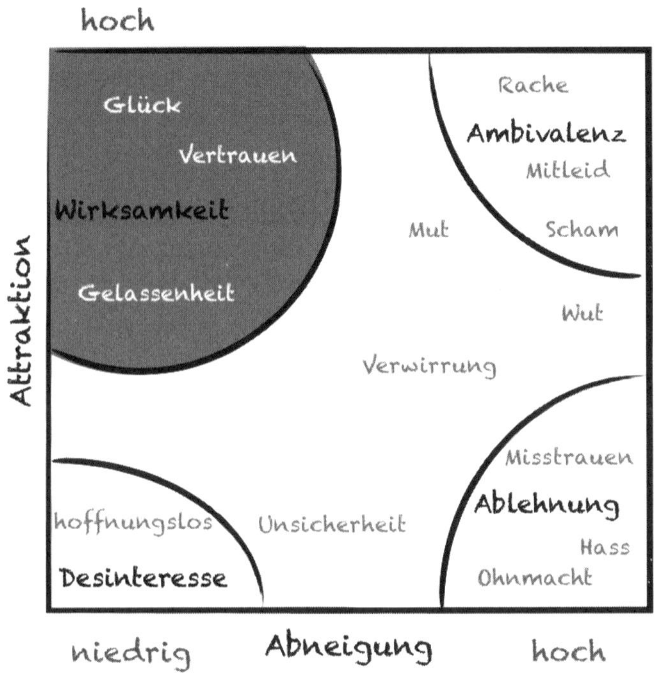

Abbildung 1.7: Landkarte der Emotionen

Es gibt Gefühle, die wir gerne haben und die wir anstreben. Sie haben eine hohe Attraktivität für uns. Wenn wir diese Gefühle erleben, ist unsere Wirksamkeit am größten. Unter dem Einfluss dieser Gefühle arbeiten wir beispielsweise vertrauensvoll mit anderen zusammen, Teams sind so produktiv wie möglich.

Im Bereich der Ambivalenz sind sowohl die Abneigung als auch die Attraktion hoch. Hier erleben wir uns als noch stärker hin- und hergerissen als im mittleren Bereich.

Den Bereich der Ablehnung versuchen wir zu vermeiden. Gefühle in dieser Region erleben wir als unangenehm. Im Segment »Desinteresse« sind weder Attraktion noch Abneigung vorhanden. Diese Karte kann zum Beispiel aufzeigen, wie es einzelnen Teammitgliedern in bestimmten Situationen geht, um gemeinsam zu reflektieren, welchen Einfluss der aktuelle Status auf den Teamprozess hat.

Emotionen beinhalten Gefühle, Realitätserleben und Verhaltensmuster. Unsere Erlebniswelten sind in der Regel in unserer Vergangenheit geprägt worden. Sie sind oft Vermeidungsstrategien, die wir entwickelt haben. Der wunde Punkt ist häufig eine alte Verletzung, die wir sehr häufig erlebt haben. Er ist mit negativen Emotionen der Vergangenheit verbunden. Der Auslöser kommt von außen. Es kann ein Wort, ein Satz, eine Betonung oder eine Situation sein. Der Auslöser hat oft eine Ähnlichkeit zu der schmerzhaft erlebten Situation aus der Vergangenheit. Aber eben auch nur eine Ähnlichkeit. Die Wirklichkeit, die wir in solchen Situationen erleben, ist sehr stark durch den Automatismus und die vergangene Wirklichkeit geprägt. Wir erleben oft genau das, was wir früher erlebt haben, und reagieren in der Regel über gelernte Muster: Angriff, Verteidigung, Rückzug. Die emotionale Reaktion und die innere Verarbeitung geschehen oft in Sekundenbruchteilen und das Verhalten ist oft sehr reflexhaft und wenig reflektiert. Die Wirkung des Verhaltens auf das Gegenüber erzeugt dann eine Wechselwirkung mit dem Erleben und den Emotionen des Agierenden. Dieses Modell ist sehr abstrakt und wird vermutlich klar, wenn es durch ein Beispiel erklärt wird.

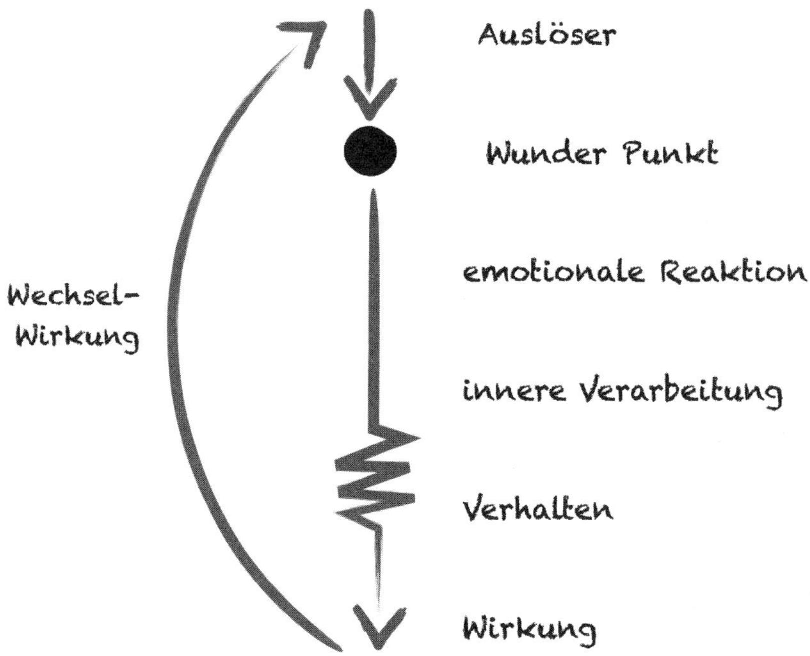

Abbildung 1.8: Emotionsregulation

Aus diesem Grund ist hier ein Beispielcoaching in mehreren Schritten beschrieben.

1.4.1 Karte der Emotionen in einer Retrospektive (Teamcoaching)

Klaus ist ein Software-Entwickler, der in einem Scrum-Team arbeitet. Sein Scrum-Master ist Wilhelm. Er ist ein erfahrener Entwickler, seine Rentenzeit steht in naher Zukunft an.

Über die eingesetzte Technologie ist er nicht mehr vollumfänglich informiert, ihn interessieren eher die Menschen und ein gutes Miteinander. Er wird in seiner Rolle von den anderen Teammitgliedern sehr respektiert. Seine Erfahrung wird geschätzt.

Wilhelm moderiert eine Retrospektive. Retrospektiven sind Teamtreffen, bei denen es darum geht, aus der Vergangenheit zu lernen. Dazu schauen die Teammitglieder gemeinsam zurück und bewerten, was gut und was schlecht gelaufen ist. Außerdem analysieren sie, warum Dinge gut oder schlecht waren, um so zu Maßnahmen zur Verbesserung zu kommen.

Wilhelm hat als Moderationsform dieses Mal die Landkarte der Gefühle ausgewählt.

Er hat den Eindruck, dass irgendetwas im Team nicht so richtig zusammenpasst und besser zur Sprache gebracht werden sollte.

Das Team hat anfangs keine besondere Lust, über Gefühle zu reden, und versucht Wilhelm davon zu überzeugen, dass die Optimierung des Entwicklungsprozesses aktuell wichtiger ist.

Doch Wilhelm lässt nicht locker, er hatte mit Widerstand gerechnet. Programmierer hassen es in der Regel, über Gefühle sprechen zu müssen. Jeder Teilnehmer bekommt eine Landkarte der Gefühle gezeigt mit der Frage, in welchen »Regionen« er sich in der letzten Zeit aufgehalten hat und wie er das Team erlebt hat.

Das Team beugt sich dem Unausweichlichen und beginnt, auf der Karte Notizen zu machen.

Wilhelm rollt währenddessen einen großen Ausdruck der Karte aus. Das Team ahnt nichts Gutes und fragt sich, was wohl als Nächstes kommt. Wahrscheinlich soll jeder Einzelne vor der Gruppe über seine Gefühle sprechen.

Genau so kommt es. Jeder benennt seine Gefühle und markiert die Regionen mit verschieden Farben auf der Karte.

Es entstehen viele Kreise rund um den Bereich Verwirrung und Unsicherheit. Als Klaus präsentiert, beschreibt er sich als sehr gelassen und konzentriert und in einem Status, der ihn effektiv arbeiten lässt.

Er will sich gerade hinsetzen, da sagt Peter: »Na ja ...« Wilhelm ermuntert ihn, den angefangenen Satz doch bitte zu beenden. »Na ja, das stimmt nur, solange du allein arbeitest, in der Zusammenarbeit wirst du in Diskussionen sehr schnell wütend und ungeduldig mit anderen – deshalb will vermutlich auch keiner mehr mit dir zusammenarbeiten.« Die anderen nicken zustimmend. Klaus hat tatsächlich immer mehr an Themen gearbeitet, die er allein gelöst hat.

Die fehlende Kommunikation hat zum Teil auch zu den Problemen im Entwicklungsprozess geführt.

Andere Teammitglieder beginnen, von ihren Erlebnissen mit Klaus zu berichten. Sie zeichnen ein sehr ähnliches Bild.

Fachliche Diskussionen zur Erarbeitung einer gemeinsamen Lösung nimmt Klaus oft persönlich.

Er wird dann wütend und beginnt, sich zu verteidigen. Klaus erlebt die Situation vollkommen anders.

Er hat das Gefühl, die anderen kritisieren ihn zu Unrecht. Aus seiner Sicht argumentiert er um der Sache willen und möchte für eine gute Lösung einstehen.

Klaus hat jetzt eigentlich gar keine Lust mehr, so sehr im Mittelpunkt zu stehen, Wilhelm lässt jedoch nicht locker. Er fordert weitere Teilnehmer auf, von ihren Erlebnissen mit Klaus zu berichten.

Diese Schilderungen dauern sehr lange und es bleibt nur noch wenig Zeit, um eine gemeinsame Maßnahme zu beschließen.

Das Team beschließt, in Zukunft direkt in den als problematisch erlebten Situationen Feedback zu geben und nicht erst auf eine Retrospektive zu warten.

Klaus ist sich nicht sicher, wie er das finden soll. Schließlich gab es auch andere Probleme in Verbindung mit anderen Teammitgliedern.

Im Zentrum stand jedoch das an ihn gerichtete Feedback, das einen Kontrast zu seiner Erlebniswelt darstellt. Er befürchtet, dass jetzt alle nur noch auf ihm »rumhacken«. So ähnlich schildert er es auch Wilhelm am Ende der Retrospektive. Dieser lacht freundlich und bietet Klaus ein Einzelcoaching an, um das Feedback besser einordnen zu können. Klaus willigt ein, das Coaching ist im Vergleich zur Auseinandersetzung mit dem ganzen Team offensichtlich das kleinere Übel.

1.4.2 Emotionsregulation im Einzelcoaching

An dem Tag, an dem sich Klaus und Wilhelm zum Coaching verabredet haben, ist sehr gutes Wetter. Wilhelm schlägt vor, einen kleinen Spaziergang zu unternehmen. Klaus willigt gerne ein. Sie gehen die Allee vor dem Haus zum naheliegenden Park entlang. Auf dem Weg lassen sie noch einmal die Erinnerungen an die Retrospektive Revue passieren. Im Park angekommen, steuert Wilhelm schnurstracks auf den Sandkasten zu. Dort malt er den folgenden ersten Teil des Bildes zur Illustration des wunden Punktes. Er fragt Klaus, was sein wunder Punkt ist.

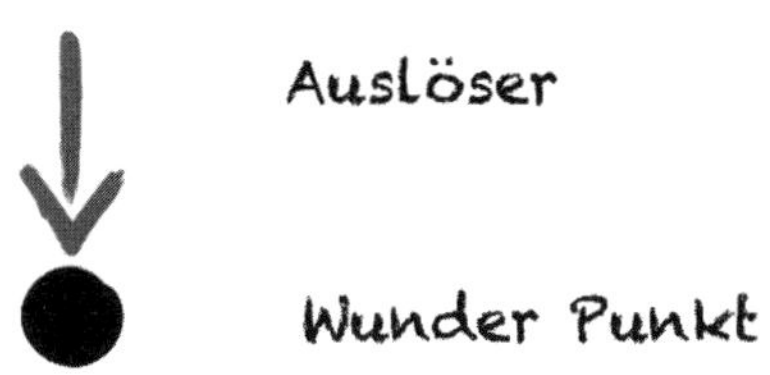

Klaus braucht eine ganze Zeit des Nachdenkens, um für sich den Kern benennen zu können. »Abwertende Kritik« ist seine Antwort. Auf Wilhelms Frage, was er unter abwertend versteht, folgt wieder ein langes Schweigen. »Na ja, irgendwie habe ich das Gefühl, die suchen nur einen Fehler, um mich fertigzumachen.« Wilhelm schaut ihn an und berichtet von seiner Einschätzung, dass er nicht den Eindruck hätte, die anderen würden ihn fertigmachen wollen. Im Gegenteil, viele Anmerkungen sind vermutlich als Hilfestellung gedacht gewesen. Er fragt Klaus, ob er schon mal eine Situation erlebt hat, in der jemand Fehler gesucht hat, um ihn zu unterdrücken. Klaus erzählt von seinem Stiefvater, zu dem er kein besonders gutes Verhältnis gehabt hat. Er hat ihn immer vor der ganzen Familie mit dem Ziel kritisiert, ihn fertigzumachen. Das sei ihm anfangs auch regelmäßig gelungen. Wilhelm hört aufmerksam zu und malt weiter im Sand.

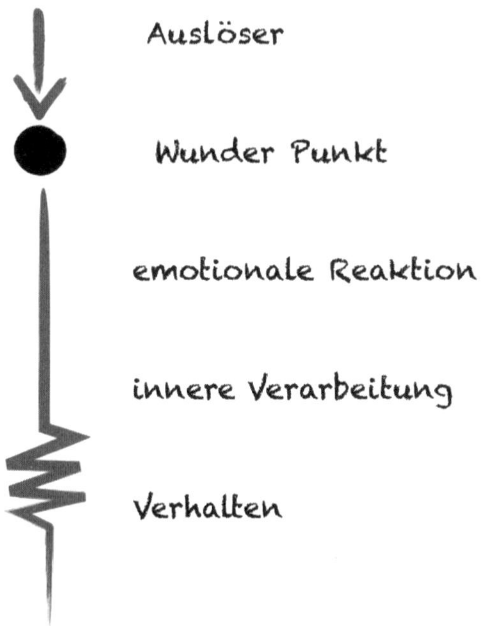

Klaus erzählt, dass er in vergleichbaren Situationen erst einmal wütend sei und nur noch daran denkt, sich zu verteidigen. Alles andere ist in dem Moment wie ausgeblendet. Wilhelm nickt ihm zustimmend zu und malt schweigend weiter.

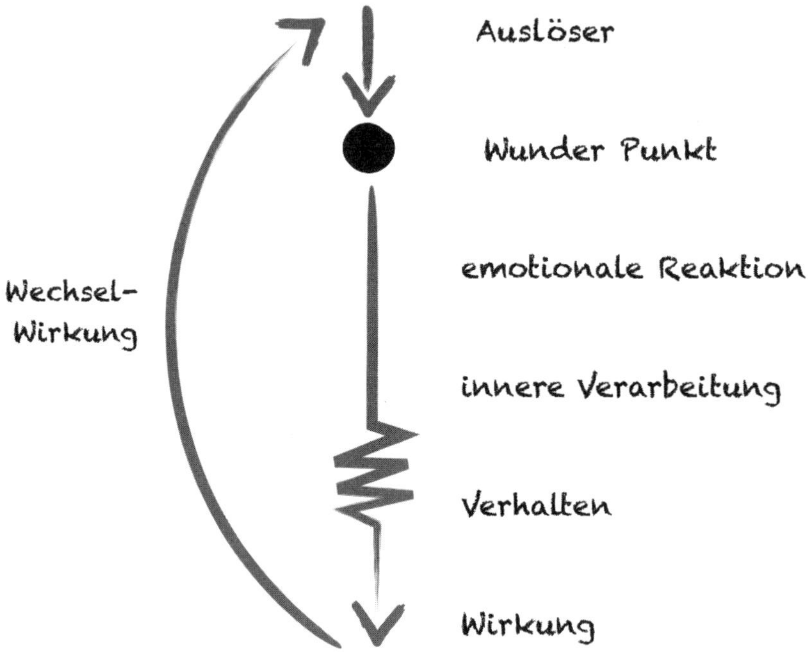

Klaus erzählt währenddessen weiter, dass er sich aus seiner Perspektive verteidigt. Die Wirkung ist allerdings eine andere, als er es erwartet. Seine Verteidigung wird von anderen als Angriff erlebt. Was vermutlich der Auslöser für Streit und Rückzug der anderen sei. Wilhelm nickt und will von Klaus wissen, wie er den Prozess anhalten könne, um möglicherweise ein anderes Verhalten zu erwägen. Klaus ist unsicher, die Wut sei schon sehr stark und es sei sicher nicht leicht, anders zu reagieren. Nach langem Überlegen stellt Klaus die Vermutung auf, dass er Fragen stellen könnte, bevor er sich verteidigt. Dann hätte er Zeit gewonnen, um besser einzuschätzen, wie er reagieren kann. Wilhelm bestärkt Klaus darin, Fragen zu stellen und damit den Zeitpunkt der Reaktion hinauszuzögern. Er bietet Klaus an, an dem Thema weiterzuarbeiten, wenn er das Bedürfnis dazu hat.

Klaus bedankt sich und ist erleichtert, ohne genau zu wissen warum.

1.4.3 Emotionsregulation im Selbstcoaching

In der folgenden Woche bietet sich Klaus eine gute Möglichkeit, das Coachingthema in der Praxis zu erproben. Eine Schnittstelle muss verbessert werden und Klaus hat bisher einen großen Teil davon erstellt. Einige Teammitglieder treffen sich im Meetingraum und beginnen, zielstrebig die Probleme anzusprechen. Klaus merkt schon sehr schnell, wie es ihm weniger gut gelingt, zuzuhören, und wie Wut in ihm aufsteigt und er sich angegriffen fühlt.

Es gelingt ihm jedoch, seine Coachinglösung »mehr Fragen stellen« umzusetzen, auch wenn es ihm immer wieder schwerfällt und er lieber seinen Lösungsansatz direkt verteidigen würde.

Nach der dritten Frage beginnt ihm die vorgeschlagene Änderung sogar zu gefallen.

Er wundert sich ein wenig über sich selbst, es gelingt ihm ganz leicht, sich von seiner Idee zu trennen und den Ansatz der anderen mitzutragen. Die anderen sind sehr erfreut und drücken das auch aus.

Sie sind sehr froh, in der Retrospektive über das Thema gesprochen zu haben, so gelingt es ihnen sicher gemeinsam, besser gute Software zu entwickeln. Im Anschluss lässt Klaus gedanklich noch einmal das Gespräch Revue passieren. Das hatte ihm Wilhelm bei einem vorherigen Coaching einmal beigebracht. Er schreibt für sich die wichtigsten Ereignisse und Hindernisse auf. Was waren wichtige Emotionen? Wie haben Wendepunkte funktioniert? Besonders das Lob am Ende der Besprechung lässt ihn stolz darauf sein, einen Schritt weitergekommen zu sein.

Aufgabe: Emotionsregulation

In dieser Übung geht es darum, die eigenen Emotionen besser zu verstehen. Dabei ist es wichtig, automatisch verkettete Verhaltensmuster zu erkennen, um sie zu verändern.

Ablauf:
Was sind deine wunden Punkte? Sie tauchen oft besonders deutlich auf, wenn du unter Stress gerätst? Der vorgesehene Platz reicht zunächst für die Arbeit an einem wunden Punkt. Die Übung kann aber gut mehrfach wiederholt werden. Was genau ist dein wunder Punkt?

____

____

____

____

Welche Emotion empfindest du dabei?

____

____

____

____

Welches Verhalten löst die Emotion bei dir aus?

Was löst die Reaktion bei anderen aus?

Wie kannst du den Automatismus stoppen?

Wie könntest du besser an die Situation angepasst reagieren?

Welches Bedürfnis steht möglicherweise hinter deiner Reaktion?

Welche Situation in der Vergangenheit könnte zu der Notwendigkeit dieses Verhaltens geführt haben? Wir gehen davon aus, dass das Verhalten früher gut funktioniert hat, heute aber wahrscheinlich nicht mehr zeit- und situationsgemäß ist.

___

___

___

___

Wenn möglich, versuche viel Empathie für dich selbst aufzubringen!

1.5 Innere Persönlichkeitsanteile

»Die Schwester des Glücks ist das Leid. Wer es verleugnet, verdrängt oder betäubt, der betäubt auch sein Glück. Nur wer lernt, Leid zu besiegen, macht sich wirklich frei von negativen Gefühlen – findet dauerhaft zu innerer Zufriedenheit.« – Dalai Lama

Die Idee von inneren Persönlichkeiten lässt sich mit dem einen Satz zusammenfassen: Ich bin viele. Jeder Mensch hat verschiedene Anteile, diese widersprechen sich zum Teil oder führen zu Konflikten. Das Konzept des Inneren Teams wurde von Schulz von Thun entwickelt.[1] Die Anteile stehen möglicherweise miteinander im Dialog oder in Konkurrenz. Jeder Anteil repräsentiert einen bestimmten Aspekt der Persönlichkeit. Sie alle zusammen ergeben in der Summe die Gesamtheit der Person und ihre Widersprüchlichkeit. Die Idee soll helfen, die inneren Dialoge besser zu verstehen und zu moderieren. Idealerweise agieren die inneren Anteile konstruktiv miteinander. Sie ergänzen sich, gehen in dieselbe Richtung und schaffen ein gemeinsames erfolgreiches Ergebnis. In harmonischen Phasen benötigen wir die Auseinandersetzung mit ihnen eigentlich nicht, spannend wird es oft erst, wenn sie sich nicht verstehen oder innere Konflikte auf der inneren Bühne ausgetragen werden.

Diese innere Bühne ist Teil des Modells, das wir hier verwenden. Das Ziel der Auseinandersetzung mit den inneren Anteilen ist, eine größere Klarheit über die eigene Pluralität zu bekommen und dadurch authentischer kommunizieren zu können.

1 *https://www.schulz-von-thun.de/die-modelle/das-innere-team*

Abbildung 1.9: Inneres Team

Die Persönlichkeitsanteile selbst haben ihrerseits eine lange Geschichte und üben oft ihre Funktion über Jahrzehnte hinweg aus. Manche Anteile sind möglicherweise etwas zurückgeblieben, sind nicht so entwickelt, wie es möglich wäre.

Sie reagieren nicht so, wie wir es uns wünschen. Innere Verletzungen haben sie eventuell mitgeprägt und misstrauisch gemacht. Sie können nicht mehr ohne Weiteres vertrauen und sind von unserem inneren Kind beeinflusst. Andere Anteile sind eher funktional ausgerichtet. Sie halten das Tagesgeschäft am Laufen, wir können uns einen Manager vorstellen. Oft sind es diese Anteile, die in eine Sinnkrise geraten. Sie agieren viel und verlieren dabei manchmal den Bezug zu den inneren Wünschen, zu den eigenen Emotionen, zu unserer Vision.

Die Arbeit mit inneren Anteilen ist wie eine Reise in die Seele. Wir können dabei sehr viel über uns erfahren. Das Theater, das wir in unserem Inneren aufführen, braucht einen Regisseur, jemanden, der mit allen Anteilen zurechtkommen und der einen Einfluss auf sie ausüben kann. Dieser Regisseur ist normalerweise das Selbst. Das Selbst ist so etwas wie ein Moderator zwischen den anderen Stimmen. Das Selbst hört zu, es vermittelt zwischen den anderen Meinungen und Emotionen. Die anderen Anteile sind oft nicht so sehr auf Dialog ausgerichtet.

Die konkrete Arbeit mit dem inneren Team läuft folgendermaßen ab: Zu einem konkreten Thema, das idealerweise erst einmal klar benannt wird, werden die einzelnen Persönlichkeiten entworfen und charakterisiert.

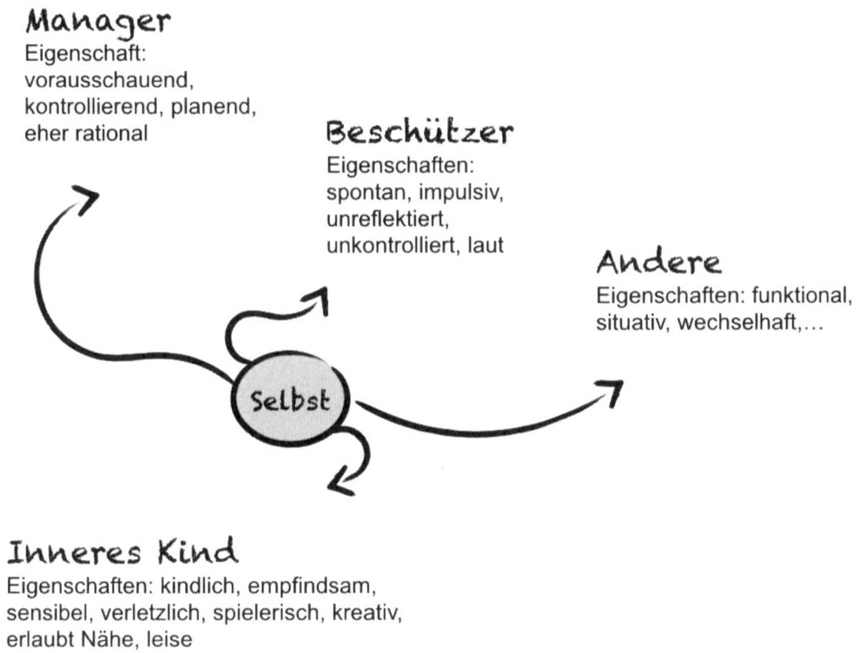

Abbildung 1.10: Beispielrollen des Inneren Teams in der Führung

1.5.1 Schritt 1 – Das Problem

Ausgangspunkt für die Arbeit mit dem inneren Team ist eine als problematisch erlebte Situation. Diese Situation ist möglicherweise eine Situation, die uns in ähnlicher Weise immer wieder passiert und die wir als schwierig erleben. An dem Problemerleben sind unangenehme Emotionen beteiligt.

1.5.2 Schritt 2 – Persönlichkeiten entwerfen

Dabei ist es hilfreich, die im oben genannten Bild beschriebene Struktur für die Persönlichkeitsanteile zu nutzen. Üblicherweise gibt es bestimmte Ausrichtungen von den Anteilen. Sie sind als eine Art Suchunterstützung zu verstehen. Die Arbeit ist auch ohne solche Vorbelegungen möglich. Eine erste Kategorie der Anteile sind die Manager. Die Manager sind üblicherweise nach außen sichtbar, sie treten in Interaktion mit der Umwelt, sie gestalten. Oft sind sie eher rational ausgerichtet, sind vorausschauend, planen und kontrollieren. Vorstellbar ist, dass auch innerhalb der Kategorie Manager mehrere Persönlichkeiten mit durchaus konfliktären Zielen agieren.

Eine andere wichtige Kategorie ist die des inneren Kindes, es vertritt verletzliche Anteile, die eher im Hintergrund zu finden sind. Sehnsüchte, Wünsche, aber auch Verletzungen und Kränkungen sind hier präsent. Das innere Kind reagiert oft nicht rational, es ist stark von Emotionen geprägt und tritt wenig bis gar nicht in Interaktion mit der Außenwelt.

Mit dieser Rolle einher geht oft die des Beschützers. Der Beschützer versucht, das innere Kind zu behüten, es zu seinem Recht kommen zu lassen.

Die Rolle ist oft ähnlich alt und ähnlich emotional geprägt wie das innere Kind selbst.

Modi, die uns einschränken, wie der Kampf- oder Fluchtmodus, sind hier einzuordnen. Aus Sicht dieser Rolle ist der Angriff eine gute Art der Verteidigung.

In Interaktion mit anderen kann diese Rolle durchaus problematisch erlebt werden, wenn auch nicht zwangsläufig.

Die drei vorgestellten Rollen (Manager, inneres Kind und Beschützer) sind sehr stark durch innere Lebenskonflikte geprägt.

Da es dem Selbst zukommt, innere Konflikte zu moderieren, hängt das Zusammenspiel der Rollen auch davon ab, wie das Selbst aufgestellt ist. Je stärker das Selbst ausgeprägt und entwickelt ist, desto besser gelingt es ihm, mit allen Rollen im Dialog gute Lösungen zu entwerfen.

Ein schwach ausgeprägtes Selbst ist leicht überfordert, andere Rollen übernehmen das Kommando. Diese Regentschaft kann sehr einseitig sein und als problematisch erlebt werden.

Neben diesen stark psychologisch besetzten Rollen gibt es möglicherweise noch weitere situativ besetzte Rollen, die vermutlich weniger mit der eigenen Vergangenheit zu tun haben.

Dies sind die sogenannten »Anderen«, auch sie können für die Aufführung in unserem ganz persönlichen Theater wichtig sein. Sie können zum Beispiel die Rolle des Gegenparts übernehmen und damit nur für eine spezifische Situation relevant sein.

Diese Rollen stehen in Beziehung zu den vorher genannten, können diese ergänzen und erweitern.

Der Beschreibung einer Situation und der Rollenvergabe schließen wir den zweiten Schritt mit der Überprüfung der Rollen auf Vollständigkeit ab.

Für die Arbeit mit den inneren Rollen empfiehlt sich eine Teamstärke zwischen drei und 13.

Sind es weniger als drei Akteure, kann man nicht wirklich von einem Team sprechen; sind es mehr als 13, wird es sehr schnell unübersichtlich.

Wenn das Team zusammengestellt und vollständig ist, beginnt der nächste Schritt, wir entwerfen die Interaktionen in Bezug auf das von uns gewählte Thema.

1.5.3 Schritt 3 – Das Theaterstück beginnt

Wie gehen die Rollen miteinander um, welche Position oder Haltung haben sie? Welche Emotionen tragen die Rollen in sich? Was ist ihre Motivation? Was wollen sie erreichen? Es ist im Grunde so, als würden die Rollen die problematische Situation als Theaterstück nachspielen.

Sie spielen dabei nur die eigene Position. Die inneren Dialoge, inneren Konflikte und die Zerrissenheit werden auf die Bühne gebracht. Bei diesem Nachspielen entsteht aus der eigenen Interaktion ein Netz aus Interaktionen vieler. Verborgene Absichten werden deutlich und Konflikte werden anschaulicher. Neben konkret gewonnenen Einsichten ist Empathie mit sich selbst ein wichtiges Element der Übung und Teil des zu erreichenden Lernergebnisses.

1.5.4 Schritt 4 – Das Theaterstück umschreiben

Wie könnte es anders laufen? Was wäre besser? In diesem Schritt entwickeln wir Handlungsalternativen, die wir bisher noch nicht bedacht haben, und experimentieren damit.

Das tiefere Verständnis der eigenen Motivation lässt vielleicht Lösungen zu, die besser passen, die uns selbst sogar viel mehr entsprechen können.

Eine wichtige Frage ist immer, wie kann das Selbst in der gewählten Situation wirksamer werden und eine geeignete Form der Moderation finden? Das Ziel des Umschreibens ist nicht, dieses Theaterstück anders aufzuführen, sondern Handlungsalternativen parat zu haben, wenn wir uns wieder in einer vergleichbaren Situation befinden.

Die Reflexion über das, was passiert, sowie die Auseinandersetzung mit den verborgenen Anteilen und der versteckten Motivation hilft bei der Entwicklung.

Hier liegt der Wert der Arbeit mit dem Inneren, dem dort verborgenen inneren Team. Diese Reflexion lenkt unsere Aufmerksamkeit und erhöht die Wahrscheinlichkeit für das Eingehen auf Handlungsalternativen.

Wir stärken unser Selbst, lernen uns besser kennen und entwickeln Handlungsalternativen. Das innere Team hat einen großen Einfluss auf unser Erscheinungsbild nach außen. Wenn wir mit uns selbst im Frieden leben, dann strahlen wir die sich daraus ergebende Zufriedenheit aus.

Natürlich wirkt sich das positiv auf unser Umfeld aus.

Aus einer Position der inneren Ruhe können wir auch in unserem Umfeld eine vermittelnde Rolle einnehmen und positiv wirken.

Wenn wir jedoch Konflikte in uns tragen, mit uns selbst nicht im Reinen sind, steigt die Wahrscheinlichkeit, dass wir auch mit der Außenwelt in Auseinandersetzungen geraten. Bestimmte Persönlichkeitsanteile reagieren stärker, als sie es tun würden, wenn wir entspannt wären.

Hilfreiche Rahmenbedingungen für die Arbeit mit inneren Anteilen ergeben sich aus einem Umfeld, das in der Lage ist, ausgleichend zu wirken und Rückmeldung zu geben.

Manche Kontroversen sind so sehr von unserer eigenen Sichtweise geprägt, dass eine Perspektive von außen sehr hilfreich sein kann. Diese Perspektive kann nicht zuletzt auch durch ein Coaching vermittelt werden. Auf diese Weise können wir langsam unsere eigene neutrale vermittelnde Funktion stärken und das Selbst aufbauen. Auf dieser Reise lernen wir uns besser kennen und können uns immer besser selbst coachen.

Klaus, den Sie in Abschnitt 1.4 kennengelernt haben, befindet sich in einer Situation, in der ein Coaching hilfreich sein könnte.

Nach anfänglichen Erfolgen mit der Lösung, durch das Stellen von Fragen im Verlauf einer Diskussion Zeit für eine angemessene Reaktion zu gewinnen, fühlt sich Klaus zusehends in der Defensive.

Ihm und seinen Teamkollegen gelingt es inzwischen besser, gemeinsam gute technische Lösungen zu entwickeln.

Er kann sich im Zuge von Absprachen zurücknehmen und verletzt dabei die anderen nicht mehr, doch die Kosten dafür empfindet Klaus als sehr hoch.

Als Wilhelm und er zusammen einen Kaffee trinken, stöhnt Klaus, dass das alles total anstrengend sei und die Freude am Entwickeln und Diskutieren dabei irgendwie auf der Strecke bleibe.

Wilhelm hört sich Klaus' Schilderung nachdenklich an und schlägt dann ein weiteres Coaching vor.

So richtig begeistert ist Klaus nicht von der Idee, er würde das Thema lieber loswerden, als ihm noch mehr Aufmerksamkeit zu schenken. Auf der anderen Seite will er da, wo er jetzt angekommen ist, nur ungern verweilen, also stimmt er zu.

Wilhelm hat für das Coaching dieses Mal den Meetingraum gewählt und Figuren aufgestellt. Klaus kann sich den Witz nicht verkneifen, dass sie sich doch nicht zum Schachspielen verabredet hätten. Wilhelm erklärt die Arbeit mit inneren Anteilen und welche Rolle die Holzfiguren später als Anteildarsteller übernehmen werden, nachdem Klaus ihnen Charaktere zugewiesen hat. Für Klaus ist das alles sehr verwirrend. Die Benennung der Anteile fällt ihm jedoch leicht.

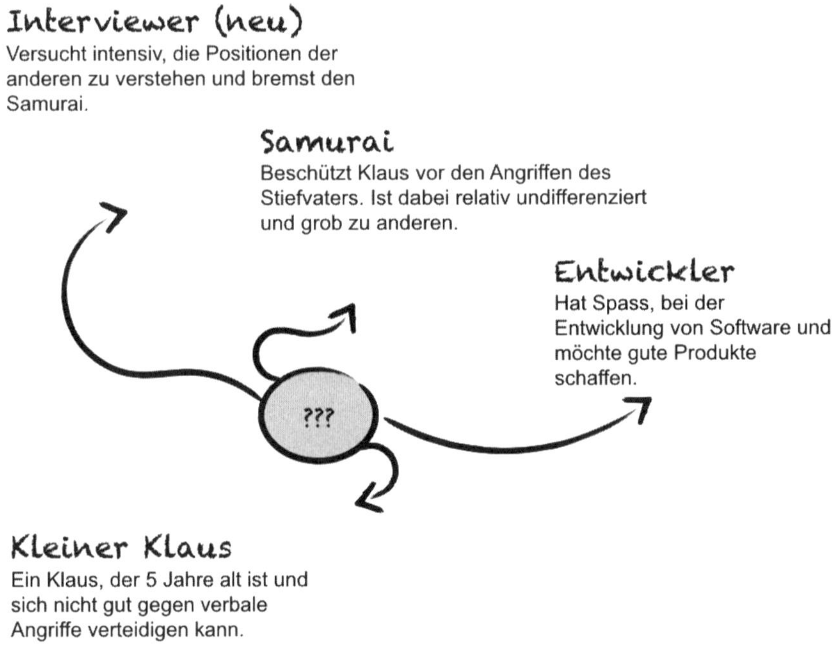

Abbildung 1.11: Beispiel Klaus und Wilhelm

Nach kurzer Zeit hat Wilhelm drei Figuren mit Post-its beschriftet (siehe Abbildung 1.11). Nur mit dem Selbst kann er nicht so richtig etwas anfangen, das hat er mit Fragezeichen versehen.

Wilhelm will nun von Klaus wissen, wie sein Team mit anderen Entwicklern in Interaktion treten würde. Klaus muss nicht lange überlegen.

Früher hat der Samurai immer kräftig auf die anderen draufgehauen. Seit dem Coaching habe er allerdings einen Aufpasser an die Seite bekommen, der seine Rolle übernimmt.

Der Interviewer stellt jetzt immer Fragen, um die anderen besser zu verstehen. Der Samurai fühlt sich dadurch ausgebremst.

Die dritte Figur, der kleine Klaus, fühlt sich auch durch den Interviewer halbwegs geschützt, aber nicht so richtig verstanden.

Der Entwickler für Software möchte gute Arbeit leisten, was ihm auch halbwegs gelingt, nur das mit dem Spaß ist noch so eine Sache.

Der ist weg, seit der Interviewer die Kontrolle übernommen hat.

Was genau der Interviewer denn macht, möchte Wilhelm wissen. Er fokussiert sich auf die Kollegen und versucht, deren Position und Ideen besser zu verstehen.

Eine Beziehung zu den anderen inneren Rollen hat der Interviewer nicht so richtig. Besonders der Entwickler fühlt sich vom Interviewer nicht wahrgenommen mit seinen Ideen, nicht wertgeschätzt. Wilhelm will wissen, was der Entwickler benötigt, um wieder Spaß zu haben.

Für ihn wäre ein Dialog wichtig und er grübelt, wie dieser entstehen könnte, und er überlegt, ob der Interviewer den inneren Entwickler auch befragen sollte, vermutet aber, dass diese Art des Selbstgesprächs auf die anderen komisch wirken würde. Wilhelm erklärt ihm, dass ein Moderator genau die Rolle des Selbst sei, die zwischen verschiedenen Rollen vermittelt. Klaus fragt sich, wie es aussehen kann, wenn der Interviewer sich auch zum Moderator zwischen den Anteilen entwickeln würde. Dann würde er dem inneren Entwickler erlauben, seine Position auch zu beschreiben. Nur den Samurai (Beschützer) müsste er weiterhin bremsen, der würde sonst unsachlich und ruppig werden, das möchte er nicht mehr. Klaus spielt mit den Figuren eine gelungene Interaktion durch, eine Vorstellung der Figuren, die illustriert, was er das nächste Mal anders machen könnte.

Aufgabe: Innere Persönlichkeitsanteile

In dieser Übung geht es darum, sich selbst und seine eigene Ambivalenz besser zu verstehen, um damit anders umzugehen. Ein inneres Team wird aufgestellt. Diese Aufstellung des Teams hilft, Widersprüche und Konflikte besser zu verstehen.

Teamaufstellung:
Wer sind meine inneren Teammitglieder?

Welche Eigenschaften haben sie?

Welche Emotionen haben sie?

Welche Beziehungen haben sie untereinander?

Male die Rollen und Beziehungen in das »angefangene Bild«.

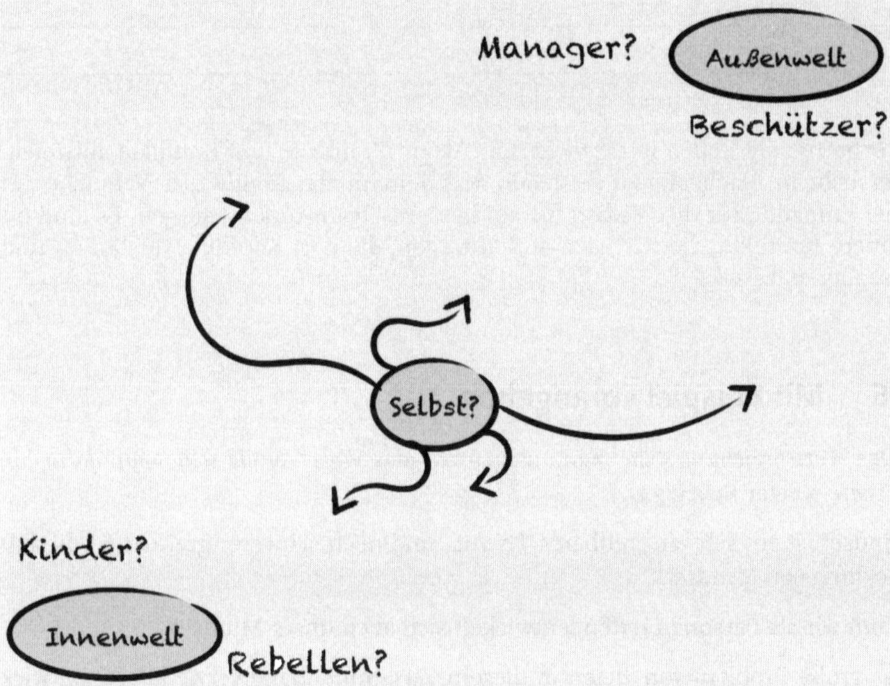

Wie interagieren sie in normalen Situationen?
Wer hat das »Sagen«?

Wie interagieren sie unter Stress?
Wer übernimmt die Führung?

Wie könnten sie besser zusammenarbeiten?

____

____

Beobachte die Rollen in dir weiterhin. Wenn Probleme und Konflikte auftreten, versuche im Nachgang zu verstehen, was dein innerer Konflikt ist. Versuche mit viel Empathie für dich selbst, für ein besseres Teamwork zu sorgen. Es sind oft innere Konflikte, die wir nach außen tragen, die dort Konflikte verstärken und eskalieren lassen.

1.6 Mit Beispiel vorangehen

»Das Wort Erziehung sollte man ausstreichen, das Wort Vorbild sollte man dafür hinsetzen.« – Peter Rosegger

Mindset ist ein schwer greifbares Thema, und noch schwerer greifbar ist die Entwicklung von Mindset.

Wenn wir als Personen reifen, entwickelt sich auch unser Mindset.

Das große Problem von vielen in diesem Zusammenhang verwendeten Entwicklungsmodellen ist, dass sie Menschen bewerten und in Schubladen stecken, ohne einen erkennbaren Mehrwert zu liefern. Solche Modelle gibt es in der Entwicklungspsychologie und auch in agilen Theorien.[2]

Obwohl der Reifegrad unterschiedlich ist, sind in der Regel die Entwicklungsstufen weiterhin hierarchisch angeordnet. Die Zuordnung zu einer der unteren Stufen wird oft als Herabsetzung erlebt. Bei der Auseinandersetzung mit Entwicklungsmodellen ist es daher wichtig zu verstehen, dass diese Zuordnung nicht beschreibt, wer wir sind, sondern nur, wie wir uns in einem bestimmten Umfeld und auf einem speziellen Gebiet verhalten.

In anderen Bereichen und unter anderen Umständen können wir schon viel weiter sein.

Der Mehrwert des hier vorgestellten von Rolf Arnold entwickelten Modells ist, dass es für jede Stufe eine gesonderte Handlungsempfehlung zur Weiterentwicklung bereitstellt.

Damit wird auf jeder Ebene gezeigt, welche Schritte hilfreich sind, um eine Verbesserung herbeizuführen und damit im nächsten Level anzukommen.

Der »emotionale Konstruktivismus« hat die folgenden Levels:

2 Das agile Mindset, Svenja Hofert , Springer Gabler Verlag

Name	Beschreibung	Lernweg
Transformation	neues Denken und Erleben	mit Gedanken neues Erleben prägen
Variation	Experimente wagen	andere Sichtweisen zulassen und Neues ausprobieren
Projektion	die eigenen Emotionen ins Außen projizieren	innere Limitierung und Anteil erkennen
Rationalisierung	Emotionen rationalisieren	innere Monologe verstehen
Determination	impulsgesteuert	bevorzugte Weisen, zu fühlen erkennen

Abbildung 1.12: Levels des emotionalen Konstruktivismus

Auf der untersten Stufe der Entwicklung – der Determination – erleben wir das, was wir sehen und was wir fühlen, als absolute Realität. Unseren Impulsen folgen wir direkt und unreflektiert, warum auch nicht – »ist ja alles richtig«.

Das Lernen beginnt damit, die eigene bevorzugte Art zu fühlen, wahrzunehmen und zu erkennen. Wir lernen sozusagen unseren eigenen Standpunkt als einen möglichen Standpunkt kennen.

Damit lernen wir auch, dass es noch andere Standpunkte geben kann, die möglicherweise auch interessant sein könnten und eine Berechtigung haben. Wir beginnen die Welt zu relativieren, sie ist nicht mehr nur absolut.

Auf der zweiten Stufe rationalisieren wir unsere Emotionen sehr stark. Die Abgrenzung des eigenen Standpunkts zu den vielen anderen möglichen Standpunkten nehmen wir anhand vernünftiger Erklärungen vor. Dabei versachlichen wir auch Emotionen und finden möglichst gute Argumente. In diesen rationalisierenden Monologen bestätigen wir uns immer wieder selbst, warum es richtig war, genau so zu handeln und nicht anders. Die Ursache für Probleme sehen wir oft außen. Wir empfinden uns als Opfer der Umstände. Wenn sich daran etwas ändern würde, dann wären auch wir ganz anders. Die Suche nach einem anderen Vorgehen bezieht sich auf diese inneren Monologe. In ihnen begegnen wir uns selbst, wir lernen, wie wir mit uns und anderen umgehen. Wir entdecken schließlich, dass es alternative Handlungsoptionen gibt.

Auf der dritten Stufe der »Projektion« fangen wir an zu erkennen, dass wir innere Emotionen in das Außen projizieren. Unsere inneren Themen vermischen sich mit den äußeren Themen und wir erleben Dinge, wie wir sie erleben möchten, weil das unseren Bedürfnissen entspricht. Nicht alles, was wir erleben, ist auch so. Wir erkennen unsere eigenen Wünsche, Bedürfnisse und Limitierungen in Beziehung zur Außenwelt. Zu verstehen, wie wir selbst in unserem Erleben die Welt gestalten, ist auf dieser Stufe der wichtigste Lernschritt.

Auf der vierten Stufe der »Variation« beginnen wir, mit unserem Erleben zu experimentieren. Wir sind in der Lage, andere Sichtweisen anzunehmen. Wir haben erkannt, dass auch ganz andere Sichtweisen und Emotionen möglich sind, und beginnen damit zu erproben. Wir machen neue Erfahrungen fernab von allem, was uns bis dahin geprägt hat.

Auf der fünften Stufe (Transformation) sind es nicht mehr nur Experimente, sondern ganz neue Denkweisen und Erlebnisse, die wir zulassen können. Wir prägen mit unserem Denken unser Erleben. Dieser Schritt klingt am attraktivsten, ist jedoch nicht ohne die anderen Schritte erreichbar.

Wir alle befinden uns mit vielen Themen gleichzeitig auf der Reise der Entwicklung durch diese Levels. Mal gelingt es uns sehr gut, Einfluss auf unser Verhalten zu nehmen, und wir fühlen uns im Level 5 sehr gereift. In einem spontan auftretenden Konflikt erleben wir uns auf einmal wieder auf Level 1.

Niemand ist perfekt und jeder kann etwas Neues lernen. Je variabler Menschen sind, desto besser können sie mit schwierigen Situationen und Emotionen umgehen. Wir sind in der Lage, in vielen Situationen angemessen zu reagieren und gute Ergebnisse zu erzielen. In agil geprägten Arbeitsfeldern ergeben sich mit größerer Regelmäßigkeit Herausforderungen und schwierige Situationen, weshalb es umso wichtiger ist, dass alle Mitarbeiter sich entwickeln, nicht nur die Führungskräfte. Teams können sich in ihrer Entwicklung gegenseitig unterstützen oder behindern. Wenn ein Team aus Mitarbeitern besteht, die oft auf Stufe 4 oder 5 reagieren, hilft dies auch den weniger entwickelten Teammitgliedern. Teams, die nur aus wenig entwickelten Mitarbeitern bestehen, haben es mit dem gemeinsamen Lernen ungleich schwerer. Wichtig an dem Modell ist jedoch nicht die Einstufung, sondern die Orientierung hin zur Lernrichtung und damit zur Weiterentwicklung.

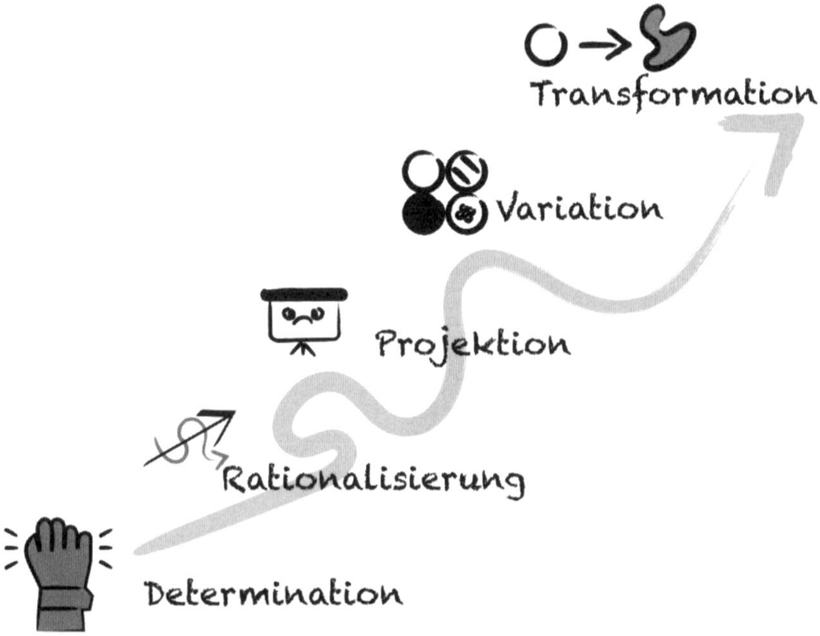

Abbildung 1.13: Weg des emotionalen Konstruktivismus

Viele Unternehmen führen agile Techniken ein, die eine Überforderung der Mitarbeiter bewirken. Die Folge können Konflikt, Burn-out oder Krankheit sein. Verwendete Techniken müssen an den Entwicklungsstand der Mitarbeiter angepasst sein.

Sofern eine Einordnung innerhalb der unteren drei Levels passend ist, muss die Agilität sehr dosiert eingesetzt und beobachtet werden.

Es sollten Coachingangebote unterbreitet werden, um sicherzugehen, dass Lernchancen optimal genutzt werden. Weniger entwickelte Teams brauchen einen deutlich klareren Rahmen und mehr Begleitung und Coaching. Wir Menschen lassen uns nur sehr langsam entwickeln und wir entwickeln uns auch nur, wenn sie es selbst wollen. Die Aufgabe von Unternehmen ist es, hilfreiche Rahmenbedingungen zu schaffen.

Weiter entwickelten Mitarbeitern bietet sich ein breiteres Spektrum an Möglichkeiten. Sofern es uns gelingt, uns für eine längere Zeit im Bereich der oberen beiden Ebenen zu bewegen, sind wir gut auf die Agilität vorbereitet. Wir können das agile Arbeiten gut als Unterstützung für unsere eigenen Fähigkeiten nutzen.

Die Möglichkeit, sich in verschiedenen Situationen und Konstellationen auszuprobieren, erweitert den Horizont und unterstützt die Erweiterung der Variationsbreite und das Gelingen der Transformation. In Retrospektiven kann man feststellen, dass persönliche Einsichten gefunden und geteilt werden. Diese Teams beginnen dann, ihre Prozesse selbst zu gestalten. Jeder Einzelne ist auf seiner persönlichen Reise. Dieses Auf-der-Reise-sein-und-sich-weiterentwickeln ist eine Chance für alle. Je besser sich jeder Einzelne führen kann, desto weniger Führung wird von außen benötigt.

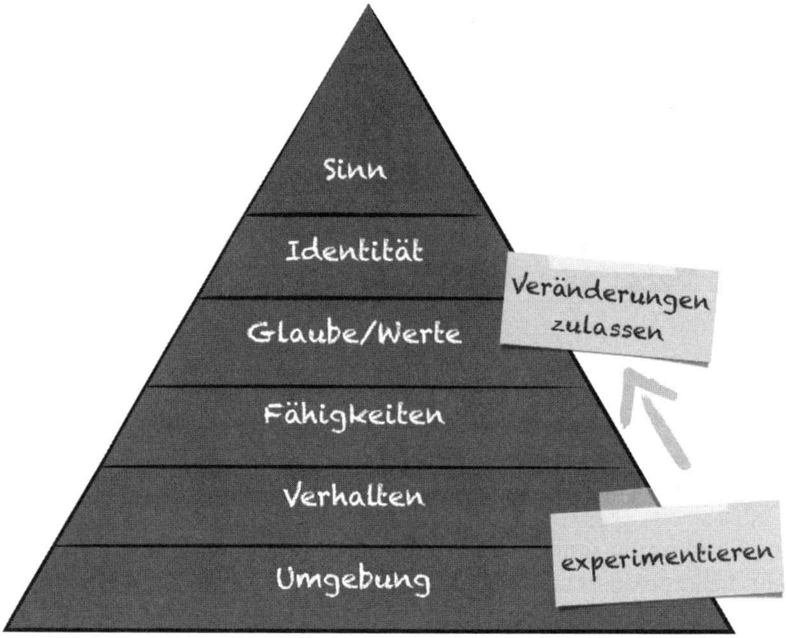

Abbildung 1.14: Logical Levels von Experimenten

An dem im ersten Kapitel zum Agilen Mindset verwendeten Modell lässt sich sehr gut der Zusammenhang zwischen Persönlichkeitsentwicklung und Mindset aufzeigen.

In agilen Kontexten gibt es viel Unsicherheit in Bezug auf und gleichzeitiges Auftreten von Ereignissen. Diese Unsicherheit muss nicht nur ausgehalten werden, sondern bietet auch die Chance zum Experimentieren. Über diese Experimente lassen sich neue Fähigkeiten lernen. Diese Veränderungen können unsere Identität und unsere Glaubenssätze verändern. Menschen, die in vielen Bereichen auf dem Level Variation und Transformation sind, kommen mit diesen Veränderungen schneller zurecht und können diese erkennen und aktiv vorantreiben.

Schauen wir mit diesem Modell im Hinterkopf noch einmal, wie die Entwicklung von Klaus verlaufen ist.

Inzwischen kommt Klaus besser mit dem Team zurecht, fühlt sich aber irgendwie immer noch überfordert. Bei einem Kaffee vertraut er sich Wilhelm an. Er sei am Abend immer so erledigt, dass er nichts mehr auf die Reihe bekommt. Das Einkaufen geht gerade noch, aber Freunde treffen oder Sport machen ist nicht mehr möglich. Wilhelm schaut ihn nachdenklich an und sagt dann schließlich, dass das so auf Dauer nicht gut sei, eine Zeit lang kann man das so machen, nicht aber auf Dauer.

Er schlägt Klaus vor, ein weiteres Coaching zu probieren. Klaus ist ein wenig überrascht, das war nicht seine Intention, aber ihm gefällt die Idee und er willigt ein.

Als sie sich am Ende der Woche zum Coaching treffen, strebt Wilhelm erst einmal eine Auftragsklärung an. Klaus findet es ziemlich kompliziert, genau zu artikulieren, was er erreichen möchte. Nach einigem Hin und Her findet er für sich eine Formulierung: »Mehr Energie im Privatleben entwickeln.« Wilhelm legt daraufhin Zettel mit Überschriften auf den Boden und beginnt zu erklären:

Die Zettel illustrieren ein Modell der eigenen Wahrnehmung. Es geht darum, die eigene Erlebniswelt besser kennenzulernen, um sich weiter zu entwickeln.

Er fragt, ob Klaus sich vorstellen kann, sich auf die Übung einzulassen. Klaus ist die Idee, dass man sich ausschließlich auf die Welt im Inneren konzentriert, völlig neu, aber es klingt interessant für ihn.

Klaus stellt sich auf den ersten Zettel mit der Überschrift »Determination«. Wilhelm erklärt, welche Konstruktion der Erlebniswelt dahintersteht. Auf diesem Level lebt man Impulse direkt aus.

Man kann möglicherweise das Timing variieren, aber das Hinterfragen und Reflexion über aufkommende Impulse sind nicht möglich.

Wilhelm fragt, ob Klaus sich in dieser Beschreibung wiederfindet.

Klaus überlegt und meint, dass er in Streitsituationen manchmal so handelt. Das führt dann allerdings oft zu Ergebnissen, für die er sich später entschuldigen muss, fügt er lächelnd hinzu.

Klaus geht jetzt auf den nächsten Level, die Rationalisierung. Wilhelm erklärt, dass auf diesem Level bereits klar ist, dass es mehrere Sichtweisen auf die Welt gibt, es wird aber immer noch sehr stark an der eigenen festgehalten und für diese gekämpft.

Aufkommende Zweifel werden mit rationalen Argumenten überdeckt, die man regelmäßig sucht und daher auch findet.

Klaus wiegt den Kopf. Ja, dieses Gefühl kennt er. Besonders in Diskussionen ist aber diese Einstellung oft problematisch. Er versucht, weniger so zu reagieren, es gelingt ihm aber nicht immer.

Wilhelm bittet ihn, zum nächsten Zettel und damit einen Level weiterzugehen. Er erklärt, dass uns auf diesem Level – der Projektion – klar ist, dass die eigene Erlebniswelt in die Außenwelt projiziert wird und dass vieles, was man erlebt, nur eine Wiedergabe innerer Bilder ist. Das Erreichen dieses Levels ist daher von einer gewissen Frustration über den hohen Eigenanteil am Erlebten geprägt.

Klaus nickt, ja, das passt gut, diesen Frust erlebt er gerade. Er trägt die Angst, nicht ernst genommen zu werden, selbst in die Welt, um anschließend darauf zu reagieren. Sich selbst auf die Schliche zu kommen, ist sehr anstrengend.

Wilhelm nickt zustimmend mit dem Kopf und versichert Klaus, dass er sich genau auf dem richtigen Weg zur Weiterentwicklung befindet.

Emotionale Entwicklung ist Schwerstarbeit, auch wenn man das von außen nicht sehen kann. Es ist also kein Wunder, dass ihn diese Doppelarbeit so strapaziert.

Wilhelm will von Klaus wissen, ob er sich vorstellen kann, freundlicher und wertschätzender mit sich selbst umzugehen.

Diese Frage löst ein langes Schweigen bei Klaus aus. Er ist tatsächlich sehr hart mit sich selbst und macht sich Vorwürfe und ist ungeduldig. Was wäre, wenn Klaus auf diese Vorwürfe gar nicht reagieren würde, will Wilhelm wissen.

Klaus versucht, sich das vorzustellen, und vermutet, dass das ungewohnt, aber auch einfacher sein könnte. Wie er mehr Empathie mit sich selbst entwickeln kann, will Wilhelm noch von Klaus wissen.

Klaus denkt, dass es eine gute Lösung wäre, toleranter mit sich selbst umzugehen und seiner Entwicklung etwas mehr Zeit zu lassen.

Aufgabe: Entwicklung selbst bestimmen

In dieser Übung geht es darum, den eigenen emotionalen Entwicklungsstand zu bestimmen, um daraus den Weg für den oder die nächsten Levels festzulegen. Fülle bitte den unten stehenden Fragebogen aus. Entscheide dabei, welche Aussagen am besten zu dir passen. Bitte markiere nicht mehr als fünf Aussagen als passend. Es geht darum, die passendsten Aussagen zu finden. Diese sollen mit »x« markiert werden.

Nr.	Aussage	Passt gut zu mir	Passt gar nicht
1	Ich finde mich immer wieder mit meinen eigenen Themen in der Welt konfrontiert.		
2	Ich habe ein klares Bild von mir und der Welt. Ich sehe sofort, was läuft und was nicht.		
3	Ich bin auch in schwierigen Situationen in der Lage, mich selbst zu motivieren, mich auf Neues einzulassen.		
4	Ich bekomme das schon ganz gut hin. Ich würde gerne den anderen helfen, besser mit sich klarzukommen.		
5	Ich kenne meine inneren Stolpersteine. Ich hüpfe lachend darüber und denke dabei, „Dieses Mal nicht hingefallen".		
6	Wenn ich erst einmal ein klares Ziel vor Augen habe, dann laufe ich los und nichts kann mich stoppen.		
7	Manches, auf das ich mich einlasse, klappt nicht so richtig. Ich stehe wieder auf denke, „Ok, auf ein Neues".		
8	Ich weiss, was ich will und kann das gut vermitteln. Leider erreiche ich nicht alle.		
9	Für mich sind Emotionen eine wichtige Ressource, mit der ich arbeite. Ich kann ihren Fluss gut lenken und passe mich dem Verlauf an.		
10	Ich bin im Wechselspiel zwischen meiner Innenwelt und der Außenwelt oft überfordert.		

Für die Auswertung ist es wichtig zu verstehen, dass unser Verhalten der Situation der Beschreibung für unterschiedliche Levels entspricht. Es ist also durchaus möglich, dass in mehreren Kategorien passende Aussagen zu finden sind. Ebenso ist es möglich, dass nicht alle auf einen Level bezogenen Aussagen passend sind. Das bedeutet, dass die Kriterien dieses Levels für uns nur zum Teil relevant sind.

Wenn beide auf einen Level bezogenen Aussagen zutreffend sind, ist dieser Level für uns am ehesten relevant.

Die auf diesen Level bezogene Frage kann uns in der jeweiligen Situation am ehesten helfen.

Level 1 ist einschlägig, wenn die Aussagen zwei und sechs einschlägig sind.

Ist das der Fall, ist das ein Indikator dafür, dass wir sehr stark von unseren inneren Impulsen gesteuert sind.

Es gelingt uns kaum, davon Abstand zu nehmen. Wir leben die Impulse aus und akzeptieren die Konsequenzen. Der Weg zu größerer emotionaler Reife führt über ein größeres Verständnis der eigenen Sichtweise auf die Welt. Was ist meine bevorzugte Art, die Welt zu sehen und zu erleben?

Level 2 trifft zu, wenn die Aussage vier und die Aussage acht zutreffend sind. Auf diesem Level rationalisieren wir sehr stark. Wir haben erkannt, dass es andere Sichtweisen auf die Welt gibt, halten aber noch sehr stark an unserer eigenen Sichtweise fest. Das führt dazu, dass wir aufkommende Fragen und Zweifel mit rationalen Argumenten überdenken. Wir rechtfertigen unser Handeln vor uns selbst und vor anderen. Zu größerer emotionaler Reife gelangen wir, wenn wir diese inneren Monologe der Rechtfertigung besser verstehen lernen. Wir beginnen uns selbst zuzuhören, um herauszufinden, was uns diese Argumente über uns selbst sagen.

An Level 3 können wir uns orientieren, wenn wir den Aussagen eins und zehn zustimmen konnten. Auf diesem Level erkennen wir, dass wir unsere eigenen Emotionen zum Teil in das Außen projizieren.

Wir spiegeln teilweise unsere Innenwelt in der Außenwelt.

Diese Einsicht lässt uns manchmal zweifeln, was denn nun die tatsächliche Realität ist. Um auf dieser Stufe der emotionalen Reife nicht stehen zu bleiben und weiterzugehen, ist es wichtig, unsere eigenen Einschränkungen besser kennenzulernen. Was sind Themen, mit denen wir uns auseinandersetzen müssen, weil sie uns Schwierigkeiten bereiten? Wie wirkt sich diese eigene Limitierung in der Interaktion mit anderen aus?

Level 4 ist für uns anwendbar, wenn die Aussagen drei und sieben passend sind.

Die Einordnung auf diesem Level bedeutet, dass eine erhebliche Selbsterkenntnis bezüglich relevanter eigener emotionaler Themenfelder und Prozesse stattgefunden hat.

Auf der Basis dieser Selbstkenntnis können Experimente durchgeführt werden. Wir sollten Dinge einfach einmal anders machen und etwas Neues ausprobieren. Diese Experimente können gelingen, das müssen sie aber nicht. Mit beiden Ergebnissen kannst du umgehen. Die Richtung für eine Weiterentwicklung liegt hier im noch weitergehenden Zulassen von anderen Perspektiven und Sichtweisen.

Wir kennen die eigene Sichtweise auf die Welt und lassen uns bewusst auf etwas anderes ein, wir erweitern unseren Horizont und ermöglichen so eine Erweiterung des eigenen Handlungsspektrums.

Level 5 beschreibt unseren aktuellen Status, wenn die Aussagen fünf und neun uns passend erscheinen. Neben einer umfangreichen Selbsterkenntnis bedeutet diese Zuordnung, dass wir in erheblichem Maße beweglich sind.

Wir können erkennen, dass es neben unserer Art, die Welt zu sehen und zu erleben, noch viele andere gibt, die gleichwertig sind. Wir haben Zugang zu unseren Emotionen und zu unserer Intuition. Dieser Zugang geht nicht verloren, wenn wir uns auf etwas Neues einlassen. Auf dieser Basis ist es einfach, uns zu motivieren, neue Wege zu beschreiten. Der nächste Schritt in unserer Entwicklung ist dann, die eigenen emotionalen Erlebnisse zu transformieren. Zu versuchen, mit eigenen Gedanken unser Erleben noch stärker zu prägen.

Wenn wir lernen, unser Spektrum an möglichen Blickwinkeln zu erweitern, entwickeln wir uns zusätzlich.

Was ist mein Level?
Was kann ich tun, um mich noch weiter zu entwickeln. Welche drei nächsten Schritte würden meine Entwicklung noch weiter fördern?

1.) ____________________

2.) ____________________

3.) ____________________

1.7 Agile Techniken

»Don't push the river, it flows. (Schieb nicht den Fluss an, er fließt von allein.)« – George Tabori

Sich selbst besser zu führen, leitet eine Persönlichkeitsentwicklung ein. Doch auch Ergebnisse und Erfolge können uns in unserer Entwicklung bestärken.

Aus diesem Grund stellen wir an dieser Stelle eine Technik vor, die unsere Fähigkeit zur Selbstorganisation verbessert. Sie hilft uns dabei, kontinuierlich gute Ergebnisse zu erzielen, unsere Arbeit zu optimieren und transparent zu machen.

Im agilen Umfeld sind agile Techniken für persönliche Planung von Aufgaben besonders hilfreich. Personal Kanban hat sich für den täglichen Gebrauch besonders bewährt. Diese Technik wird hier kurz vorgestellt.

Personal Kanban versucht, den Fluss von Aktivitäten transparent und damit steuerbar zu machen. Es macht Erfolge sichtbar und spornt dadurch zu weiteren Aktivitäten an.

Kanban ist in der japanischen Automobilindustrie und im Zusammenhang mit dem Toyota-Produktionssystem in den 80er-Jahren bekannt geworden.

Es war ein Kartensystem, das die Belieferung der Produktionsstraße mit Nachschub steuert. Seit der Jahrtausendwende ist Kanban in der IT als ein agiler Prozess bekannt. Personal Kanban ist sehr stark an das in der IT verwendete Kanban angelehnt.

Das zentrale Hilfsmittel im Kanban ist das Kanban-Board, das in Abbildung 1.15 dargestellt ist. Wir wollen es benutzen, um das Prinzip von Kanban zu erklären. Das hier dargestellte Board kann an den persönlichen Bedarf angepasst werden.

Alternativ kann es auch gut ohne Anpassung als Startpunkt für den Einsatz von Personal Kanban verwendet werden.

Mögliche Optionen zur Anpassung sind das Hinzufügen von weiteren Prozessschritten oder das Aufteilen bzw. Weglassen von Prozessschritten.

Wichtig für die Gestaltung des Boards sind der Arbeitsprozess und der Kontext.

In unserem Beispiel werden auf dem Kanban-Board Klebezettel befestigt. Auf diese Zettel werden Aufgaben geschrieben, die wir erledigen möchten oder müssen.

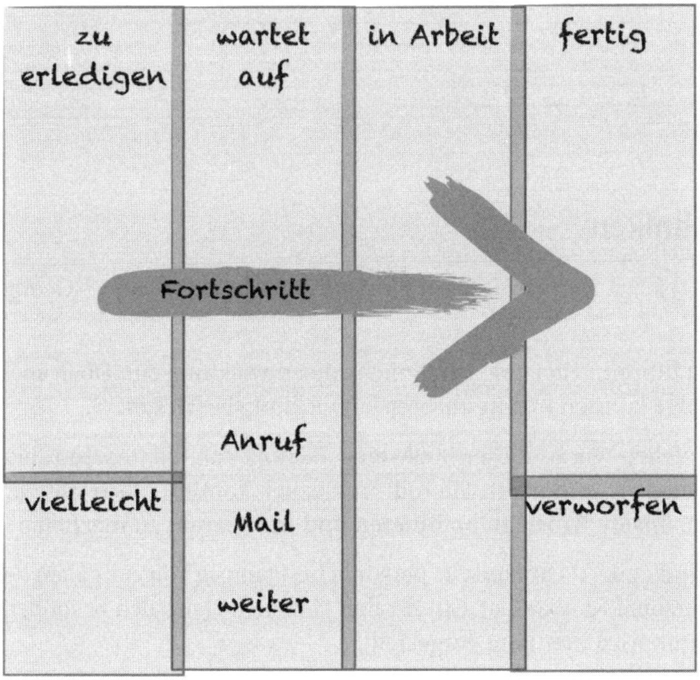

Abbildung 1.15: Personal Kanban

Personal Kanban folgt festgelegten Zyklen. Es hat einen definierten Rhythmus als Taktgeber. Dieser kann monatlich, wöchentlich oder täglich sein.

1.7.1 Das Planen

Der Takt beginnt mit dem Füllen der Input-Spalte. Hier werden alle Aktivitäten, die im Zeittakt erledigt werden sollen, auf Klebezetteln notiert. Die Größe der Aktivitäten sollte dabei möglichst klein sein. Das ist wichtig, um den Fluss der Ergebnisse besser einschätzen zu können. Auch eine Vergabe von Größen für die Aufgaben ist hilfreich.

Kleine Aufgaben bekommen ein »S«, mittlere ein »M« und große ein »L«. Bei großen Aufgaben taucht zwangsläufig die Frage auf, ob sie sich möglicherweise in mehrere Teilaufgaben zerlegen lassen.

Die Input-Spalte wird mit der Anzahl von Klebezetteln befüllt, die eine herausfordernde, aber realistische Anzahl von Aufgaben repräsentiert.

Hier sind Erfahrungen aus der Vergangenheit eine gute Hilfe, um zu bewerten, was realistisch und machbar ist. Wenn die Input-Spalte gut gefüllt ist, ist das innere Commitment (die Zusage/die Verpflichtung) zur Umsetzung der Aktivitäten innerhalb des gegebenen Zeittakts von großer Bedeutung für den Erfolg.

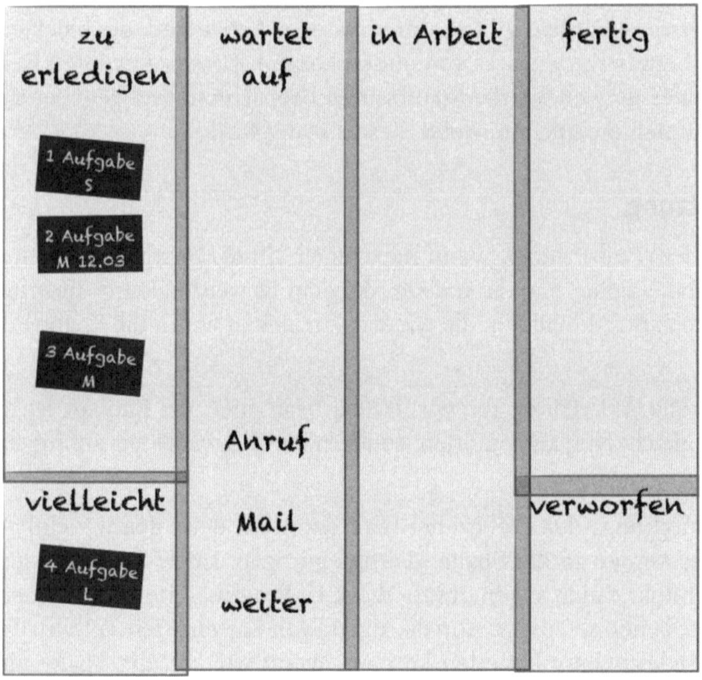

Abbildung 1.16: Personal Kanban in der Umsetzung

Alle Aufgaben in der Spalte »in Arbeit« sollen am Ende des Zeittaktes fertig sein. In der Spalte »Vielleicht« befinden sich Aufgaben, die zeitlich und von der Priorität her nicht kritisch sind. Sie werden dann erledigt, wenn sich die Gelegenheit bietet.

Für diese Aufgaben brauchen wir kein Commitment. Diese Spalte ist nicht mit der Erwartung verbunden, dass sie am Ende des Taktes abgearbeitet sind. Vielmehr handelt es sich um weniger wichtige Aufgaben, die irgendwann erledigt werden können.

Was ein guter Zeittakt für die Planung ist, hängt vom jeweiligen Kontext und von der Größe der Aufgaben ab. Jede Aufgabe muss in einem Zeittakt umsetzbar sein. Je schneller der Takt ist, desto einfacher ist es, die Planung umzusetzen und neue Aufgaben im nächsten Zeittakt zu erledigen.

Eine Sortierung innerhalb der Aufgaben nach Priorität ist hilfreich.

Dabei werden die wichtigen Aufgaben nach oben sortiert und die weniger wichtigen werden unten angeordnet.

Für Aufgaben, denen Termine zugeordnet sind, an denen sie abgeschlossen sein müssen, ist es hilfreich, diese Termine auf den Klebezetteln zu notieren.

Der Start der Aufgabe muss rechtzeitig genug erfolgen, um die Umsetzung zu ermöglichen. Im Personal Kanban gibt es immer wieder Aktivitäten, die blockiert werden, weil wir auf etwas warten, was von außen kommt. Diese Aktivitäten werden geparkt. Hier ist es notwendig, die Standzeit zu beobachten, und gegebenenfalls weitere Maßnahmen einzuleiten, wenn diese zu lang wird.

1.7.2 Die Umsetzung

Kanban basiert auf dem Pull-Prinzip. Wenn Kapazitäten für die Bearbeitung weiterer Aufgaben frei sind, »zieht« man eine neue Aktivität. Es werden keine Termine zur Fertigstellung geplant. Aktivitäten, die wir starten, ziehen wir in die Spalte »in Arbeit«.

Hier befinden sich alle Aktivitäten, die wir aktuell bearbeiten. In Kanban ist es sinnvoll, nicht alles gleichzeitig zu beginnen, sondern die Dinge, die wir anfangen, erst zu beenden.

Der entstehende Durchfluss der Klebezettel wird dann auf dem Board sichtbar. Erledigte Aktivitäten werden in die Spalte »Fertig« gezogen. Im IT-Kanban kann zusätzlich der Durchfluss durch sogenannte »**W**ork **I**n **P**rogress Limits« gesteuert werden. Diese Limits benennen die maximale Anzahl von Karten/Klebezetteln, die sich in einer Spalte gleichzeitig befinden können. Wenn wir z.B. die Spalte »in Arbeit« mit einem Maximum von fünf belegen, müssen wir, bevor wir eine sechste Aktivität beginnen, eine Aktivität abschließen, um Platz zu schaffen.

Während der Umsetzung ist zu jedem Zeitpunkt der aktuelle Status der Aufgaben transparent. Wie behalten leicht den Überblick und können jederzeit Anpassungen vornehmen. Eine solche Anpassung kann z.B. die Umpriorisierung der Aufgaben sein. In der Praxis gibt es immer wieder Aufgaben, die spät reinkommen und sofort oder in dem schon geplanten Zeittakt umgesetzt werden müssen. Für diese Aufgaben brauchen wir einen Puffer. Hier hat sich bewährt, eine bestimmte Anzahl von leeren Zetteln einzuplanen. Auf diesen leeren Zetteln können die Aufgaben, die sich spät und zusätzlich ergeben haben, notiert und ganz normal abgearbeitet werden.

Wenn wir mehr Sofortaufgaben bekommen, als wir eingeplant haben, ist das eine wichtige Rückmeldung, die wir beobachten müssen.

Möglicherweise müssen wir zukünftig dafür mehr Kapazitäten vorsehen.

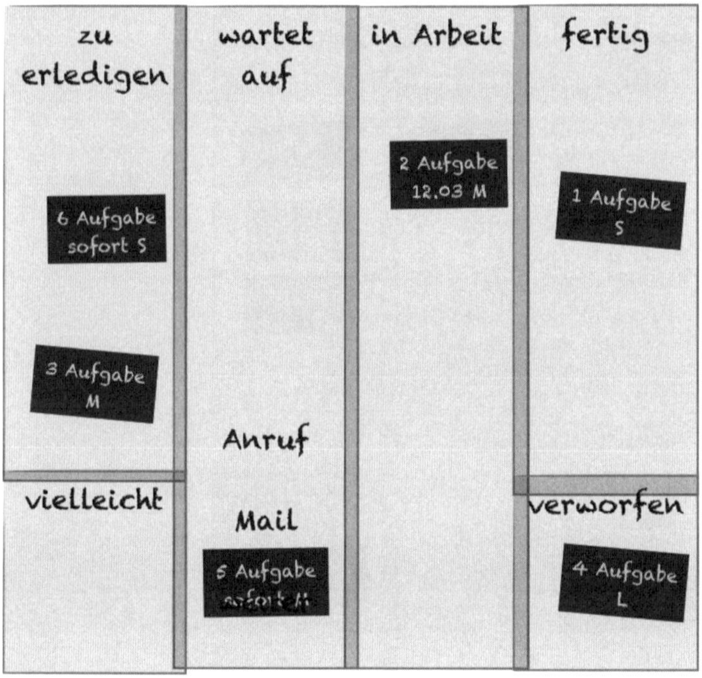

So wie neue Aufgaben entstehen, gibt es andere Ergebnisse, die zwar geplant waren, aber nicht mehr oder in anderer Form benötigt werden. Diese Aufgaben werden verworfen. Hierfür gibt es eine eigene Spalte.

Die Spalte »Wartet auf« ist im Idealfall leer, weil wir alle Aufgaben sofort und vollständig erledigen können.

Das ist in der Praxis nicht immer möglich und wir benötigen für bestimmte Tätigkeiten Zulieferungen von anderen. Diese Zulieferungen müssen wir im Auge behalten, um die Aufgaben abschließen zu können. Zu viele Aufgaben in der Spalte »Wartet auf« blockieren unseren Arbeitsfluss und machen ihn unplanbar, wenn Termine nicht vereinbart oder nicht gehalten werden.

1.7.3 Schritt 3 – Der Review

Am Ende eines Umsetzungszyklus, beispielsweise nach Ablauf einer Woche, sehen wir das Ergebnis der Umsetzung. Die Erwartung ist, dass alle geplanten Aufgaben fertig sind.

Es ist hilfreich, diesen letzten Stand – die Positionen der Klebezettel auf dem Kanban-Board – zu fotografieren, um die Ergebnisse der letzten Arbeitstakte noch einmal nachvollziehen zu können und mögliche Wiederholungsmuster über längere Zeiträume zu erkennen.

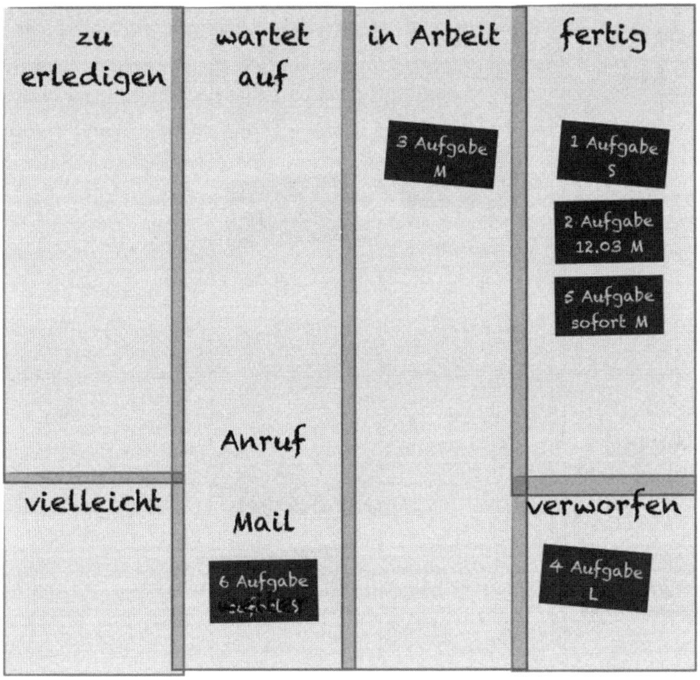

Solche Muster können z.B. die folgenden sein: Es entstehen zu viele Ad-hoc-Aufgaben, nicht alle Aufgaben sind fertig geworden, zu viele Terminaufgaben oder die Blockierung aller Aufgaben.

Um die Ursache für solche Probleme zu finden und abzustellen, müssen wir uns Maßnahmen überlegen, die die gefundenen Muster unterbinden. Im Kanban nennt sich dieser Prozess Kaizen oder im Deutschen der kontinuierliche Verbesserungsprozess.

Hier kann es hilfreich sein, mit einem Kollegen gemeinsam das Ergebnis der Woche auszuwerten, gemeinsam zu reflektieren und alternative Lösungen zu suchen. Bei zu vielen und wenig berechenbaren Aufgaben in der Spalte »Wartet auf« ist ein Dialog mit den Zulieferern nötig, um die Planung und Termintreue zu verbessern.

Das Ergebnis von Personal Kanban ist, dass wir in der Lage sind, gute Vorhersagen über die erfolgreiche Erledigung von Aufgaben zu treffen, weil wir durch Planung in Zeittakten die Umsetzung gut steuern können.

Dies hilft uns und dem Team bei der Koordination. Wir sind erfolgreicher in der Planung und Umsetzung und bekommen bessere Rückmeldungen vom Team.

Neben einem physischen Board und Klebezetteln können wir auch Softwarelösungen verwenden. Für den Einstieg ist eine physische Umsetzung empfehlenswerter. Die Präsenz im Raum ist hilfreich und erinnert uns immer wieder daran, die Planung anzupassen oder den Statuswechsel vorzunehmen.

Der Vollständigkeit halber sei hier noch eine zweite agile Technik erwähnt. Sie ist vom Design Thinking abgeleitet und wird zur Klärung grundsätzlicher Lebensfragen mit Bezug zum Sinn im Leben und der eigenen Vision verwendet. »Design your life« versucht, Prototypen zu identifizieren und über schnelles Feedback Zyklen anhand der Realität zu erproben. Diese Technik ist für experimentelle Aufgaben oder bei der Visionsarbeit im Arbeitskontext hilfreich.

Aufgabe: Personal Kanban

In dieser Übung geht es darum, Personal Kanban auszuprobieren. Das Ziel ist es, die eigene Effektivität zu erhöhen. Durch die vielen kleinen sichtbaren Erfolge entsteht neue Motivation für weitere Aufgaben. Erfolge motivieren. Das ist die »Magie« von Personal Kanban. Darüber hinaus schaffen wir mehr Transparenz.

Vorbereitung von Kanban
Bitte prüfe zunächst die Überschriften der Spalten. Passen sie zu deinem Arbeitsprozess? Wenn nein, müssen die Überschriften angepasst werden. Für jeden Arbeitsschritt wird eine Spalte mit der entsprechenden Überschrift benötigt.

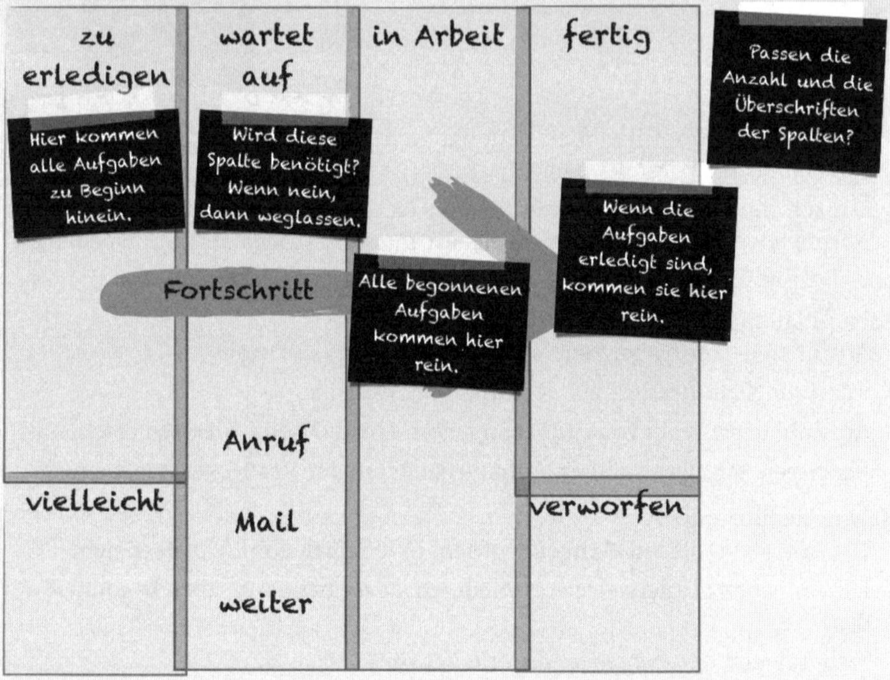

Danach müssen die Arbeitszettel an die Aufgaben angepasst werden. Hier ein Beispiel für einen Arbeitszettel:

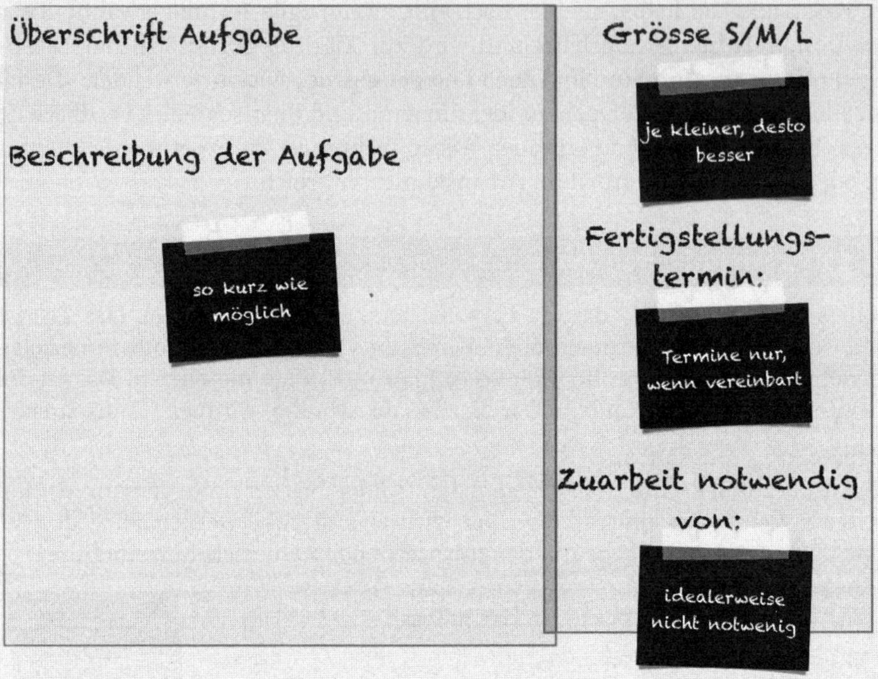

- Wenn andere Informationen benötigt werden, kann der Aufgabenzettel entsprechend angepasst werden.
- Danach muss das Zeitintervall für den Kanban-Durchlauf festgelegt werden. Normalerweise sollte das eine Arbeitswoche sein. Länger als zwei Wochen sollte das Intervall nicht sein.

Kaban-Planung
- Ausfüllen der Aufgabenzettel mit den notwendigen Details
- wenn möglich, Bestimmen der Größe der Aufgaben
- Auswahl der Anzahl von Aufgaben, deren Umsetzung realistisch erscheint
- Platzieren der ausgewählten Aufgabenzettel in der Spalte »zu erledigen«

Kaban-Ausführung
- Die Aufgaben, die angefangen wurden, in die Spalte »in Arbeit« ziehen
- Die Aufgaben idealerweise erst erledigen, bevor neue Aufgaben begonnen werden
- Weiterziehen der Aufgaben, die erledigt sind

Kaban-Review
Am Ende des Zeitintervalls muss das Arbeitsergebnis mit der Planung verglichen werden.

Kanban-Retrospektive
- Wir müssen uns überlegen, wie die Ausführung im nächsten Intervall besser gelingen kann. Mögliche Verbesserungen werden notiert und bei der nächsten Durchführung umgesetzt.

Die persönliche Frage »Was hat mir Personal Kanban gebracht?« ist zu beantworten.

____

____

____

____

1.8 Literaturempfehlungen zum Kapitel

- Flourish – Wie Menschen aufblühen: Die Positive Psychologie des gelingenden Lebens, April 2012 von Martin Seligman
- Test zur Signalstärke *www.charakterstaerken.org*
- Das agile Mindset: Mitarbeiter entwickeln, Zukunft der Arbeit gestalten, Januar 2018 von Svenja Hofert
- Cynefin Model *https://www.youtube.com/watch?v=N7oz366X0-8*
- Die Kunst der Selbstmotivierung: Neue Erkenntnisse der Motivationsforschung praktisch nutzen, September 2013 von Jens-Uwe Martens und Julius Kuhl
- Selbst in Führung. Achtsam die Innenwelt meistern. Taschenbuch, September 2008 von Ingeborg Dietz, Thomas Dietz
- Das innere Team in Aktion. Praktische Arbeit mit dem Modell. Taschenbuch, 2004 von Friedemann Schulz von Thun, Wibke Stegemann
- Hypnosystemische Perspektiven im Change-Management: Veränderung steuern in einer volatilen, komplexen und widersprüchlichen Welt, November 2017 von Vera Starker und Tilman Peschke
- Seit wann haben Sie das? Grundlinien eines Emotionalen Konstruktivismus, 2012 von Rolf Arnold
- Personal Kanban: Visualisierung und Planung von Aufgaben, Projekten und Terminen mit dem Kanban-Board, 2013 von Jim Benson und Tonianne DeMaria Barry
- The Happiness Advantage: The Seven Principles of Positive Psychology that Fuel Success and Performance at Work, September 2011 von Shawn Achor

Kapitel 2

Selbstorganisation

Teams sind Hyperexperten für Komplexität.[1] Selbstorganisierte Teams sind durch ihre Eigenkomplexität, Beweglichkeit und innere Dynamik sehr gut aufgestellt, um mit Komplexität umzugehen. Sie können sich flexibel an verschiedene Arten von Aufgaben anpassen und zusätzlich auf Experten zugreifen. Führung atomisiert sich dabei in multiple Rollen, die auf Augenhöhe agieren. Eine klassische Hierarchie ist nicht mehr erkennbar. Das Team steuert sich selbst und folgt dabei einer gemeinsamen Vision. Es trifft die für operative Prozesse notwendigen Entscheidungen selbst.

Die Führung dieser Teams erfolgt situativ und wechselt zwischen verschiedenen Rollen und Personen.

Jeder trägt ein Stück zur gemeinsamen Führung bei. Daraus ergibt sich der Zusammenhang mit dem vorhergehenden Kapitel. Je geübter Menschen in der Selbstführung sind, desto wertvoller kann ihr Beitrag zur Organisation solcher Teams sein. Ihre Erfahrung bildet die Basis für die Selbstorganisation der Teams.

Selbstorganisation sorgt dafür, dass sich Unternehmen in eine Richtung entwickeln, die hier mit dem Begriff Chaos umschrieben wird, dessen zum Teil in der Umgangssprache negativ belegte Bedeutung hier aber nicht einschlägig ist.

Wir treffen die bewusste Entscheidung, auf starre und vorhersehbare Strukturen zu verzichten.

Das Vorgehen ist weniger klar und überschaubar. Die Sicherheit und die Vorhersehbarkeit von Ereignissen nehmen ab. Der Aufbruch in die Agilität bringt es mit sich, dass wir Erwartungen loslassen und mehr Unsicherheit zulassen müssen. Dadurch werden überraschende Lösungen möglich. Selbstorganisation und Innovation sind in vielen Bereichen nicht mehr unabhängig voneinander möglich.

Damit führt Agilität auch zu einer starken Verschiebung der Unternehmenswerte.

1 *http://www.koenigswieser.net/wp-content/uploads/2018/02/Teams_als_Hyperexperten_1998_RK_PH.pdf*

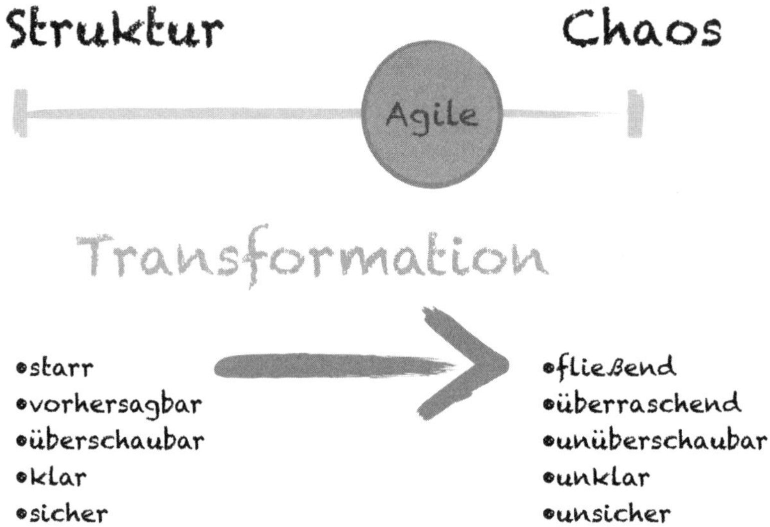

Abbildung 2.1: Agile Transformation

2.1 Agiles Mindset und Werte im Team

»*Wenn das Leben keine Vision hat, nach der man sich sehnt, dann gibt es auch kein Motiv, sich anzustrengen.*« – Erich Fromm

Wenn Unternehmen sich mit Agilität auseinandersetzen, stehen zunächst meist Tools und Praktiken im Vordergrund.

Scrum, Kanban und DesignThinking sind die bekanntesten. Die Teams werden geschult und legen dann los. Die Tools basieren auf übergeordneten Prinzipien, wie sie z.B. im agilen Manifest 2001 formuliert wurden. Einige Prozesse, wie Scrum zum Beispiel, formulieren eigene Werte, die für die Anwendung wichtig sind: Commitment, Fokus, Offenheit, Respekt, Mut.

Führt man Schulungen durch, werden diese Werte in der Regel mit einem Nicken zur Kenntnis genommen oder mit »ja, passt zu uns« kommentiert. Leider geht Kulturwandel nicht so einfach und so schnell. Die Frage, wie sich Werte im Alltag ausdrücken und wie sie gelebt werden, können die Teilnehmer oft nicht ohne Weiteres beantworten. Oberhalb der Werte gibt es noch das Mindset des Menschen. Seine Einstellung zu sich selbst, seiner Arbeit und zum Team.

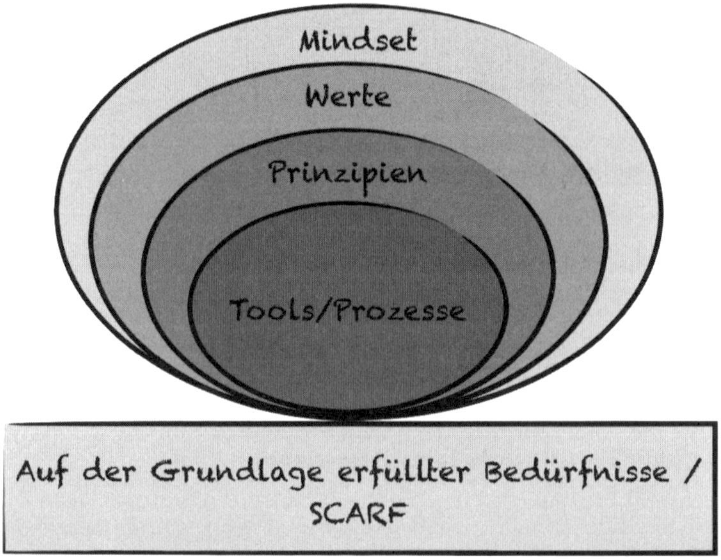

Abbildung 2.2: Agiles Mindset

Das SCARF-Modell – die Zusammensetzung des Akronyms findet sich in Abbildung 2.3 – beschreibt die Dimensionen, die unser Gehirn benötigt, um gut arbeiten zu können. Der Neuroleadership-Ansatz geht davon aus, dass diese Dimensionen die Grundlage für die Ausrichtung der Führung sein müssen. Unter Neuroleadership versteht man dabei das Übertragen von Erkenntnissen der Neurowissenschaften auf bekannte Managementtheorien.

Für die Einführung von agilen Techniken ist es hilfreich, auf diese fünf Grundbedürfnisse von Menschen zu achten. Wenn die dargestellten Bedürfnisse nicht erfüllt sind, kann das Team keine optimale Leistung erbringen. Die Situation ist dann für unser Gehirn mit einer existenziellen Bedrohung vergleichbar und es schaltet in den Flucht-, Angriffs- oder Totstellmodus. Agilität ist in diesem Modus nur noch sehr eingeschränkt möglich. Die Sicherstellung dieser Bedürfnisse ist daher die Basis, auf deren Grundlage Agilität sich entwickeln kann.

Status - Status. Ich bin wertvoll.

Certainty - Sicherheit. Ich möchte wissen, wo wir stehen.

Autonomy - Autonomie. Ich möchte eine Wahl haben.

Relatedness - Beziehung. Ich gehöre dazu.

Fairness - Fairness. Ich werde fair wertgeschätzt.

Abbildung 2.3: SCARF-Modell

Wir haben das Bedürfnis, einen **Status** zu haben, und diesen Status möchten wir als wertvoll erleben. Unser Status wird bei Einführung von Agilität oft verändert. Neue Rollen werden geschaffen und der Status dieser Rollen im Unternehmen ist ungeklärt. Agile Rollen haben in vielen Unternehmen keinen Bezug zum klassischen Karrierepfad. Die Träger der Rollen werden in der Transformation oft damit allein gelassen, dem Rest des Unternehmens zu erklären, was sie eigentlich machen. »Wie, du bist Scrum-Master – hat das was mit World of Warcaft zu tun?«

Sicherheit kann im agilen Umfeld weniger aus einer äußeren Stabilität abgeleitet werden. Besonders die Einführung von Agilität ist in vielen Unternehmen von hoher Unsicherheit begleitet. Sicherheit innerhalb von Agilität zu vermitteln, ist eine der großen Herausforderungen, vor denen viele Unternehmen heute stehen.

Autonomie ist innerhalb der agilen Teams oft sehr gut vorhanden. Die Mitarbeiter können sich selbst und ihre Ideen ausprobieren.

Beziehungen sind für agile Teams besonders wichtig. Die Teams arbeiten oft sehr eng zusammen. Auf diese Weise ist eine gute Grundlage für den Aufbau von guten Beziehungen gegeben.

Fairness braucht klare Regeln. Normalerweise sind solche Regeln im agilen Kontext transparent für alle.

Viele Einschränkungen im Wohlbefinden der Mitarbeiter hängen eher mit der Gestaltung des Übergangs zur Agilität zusammen und weniger mit der Agilität selbst.

Oft muss es schnell gehen und intern sind nicht genug »Ressourcen« da. Es werden Berater hinzugezogen und man einigt sich schnell auf Scrum als Vorgehensmodell.

Das ist eigentlich ein guter Kompromiss. Da aber Scrum bedeutet, dass sich Rollen und Werte des Teams zwangsläufig ändern, ist das Team vom Rest des Unternehmens entsprechend weit abgekoppelt.

Die Einführung von Scrum kann auch als ein vergleichsweise einfach anzuwendender Veränderungsansatz gesehen werden:

»Das ist deine Rolle, das ist das Modell, und jetzt los!«

Dass Scrum bewusst nicht auf die bestehenden Rollen und Werte des Unternehmens aufsetzt, ist ein entscheidender Erfolgsfaktor, hinterlässt aber unter Umständen Kollateralschäden.

Einige agile Experimente werden wenig begleitet und es fehlt an Reflexion. Wenn viele gemeinsame Lernchancen vergeben werden, macht sich Frust breit. Dieser Frust kann sich gegen die Agilität wenden, die in manchen Unternehmen daher dann als Schimpfwort verwendet oder ironisch in Effizienz 2.0 übersetzt wird.

Insofern bilden ein gut etabliertes agiles Mindset und gelebte agile Werte die Grundlage für eine erfolgreiche Etablierung von Agilität.

Anhand welcher Kriterien sich eine gelungene Einführung von einem nicht so gelungenen Ansatz unterscheidet, wollen wir nachfolgend darstellen.

Dieser Abschnitt ergänzt insofern unsere Gedanken zum agilen Mindset des Einzelnen, das in Kapitel 1 beschrieben ist. Es wird an dieser Stelle um die Überlegungen zum Mindset des Teams ergänzt. Das agile Mindset der Person bildet dabei die Grundlage für ein gutes Mindset im Team.

Das Team folgt einer geteilten Vision. Diese Vision wird von allen als attraktiv und erreichbar wahrgenommen. Diese Vision hat eine motivierende Wirkung auf das Team und schafft eine gemeinsame Ausrichtung. Der Mehrwert für den Kunden ist in der Vision deutlich reflektiert. Die Vision verleiht der Tätigkeit Sinn. Es macht die Aufgabe Teil von etwas Größerem, für das es sich lohnt, sich einzusetzen.

Die Verbundenheit im Team beschreibt die Beziehungsqualität untereinander. Das Wir-Gefühl ist wichtig für das Wohlbefinden jedes Einzelnen. Agil zu arbeiten bringt zwangsläufig Konflikte mit sich, sowohl fachlicher als auch menschlicher Natur. Um diese Konflikte gut und nachhaltig zu lösen, ist Verbundenheit der Teammitglieder untereinander notwendig. Verbundenheit und Vertrauen hängen sehr stark miteinander zusammen. Durch das Gefühl der Zusammengehörigkeit in der Gruppe kann das Vertrauen im Team wachsen. Dieses Vertrauen wiederum beschleunigt alle Entscheidungs- und Klärungsprozesse.[2]

Abbildung 2.4: Logical Levels von agilem Mindset

Die Verbundenheit mit dem Team schafft eine vertraute Atmosphäre, in der auch Gefühle Platz haben und ausgedrückt werden können.[3]

Die Verbindung jedes Einzelnen mit sich und seinen Emotionen gibt dem Team einen Zugang zu gemeinsamer Intuition. Das ist besonders für kreative Prozesse notwendig.

Unsere Kreativität gewinnt im Rahmen der Agilität an Bedeutung.

Es geht oft nicht nur um das Abarbeiten von Aufgaben, sondern um das Gestalten von etwas Neuem, was zumindest teilweise vorher noch nicht da gewesen ist.

---

2 The Speed of Trust: The One Thing that Changes Everything (Englisch) Taschenbuch – 2008 von Stephen M. R. Covey

3 Hypnosystemische Perspektiven im Change-Management: Veränderung steuern in einer volatilen, komplexen und widersprüchlichen Welt 2. 2017 von Vera Starker und Tilman Peschke

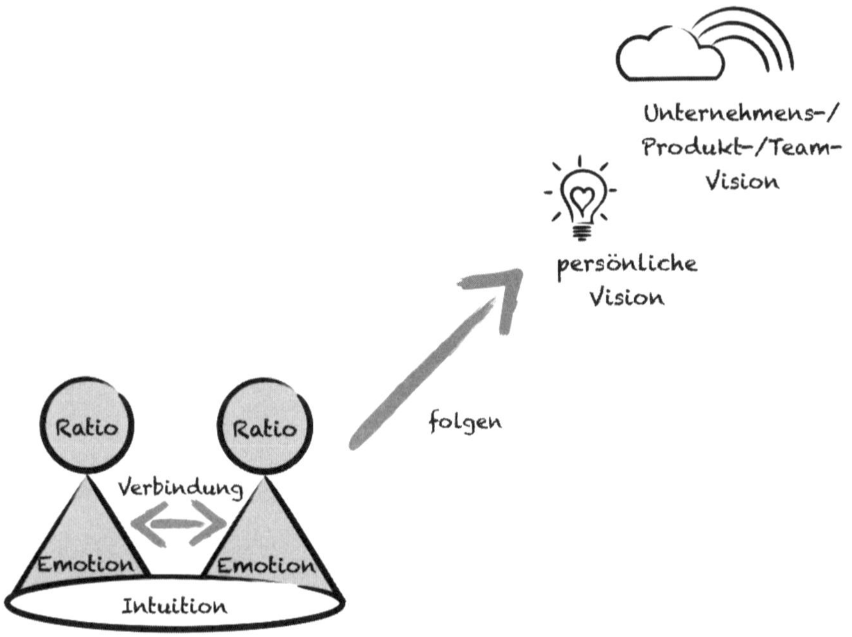

Abbildung 2.5: Mit sich und dem Team verbunden

Die Verknüpfung unserer persönlichen Vision mit der des Unternehmens sorgt dafür, dass wir motiviert und engagiert sind. Auf diese Weise empfinden wir Aufgaben als einen wichtigen Schritt in unserer persönlichen Entwicklung.

Als Gruppe gemeinsam zu lernen, setzt Offenheit in der Kommunikation und den Mut, auch heikle Themen anzusprechen, voraus. Es muss möglich sein, Experimente zu wagen und ein Scheitern nicht als Katastrophe zu interpretieren. Misserfolge geben uns wertvolle Rückmeldungen und ermöglichen das Lernen, das für eine Weiterentwicklung unabdingbar ist. Diese Haltung ist grundlegend für erfolgreiches agiles Vorgehen. Dabei ist die Fähigkeit zur Empathie in der Kommunikation besonders wichtig, um im Team erfolgreich zu sein. Gegenseitige Unterstützung und Kooperation prägen das Verhalten. Gemeinsam wird die Umwelt gestaltet und werden Probleme gemeistert.

Aufgabe: Agiles Mindset im Team

In dieser Übung geht es darum, das Mindset in unserem aktuellen Arbeitsteam besser zu verstehen und mögliche Hebel zu finden, um es noch weiterzuentwickeln.

Trage bitte für die folgenden sechs Aussagen den Grad deiner Zustimmung ein. Wenn die Aussage vollkommen zutrifft, trage bitte eine Zehn ein und eine Null, wenn sie gar nicht zutrifft. Alle Werte zwischen 0 und 10 sind ebenfalls möglich, sie drücken eine gewisse Ambivalenz aus.

NR	Tugend	Bewertung
1.	**Umwelt:** Wie stark bist Du in der Lage, deine Ideen umzusetzen, und bekommst Feedback dazu?	0........10
2.	**Verhalten** Wenn Du ein Problem hast, ist es einfach, Unterstützung zu bekommen. Die Gespräche sind von aufmerksamen Zuhören geprägt.	0........10
3.	**Fähigkeiten**: Die Kommunikation im Team ist offen und emphatisch. Dies gilt sowohl für fachliche als auch für private Themen.	0........10
4.	**Werte:** Das Atmosphäre im Team ist offen, auch persönliche Schwierigkeiten und Konflikte werden angesprochen. Jeder hält sich an seine Zusagen.	0........10
5.	**Identität:** Das Gefühl der Zusammengehörigkeit im Team ist gut. Wir sind uns nah. Wir sind stolz auf unsere Leistungen.	0........10
6.	**Sinn:** Wir haben eine gemeinsame Vision. Wie verstehen, was der Mehrwert für den Kunden ist. Die Vision gibt uns Kraft, auch schwierige Situationen durchzustehen.	0........10

Berechne bitte den Mittelwert aller Aussagen. (Summe aller Werte geteilt durch sechs.) Der Mittelwert ist: ____________________

In welchen Bereichen liegt deine Bewertung niedriger als der Durchschnittswert?

1.) ____________________

2.) ____________________

3.) ____________________

Was bremst dein Team in Bezug auf diese Tugenden?

____

____

____

____

Wie könnt ihr die Bremse gemeinsam lösen?

____

____

In welchen Bereichen liegt deine Bewertung oberhalb des Durchschnittswertes?

1.) ___

2.) ___

3.) ___

Was macht euch in diesen Bereichen besonders stark?

Wie könnt ihr diese Stärken noch besser nutzen?

Wenn der Wert für die Verbundenheit (5 Identität) deutlich niedriger als der Mittelwert ist, ist es sinnvoll, eine Verbesserung in diesem Bereich am höchsten zu priorisieren. Was könnt ihr tun, um die Zusammengehörigkeit im Team zu stärken?

2.2 Das Spielfeld und seine Regeln

»*Das Wichtigste in der Kunst ist der Rahmen.*« – Frank Zappa

Der Rahmen ist nicht nur in der Kunst wichtig, sondern auch in der Wirtschaft.

In einem agilen Kontext wird ein nicht unerheblicher Teil der Führungsaufgaben auf die Schaffung eines geeigneten Rahmens für die Zusammenarbeit im Team verlagert.

Oft auch Framework genannt, bezeichnet er das Vorgehen im Team: Über den Prozessrahmen und die definierten Rollen werden Interaktionen und die Zuordnung von Verantwortung geregelt.

Die Erwartungen an diesen Prozessrahmen sind demzufolge sehr hoch. Er soll das Grundsätzliche regeln und trotzdem im Detail jeder Person die notwendige Freiheit und Autonomie für die Lösung der konkreten Aufgabe bieten.

Sehr wahrscheinlich ist das der Grund, warum z.B. die Entwicklung des Scrum-Frameworks mehrere Jahre in Anspruch genommen hat.

Mehrere praxiserprobte Frameworks wurden zusammengelegt und gemeinsam optimiert. Diese Optimierung ist noch nicht abgeschlossen. Es werden noch immer neue Erkenntnisse und Verbesserungen vorgenommen. Im Folgenden sind die wichtigsten Elemente dargestellt, die ein guter agiler Prozessrahmen enthalten und regeln sollte.

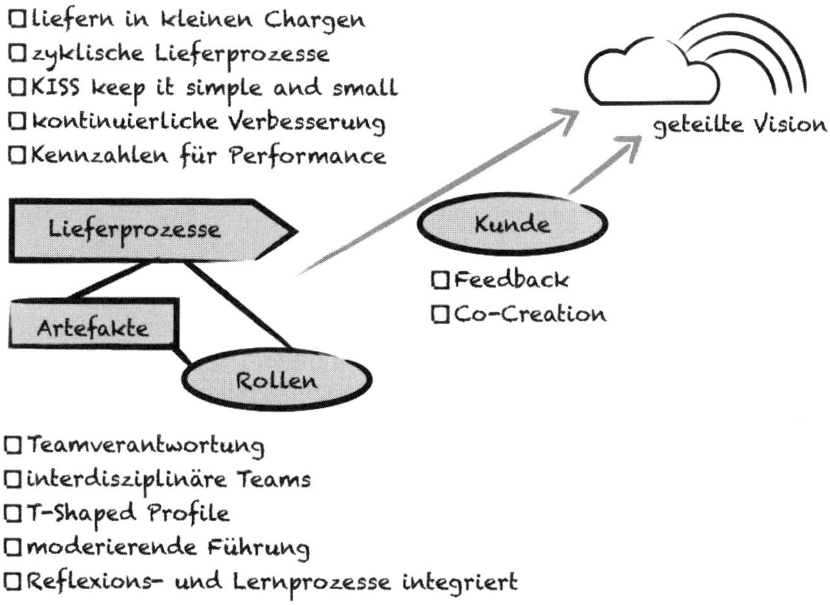

Abbildung 2.6: Das Spielfeld und mögliche Elemente

2.2.1 Shared Vision

Wichtig ist zunächst eine von allen geteilte Vision. Diese Vision muss für alle Teammitglieder attraktiv sein und als erreichbar wahrgenommen werden.

Sie gibt dem Team die Ausrichtung für grundsätzliche Entscheidungen vor.

Sie motiviert und synchronisiert die Beteiligten. Diese Vision soll einen Sog aufbauen. Sie soll anziehen. An dieser Stelle oft zitiert ist Antoine de Saint-Exupéry. Er sagte einmal:

»Wenn du ein Schiff bauen willst, dann trommle nicht Männer zusammen, um Holz zu beschaffen, Aufgaben zu vergeben und die Arbeit einzuteilen, sondern lehre die Männer die Sehnsucht nach dem weiten, endlosen Meer.«

Obwohl diese Einschätzung grundsätzlich stimmt, ist es in der Praxis nicht immer ganz einfach, sich auf die Vermittlung der Sehnsucht nach dem Meer zu beschränken, etwas konkreter darf die Ausrichtung gerne sein.

Anderenfalls könnten die Männer auf die Idee kommen, das angeschaffte Holz für ein Lagerfeuer zu verwenden und ihre Sehnsucht am Strand sitzend und auf das Meer blickend auszudrücken.

Das wäre für diese Vision eine durchaus passende Implementierung unter Verwendung des zur Verfügung stehenden Materials. Wer ein Schiff braucht, kann das ruhig benennen. Fragen nach dem »Warum?«, nach dem »Wozu?« und dem »Für wen?« bestimmen die Suche nach einer guten Vision. Die Vision sollte geteilt sein. Das bedeutet nicht nur, dass jeder sie kennt, sondern auch, dass jeder sie spürt. Eine gute Vision spricht die Emotionen an und regt die Fantasie an.

2.2.2 Kunden-Feedback

Das nächste wichtige Element für ein agiles Framework ist der Kunde. Der Lieferprozess für das Produkt wird am Kunden ausgerichtet. Das Produkt muss für ihn einen erkennbaren Mehrwert erzeugen.

Die gefundene Vision muss natürlich auch für den Kunden attraktiv sein. Er gibt dem Team Feedback und damit die entscheidende Rückmeldung, ob der Mehrwert, den er sich vorstellt, entstanden ist.

2.2.3 Co-Creation

Oft haben Kunden selbst gute Ideen, welche Produkte ihr Unternehmen benötigen könnte.

Sie sind in der Lage, sich am Entwicklungsprozess schöpferisch zu beteiligen. Diesen Anteil des Kunden an der Produktentwicklung bezeichnet man als Co-Creation.

Anfangs ist es sinnvoll, mit einem oder mehreren Vertretern der Kundenseite direkt am Produkt zu arbeiten.

In späteren Phasen ist zusätzlich wichtig, gute Kennzahlen zum Mehrwert des Produkts und dessen Verbesserung zu etablieren. Schon mit der Aufnahme von Testverfahren sollte damit begonnen werden, eine gute statistische Grundlage zu schaffen, mit deren Hilfe wir jederzeit feststellen können, ob die Ausrichtung der

Produktentwicklung stimmig ist. Dazu wird einigen Kunden die bereits etablierte Version (A) des Produkts zur Verfügung gestellt, andere erhalten eine neuere Version (B). Anhand der festgelegten Kennzahlen wird gemessen, ob sich Performance und Nutzbarkeit verbessert haben. Dieses Verfahren kommt aus der Softwareentwicklung und ist in andere Bereiche übertragbar.

2.2.4 Lieferprozess – Liefern in kleinen Chargen

Der Lieferprozess regelt die Produktübergabe. Das Produkt ist dabei das erstellte Ergebnis. Das Produkt könnte z.B. ein gemeinsam entwickeltes Konzept in Verbindung mit mehreren Prototypen sein.

Dieses Produkt wird nicht auf einmal geliefert, sondern in vielen kleinen Chargen. Kleine kontinuierliche Lieferungen sind das Idealbild der Agilität.

Das Produkt wird kontinuierlich um weitere Funktionen ergänzt.

Der Kunde kann diese Funktionen nutzen und Feedback geben. Das Liefern von Ergebnissen steht im Zentrum von agilen Prozessen. Dieser Fokus auf die frühe Lieferung schafft eine pragmatische Kultur der Übergabe von Teilelementen an den Kunden. Liefern bedeutet nicht, dass das erreichte Teilergebnis sofort perfekt sein muss. Vielmehr sollen produktbezogene Diskussions- und Reflexionsrunden weiterhin möglich sein. Dabei sollte der Fokus aber immer die erfolgreiche Auslieferung zusätzlicher Produktfunktionalität sein.

2.2.5 Zyklische Lieferung

Die Planung, Umsetzung und Bewertung von Produkten erfolgen zyklisch.

Dieser zyklische Prozess dient der Komplexitätsbewältigung. Das Cynefin-Modell (Abschnitt 1.2) beschreibt das zugehörige Muster für einen komplexen Kontext: Probiere – Erkenne – Reagiere.

Das Team erprobt zunächst den Lösungsansatz, der die größte Aussicht auf Erfolg beim Kunden verspricht.

Wenn der Kunden die Lösung gut nutzen kann, wird sie in weiteren kleinen Schritten basierend auf seinem Feedback verbessert. Kann die Lösung vom Kunden nicht nachvollzogen werden, wird basierend auf den gewonnenen Erkenntnissen eine neue Lösung entwickelt und dem Kunden im Anschluss präsentiert.

Dieses Verfahren ist an die Komplexität des Kontextes angepasst. Da es unmöglich ist, eine vollständige und endgültige Lösung in einem Schritt zu erdenken, wird diese in viele kleine Teillösungen aufgeteilt, an denen begrenzt exprimiert werden kann. In diesem Kontext gibt es keine Best-, sondern nur noch Emergent-Practice – Produkt und Vorgehen werden schrittweise entwickelt. Mithilfe der Emergent-Practice erhält das Team Anregungen und findet passende Teile. Jede Lösung beinhaltet jedoch neue Elemente, die nur in einem kreativen Prozess entstehen konnten.

2.2.6 KISS – Keep it simple and small

Das Designprinzip für die Entwicklung ist zu jedem Zeitpunkt **KISS** – **K**eep **I**t **S**imple and **S**mall. Einfachheit ist leider schwer zu erreichen. Es gibt nichts Schwierigeres als das Weglassen oder Verstecken von Unwesentlichem. Viel leichter ist es, Funktionen anzuhäufen und den Nutzer mit der Auswahl der für ihn stimmigen Variante allein zu lassen.

Intuitive Bedienung ist das Ziel der Simplicity. Ein Produkt in die Hand nehmen und es sofort bedienen zu können, ohne davor Handbücher studieren zu müssen, das ist das Ziel.

Besonders bei austauschbaren Produkten gewinnt dieses Kriterium an Bedeutung.

Ergonomie und Benutzerfreundlichkeit sind Disziplinen, die sich um diese Belange des Anwenders kümmern. Das Designprinzip ist jedoch nicht nur für die Produktgestaltung relevant. Es gilt auch »unter der Motorhaube«.

Es wird immer die jeweils einfachste Lösung ausgewählt, die die Anforderungen umsetzt. Komplexität wird erst dann ergänzt, wenn sie benötigt wird. Das bedeutet, dass das Produkt immer wieder refaktoriert – sprich überarbeitet – werden muss. Die anfänglich als ausreichend eingestufte Lösung wird später erweitert oder erst abstrahiert und dann erweitert. Dieses Verfahren kommt aus der Softwareentwicklung. Dort ist es besonders einfach umzusetzen, da das Produkt nur aus Maschinenbefehlen besteht, die jederzeit umgestellt und angepasst werden können. Der Einsatz in anderen Bereichen ist grundsätzlich möglich, erfordert aber unter Umständen entsprechende Anpassungen.

2.2.7 KVP – kontinuierliche Verbesserung

Das Thema kontinuierliche Verbesserung bezieht sich einerseits auf das Produkt und die Optimierung des Ergebnisses aus der Perspektive des Kunden. Der KVP-Prozess betrachtet jedoch noch weitere wichtige Elemente. So wird zum Beispiel der eigene Auslieferungsprozess verbessert. Dabei können Fragen auftreten wie: »Wann und wie wird getestet?«, »Wann ist ein Teilergebnis fertig, welche Teilelemente müssen vorhanden sein?« Das Team optimiert die eigenen Arbeitsprozesse.

Auch die Teamprozesse wie die Gestaltung von Meetings und der Ablauf der Kommunikation im Team können Gegenstand der Optimierung werden. Die Grundhaltung dieses Vorgehens ist es, Dinge zu hinterfragen, mit dem Ziel, sie besser zu machen. Dazu sind eine konstruktive Art der Auseinandersetzung und eine offene

Diskussionskultur nötig. Phasen der Unsicherheit und des Suchens und Hinterfragens müssen im Team ausgehalten und in geeignete Bahnen gelenkt werden.

Auch bezogen auf den Lieferprozess ist die Etablierung geeigneter Kennzahlen sinnvoll, die uns helfen, herauszufinden, durch welche Umstände der Lieferfluss gebremst wird.

2.2.8 Performance-Kennzahlen

Das Team benötigt Kennzahlen, um seine eigene Leistung zu bewerten.

Teil der Performance ist die gelieferte Qualität. Ein Beispiel für eine solche Kennzahl ist die Defektrate. Wenn die Defektrate steigt und mehr Nacharbeit und Fehlerbeseitigung entstehen, ist es sinnvoll, sich den Kernprozess der Produktlieferung genau anzusehen, um die Ursache für die Probleme zu finden und nachhaltig zu beseitigen.

Die Leistung des Teams wird in Scrum über die sogenannte »Burndown Rate« gemessen.

Mithilfe eines Burndown-Charts erfolgt eine grafische Darstellung des verbleibenden Aufwands in einem Projekt, in Relation zur verbleibenden Zeit. Die noch zu erledigende Arbeit (»Backlog«) wird üblicherweise auf der senkrechten Achse dargestellt, die Zeit auf der waagerechten. Es handelt sich also um ein Liniendiagramm über zu erbringenden Aufwand. Ein solches Diagramm wird benutzt, um vorherzusagen, wann die Arbeit vollständig erledigt sein wird.

Wenn weniger geliefert werden kann als geplant, ist das eine wichtige Rückmeldung für das Team.

Die genaue Definition der Kennzahlen und die Details der Messung können sich sehr unterscheiden. Wichtig ist das Prinzip der Performancemessung und die Steuerung der eigenen Prozesse auf Basis von Kennzahlen. Der Grundsatz: »Was man nicht messen kann, kann man nicht managen«, behält seine Gültigkeit.

Der Unterschied ist, dass die Kennzahlen vom Team selbst definiert und optimiert und nicht durch das Management vorgegeben werden.

Das Team verwendet die Auswertung als Input für die gemeinsame Reflexion. Auch der Umgang mit den Messungen unterscheidet sich. Sie werden nicht für das Reporting an hierarchisch höhere Ebenen verwendet. Sie sind Eigentum des Teams und das Team bestimmt, was damit geschieht.

Daher ist es eher als kontraproduktiv anzusehen, wenn die durch Auswertung von Burndown-Charts gewonnenen Informationen zur »objektiven« Bewertung von Teams durch das Management verwendet werden oder Teams miteinander verglichen werden.

2.2.9 Teamprozess und Teamverantwortung

Neben dem agilen Prozess zur Produktlieferung sind die Prozesse zur Steuerung des Teams Teil des Frameworks. In vielen Unternehmen sind Teams erstmalig für die Umsetzung der Produktentwicklung verantwortlich, was zunächst nicht unproblematisch ist.

Teamverantwortung bedeutet dabei, dass keine Person direkt für die Umsetzung verantwortlich ist, sondern das Team gemeinschaftlich. Diese Verantwortung kann nur gut erfüllt werden, wenn das Team gemeinsam gute Entscheidungen treffen kann. Der Entscheidungsprozess im Team hat den großen Vorteil, dass alle Experten direkt an der Diskussion beteiligt sind und mitentscheiden können.

Die zugrunde liegende Idee der Agilität ist, dass Entscheidungen dort getroffen werden, wo auch die Kompetenz vorhanden ist.

Auf diesem direkten Weg können idealerweise bessere Entscheidungen getroffen werden und sie werden vor allem schneller getroffen.

Es muss nicht gewartet werden, bis ein Manager genügend Zeit in seinem Terminplan findet und sich im Anschluss in einer Bereichsrunde rückversichert hat. Ein großes Problem von Hierarchien ist der Entscheidungs-Stau in Krisensituationen. Das wird beim agilen Vorgehen durch direkte Einbeziehung des Teams vermieden.

Möglicherweise ist der Abstimmungsprozess zeitaufwendiger, wenn das ganze Team unter Darlegung aller Argumente und Bedenken am Entscheidungsfindungsprozess beteiligt ist. Die Umsetzung und Kommunikation der Entscheidungen im Anschluss verlaufen aber deutlich schneller.

Durch die Einbeziehung in den Entscheidungsfindungsprozess sind alle Beteiligten mit dem Für und Wider einzelner Argumente vertraut und verstehen, weshalb eine Entscheidung auf eine bestimmte Art gefällt wurde. Sie setzen sie um und tragen sie mit. Das ist bei hierarchischen Entscheidungen nicht immer der Fall.

Das Risiko, dass die Kommunikation von und Information über Entscheidungen zu Missverständnissen führt, ist wesentlich geringer. Sie werden zum Teil des Teamprozesses. Voraussetzung dafür ist zum einen das Vertrauen des Managements in die Fähigkeit des Teams, gute Entscheidungen zu treffen. Ergänzend muss dem Team aber auch zugetraut werden, dass es lernt, entsprechend nachzusteuern, wenn es einmal ungünstige Entscheidungen getroffen hat. Dazu muss das Management lernen loszulassen. Dazu reicht es nicht, Entscheidungen zu akzeptieren, die den eigenen Grundsätzen entsprechen, sondern dem Team vollständig zu vertrauen und demzufolge auch missliebige Entscheidungen mitzutragen.

2.2.10 Interdisziplinäre Teams

Die Zusammensetzung agiler Teams ist interdisziplinär. Das bedeutet, dass alle für einen Prozess benötigten Kompetenzen direkt eingebunden werden. Diese Kompetenzen sind nicht mehr getrennten Abteilungen zugeordnet, stattdessen werden sie in ein Team integriert.

Dabei unterstellt man in einem agilen Umfeld, dass Experten nicht nur zu einem bestimmten Prozentsatz einer Aufgabe zugeordnet werden, sondern sich dieser vollständig widmen können.

Dies ist sinnvoll und notwendig, um ein echtes Team zu etablieren. Die Experten sind dem Team uneingeschränkt zugehörig und sie können sich ohne Einschränkung ihrer Aufgabe verschreiben. Sie sind nicht nur anteilig Mitglied eines ersten Teams und zu einem weiteren Teil des zweiten Teams und schließlich auch noch mit einem gewissen Prozentsatz einem dritten Team zugehörig.

Wenn wichtige Fragestellungen aufkommen, sind die Experten verfügbar, ohne dass vorher geklärt werden muss, wann sie Zeit haben, sich eines bestimmten Problems anzunehmen. Das Treffen von Entscheidungen wird beschleunigt und das Commitment verbessert.

Es ist für das Team rein zahlenmäßig einfacher, sich mit sieben Teammitgliedern abzustimmen, als mit 21 Teammitgliedern, die zu 33% Teil des Teams sind.

Menschen sind gut in der Lage, mit bis zu zehn Personen einen direkten Kontakt aufrechtzuerhalten. Liegt die Teamgröße oberhalb dieser Zahl, kommt es zu einer Überforderung und es gibt eine Tendenz zur Bildung von Untergruppen.[4]

Aus Sicht der Optimierung von Ressourcen kann sich die feste Zuordnung von Experten zu Teams allerdings als Nachteil darstellen.

Wenn z.B. ein Experte für Benutzerfreundlichkeit im Rahmen eines Projekts für eine Aufgabe mit einer Dauer von 1,5 Tagen angefragt ist, ist es fraglich, ob die 100-prozentige Zuordnung zum Team sinnvoll ist.

Eventuell gibt es Phasen, in denen er nicht ganz ausgelastet ist und seine Expertise weniger sinnvoll genutzt werden kann.

2.2.11 T-Shaped Profile

Die Optimierung innerhalb agiler Teams setzt Flexibilität der Mitarbeiter voraus.

Eventuell gibt es eine Phase, in der rund um das Thema Benutzerfreundlichkeit wenige Aufgaben zu erledigen sind, der Experte aber das Testen der Produkte sinnvoll begleiten kann. Für diese Art der veränderbaren Zuordnung der Teamkollegen zu Aufgaben werden Experten mit einem anderen Profil benötigt, als viele Unterneh-

4 *https://www.scrum.org/resources/scrum-guide*

men in der Vergangenheit entwickelt haben. Das sogenannte »T-Shaped Profile« beschreibt die neue Kompetenzanforderung. Das T ist dabei bildlich zu interpretieren. Der horizontale Strich des T steht für eine tiefgreifende Kompetenz. In dieser Kompetenz hat der Mitarbeiter einen Experten-Status, er ist z.B. Fachmann auf dem Gebiet der Benutzerfreundlichkeit. Der Querbalken des T beschreibt ein fundiertes Grundwissen in den angrenzenden Kompetenzbereichen, den ursprünglich von Teamkollegen abgedeckten Kompetenzbereichen. Dieses Kompetenzprofil sorgt einerseits dafür, dass die teaminterne Diskussion bzgl. eines Fachthemas auf allgemein hohem Niveau stattfinden kann, und verschafft dem Team andererseits Optimierungsmöglichkeiten.

Einfache Testaufgaben kann der Experte für Benutzerfreundlichkeit dann z.B. problemlos und ungefragt übernehmen.

Das Commitment der Teammitglieder bezieht sich mehr auf die Aufgabe als Ganzes und das Produkt als auf die jeweilige Kompetenz auf Expertenniveau.

Auf diese Weise lernen die Teammitglieder mehr miteinander und voneinander. Das T wird weiter ausgebaut und das Profil des Teams und seiner Mitglieder wird gestärkt. Die Mitarbeiter erweitern ihr Spektrum und können zusätzliche Aufgabenfelder im agilen Kontext abdecken.

Leider spiegeln die aktuellen Karrierepfade der Unternehmen diesen Kompetenzaufbau nicht wider.

Vom direkten Vorgesetzten in der Linie sind nicht ohne Weiteres Wertschätzung und Anerkennung zu erwarten. Auch die Wahl der persönlichen Ziele der Mitarbeiter, die oft noch von der Linie geprägt ist, trägt oft nicht dazu bei, die in einem agilen Kontext erwünschte Pluralität an Fähigkeiten und Fertigkeiten zu fördern.

Hier gibt es für viele Unternehmen eine Lücke zu füllen. Oft entsteht aus diesem Grund eine Abhängigkeit von externen Dienstleistern und Freelancern. Diese haben aufgrund ihres Werdegangs, in dem sie in verschiedensten Unternehmen und Kontexten eingesetzt worden sind, bezüglich ihrer Einsatzfähigkeit einen großen Vorteil auf dem Weg zur T-Shape-Kompetenz. Abgeschottete Abteilungssilos sind kein gutes Lernfeld für diese Expertise. Vielmehr entwickelt sich hier weiterführende stark spezialisierte Fachkompetenz für Sonderthemen.

2.2.12 Moderierende Führung

Nicht nur von Fachexperten benötigte Kompetenz ändert sich im Zuge der Entwicklung zu mehr Agilität. Auch die Kompetenz von Führungskräften muss sich ändern.

Die Führungskraft hat weniger die Aufgabe, Entscheidungen zu treffen und Aufgaben zuzuweisen. Sie ist auch nicht damit befasst, deren korrekte und termingetreue Umsetzung zu kontrollieren. Vielmehr hat sie eine moderierende Rolle. Sie moderiert den Entscheidungsfindungsprozess des Teams und ist dabei nicht für den Inhalt der Entscheidung verantwortlich.

Neben der Entscheidungsfindung sind die gemeinsame Planung, Reflexion und Verbesserung Themen, die moderiert werden müssen.

Eventuell auftretende Konflikte werden nicht »Par ordre du Mufti« gelöst, sondern als Lernfeld für das Team verstanden. Die Führungskraft ist dabei auch Moderator der Teamprozesse. Mehr zu diesem Ansatz findet sich in Abschnitt 2.5 – »Das Serving-Leadership-Konzept«.

Moderierende Führungskräfte können keine Verantwortung für inhaltliche Ziele übernehmen. Das erschwert die Integration agiler Teams in hierarchische Strukturen.

Probleme entstehen nachvollziehbar an den Schnittstellen.

Entscheidungen in hierarchisch strukturierten Teilen der Organisation werden Top-down gefällt, in der Agilität entstehen sie Bottom-up.

Die Verantwortungsträger für eine agile Transformation befinden sich dadurch oft in einer nicht unproblematischen Sandwich-Position. Sie bekommen Anweisungen von oben, die sie nicht nach unten weitergeben können.

2.2.13 Integrierte Reflexions- und Lernprozesse

Neben den Prozessoptimierungen ist auch das gemeinsame Lernen in den Prozessrahmen integriert. Es gibt zugewiesene Freiräume, Zeit, die dem Nachdenken und Optimieren der eigenen Arbeitsweise gewidmet ist. Diese Freiräume sind im Linienalltag oft nicht vorhanden und priorisiert wird oft gemäß dem Motto »Tagesgeschäft zuerst«.

Aus diesem Grund fallen diese Zeiten oft ganz weg. Die Einführung von Agilität wird oft von Kommentaren wie »Lass uns doch lieber etwas schaffen« begleitet. Zeiten der Reflexion werden oft als unproduktiv erlebt, weil nicht direkt etwas erzeugt wird. Eine regelmäßige Routine, die Raum für diese Reflexion schafft, ist deshalb unerlässlich. Der Lernprozess muss integriert sein und die Führungskraft muss darauf drängen, dass diese Routine eingehalten wird. Der gesetzte Rahmen darf nicht durch das Team verändert werden. Es darf nur innerhalb des Rahmens Entscheidungen treffen.

Es ist nicht üblich, völlig neue Prozesse und Rollen zugrunde zu legen, wenn ein Prozessrahmen geschaffen wird.

Oft gibt es schon interne Standards oder Präferenzen für bestimmte Modelle und Frameworks, die in den bestehenden Kontext integriert bzw. darauf angepasst werden müssen.

2.2.14 Beispiel-Setup

Das nachfolgende Beispiel soll die Gestaltung eines Frameworks für selbstorganisierte Prozesse veranschaulichen.

Die Vision des Unternehmens ist es, eine strategisch wichtige interne Software selbst zu entwickeln, um einen Wettbewerbsvorteil im Markt auszubauen. Diese Vision soll mit einem strategischen Partner umgesetzt werden. Der Partner wurde offshore in Asien ausgewählt.

Das Steering Committee hat sich für ein agiles Vorgehen entschieden.

Mit dem Partner gemeinsam wurde vereinbart, dass Scrum als Entwicklungsprozess dienen soll. Im Lieferumfang von Scrum ist die Steuerung von Dienstleistern nicht enthalten. Daher waren entsprechende Anpassungen notwendig.

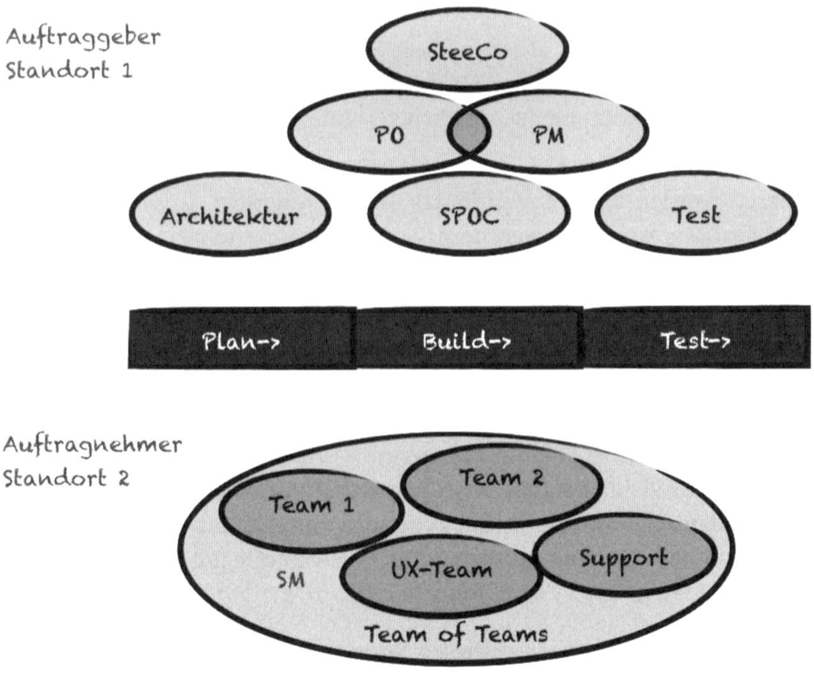

Abbildung 2.7: Beispiel für einen agilen Rahmen

2.2.15 Auftraggeber-Prozesse

Es wurde ein Projektleiter benannt, um das Projekt und den Dienstleister zu steuern. Der Product Owner (PO) hatte die Aufgabe, das Produkt zu definieren. Der Projekt- und der Produktmanager waren gemeinsam für den Projekt- bzw. Produktinhalt- und -umfang verantwortlich. Die sich daraus ergebende Überschneidung wurde in Kauf genommen. Unterhalb des PO wurden der Verantwortungsbereich für die Architektur und der Vertreter des Dienstleisters (SPOC – Single Point of Contact) sowie der Abnahmetest positioniert. Der Bereich Architektur hat die Aufgabe, technische Vorgaben und Schnittstellen zu definieren und bereitzustellen. Der Abnahmetest stellt sicher, dass die gelieferte Lösung den Erwartungen des Business entspricht. Die Kundenseite ist vollständig als Pyramide aufgestellt, um Verantwortung und Entscheidungsbefugnisse eindeutig zuzuordnen. Die Teams auf der unteren Ebene sind entlang des Entwicklungsprozesses aufgestellt – Plan (PO/Architektur) – Build (Dienstleister) – Test. Auf diese Weise wird gewährleistet, dass der Dienstleister das liefert, was benötigt wird. Für diesen Prozess wurde ein Kanban-Board aufgesetzt, um sicherzustellen, dass alles, was für die Produktentwicklung benötigt wird, im Vorfeld fertiggestellt ist.

2.2.16 Prozesse des Dienstleisters

Die Teams des Dienstleisters arbeiten nach Scrum, sie haben eine moderierende Führungskraft, den Scrum-Master (SM). Am Anfang gab es nur ein Scrum-Team, das alle notwendigen Kompetenzen in sich vereinte – Analyse, Entwicklung, Test.

Nachdem die Lieferprozesse sich stabilisiert haben und die Performance des Teams gut gemessen werden konnte, wurde das Team skaliert, in unserem Fall wurde es in zwei Teams gesplittet. Nach dem Go-live veränderte sich die Priorität des Bugfixings, daher wurde noch ein Support-Team aufgestellt. Das UX-Team (User-Interface-Team) liefert die Oberfläche der Software. Es untersteht direkt dem PO und wird von ihm gesteuert. Dieses Team soll die notwendigen Innovationen treiben und teilweise nach einem anderen Prozess vorgehen: dem DesignThinking.

Ein wichtiges Paradigma der Entwicklung war die kontinuierliche Lieferung von Software in hoher Qualität. Diesem Paradigma wurden alle anderen Prozessschritte untergeordnet und über einen kontinuierlichen Verbesserungsprozess wurde das Modell fortlaufend optimiert. Kleine Veränderungen und Experimente waren die Regel und nicht die Ausnahme. Auf diese Weise konnte gut auf veränderte Prioritäten nach dem Go-live des ersten Release reagiert werden.

Aufgabe: Werte

In dieser Übung geht es darum, die eigenen Werte explizit zu benennen und sie mit den Teamwerten abzugleichen. Die persönlichen Herausforderungen im Team werden auf diese Weise klarer. Im Folgenden ist eine Liste von möglichen Werten dargestellt.

Dabei soll die vorgegebene Liste als Inspiration dafür dienen, welche Werte möglich sind. Am besten wählst du eigene Begriffe, um deine Werte zu beschreiben.

Werteliste mit Beispielwerten

Achtsamkeit	Dankbarkeit	Freundschaft	Harmonie	Lachen	Ordnung	Spiritualität	Weisheit
Achtung	**Demut**	**Frieden**	**Häuslichkeit**	**Lebensfreude**	**Perfektion**	**Sportlichkeit**	**Weiterentwicklung**
Akzeptanz	Effektivität	Fröhlichkeit	Heimat	Lebenslust	Fantasie	Stabilität	Weltbürger sein
Ästhetik	**Effizienz**	**Frohsinn**	**Herausforderung**	**Leichtigkeit**	**Präzision**	**Tiefe**	**Wertschätzung**
Aufregung	Ehrlichkeit	Fülle	Herzlichkeit	Leidenschaft	Reichtum	Toleranz	Wissen
Ausdauer	**Einsicht**	**Geborgenheit**	**Hingabe**	**Leistung**	**Rücksicht**	**Tradition**	**Würde**
Ausgeglichenheit	Einssein	Geduld	Hoffnung	Liebe	Ruhe	Träumen	Zärtlichkeit
Austausch	**Einzigartigkeit**	**Gelassenheit**	**Humor**	**Loyalität**	**Ruhm**	**Treue**	**Zugehörigkeit**
Balance	Eleganz	Gemeinschaft	Innovation	Lust	Schönheit	Unabhängigkeit	Zuverlässigkeit
Begeisterung	**Engagement**	**Genialität**	**Integration**	**Macht**	**Schutz**	**Veränderung**	**Zuversicht**
Beharrlichkeit	Entwicklung	Genuss	Integrität	Menschlichkeit	Selbstbestimmung	Verantwortung	
Behutsamkeit	**Erfolg**	**Gerechtigkeit**	**Klarheit**	**Mitgefühl**	**Sicherheit**	**Verbindlichkeit**	
Bescheidenheit	Ernsthaftigkeit	Gesundheit	Klugheit	Nachhaltigkeit	Sinn	Verbundenheit	
Besonnenheit	**Fairness**	**Glaubwürdigkeit**	**Kommunikation**	**Natur**	**Sinnlichkeit**	**Vernetzung**	
Beständigkeit	Feiern	Gleichmut	Kompetenz	Natürlichkeit	Sorgfalt	Vielfalt	
Beweglichkeit	**Flexibilität**	**Glück**	**Kraft**	**Neugierde**	**Sozial sein**	**Vitalität**	
Bewusstheit	Freiheit	Großzügigkeit	Kreativität	Offenheit	Spaß	Wandel	
Charisma	**Freude**	**Güte**	**Kultur**	**Optimismus**	**Spielen**	**Wärme**	

Was sind die Werte, die in deinem Berufsleben am wichtigsten sind? Schreibe alles, was dir in den Kopf kommt, einfach auf ...

____

____

____

____

Sortiere die ungeordnete Liste nach Priorität. Welche Werte sind dir am wichtigsten?

1.) ____________________________________

2.) ____________________________________

3.) ____________________________________

4.) ____________________________________

5.) ____________________________________

6.) ____________________________________

Stelle dir dein Team vor. Welche Werte sind dir bzgl. der Zusammenarbeit im Team wichtig? Schreibe alles, was dir in den Kopf kommt, einfach auf ...

____

____

____

____

Sortiere die ungeordnete Liste nach Priorität. Welche Werte sind dir am wichtigsten?

1.) ____________________________________

2.) ____________________________________

3.) ____________________________________

4.) ____________________________________

5.) ____________________________________

6.) ____________________________________

Wie unterscheiden sich die Listen? Welchen Unterschied gibt es?

____

____

____

____

Was fehlt dir im Team?

____

____

____

____

Wie kannst du dein Bedürfnis nach diesem Wert in das Team einbringen?

____

____

____

____

Viel Glück!

2.3 Selbstorganisation

»Anarchie ist Ordnung ohne Herrschaft.« – Pierre Joseph Proudhon

Der Begriff Selbstorganisation wurde in der Systemtheorie geschaffen.

Hier ist Selbstorganisation eine Art der Systementwicklung, bei der die Formgebung von den Elementen des Systems selbst ausgeht. In Prozessen der Selbstorganisation werden höhere strukturelle Ordnungen erreicht, ohne dass äußere steuernde Elemente vorliegen. Bekannt sind strukturelle Musterbilder in Kristallen oder Formationen im Vogelflug. Im organisationsbezogenen Gebrauch bezeichnet Selbstorganisation die Gestaltung der Lebensverhältnisse nach flexiblen, selbstbestimmten Vereinbarungen und ähnelt dem Autonomiebegriff. Eine Gruppe wird dann als selbstorganisiert bezeichnet, wenn sie autonom Entscheidungen treffen kann und die Mitglieder der Gruppe dabei auf Augenhöhe agieren. Es existieren keine hierarchischen Ebenen und Abhängigkeiten innerhalb der Gruppe.

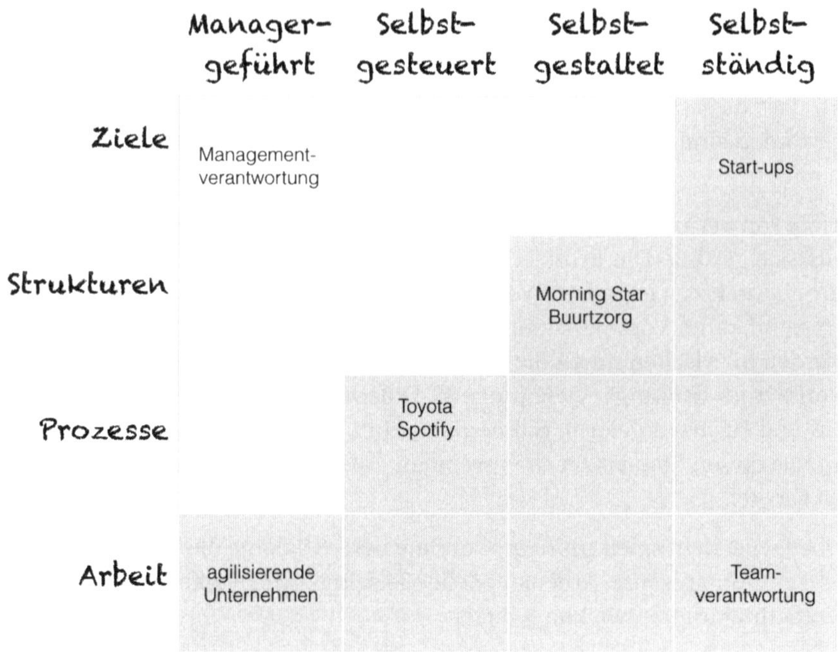

Abbildung 2.8: Levels von Selbstorganisation

Die Autonomie eines Teams beim Treffen von Entscheidungen kann unterschiedliche Formen annehmen.

2.3.1 Managergeführt

Die einfachste Form bezeichnet man als managergeführt. Hier darf das Team die anfallende Arbeit selbstorganisiert umsetzen. Das kann man sich beispielsweise so vorstellen: Der Manager legt fest: »Wir arbeiten ab jetzt nach Scrum« – das heißt, der einschlägige Arbeitsprozess wird vom Manager bestimmt. Dementsprechend werden alle Teammitglieder geschult und das Team arbeitet innerhalb des von Scrum gesetzten Rahmens selbstorganisiert die anfallenden Aufgaben ab. Die Strukturen der Organisation und die Ziele des Unternehmens werden weiterhin durch höhere Management-Ebenen vorgegeben.

Das ist die einfachste Form der Selbstorganisation, mit der viele Unternehmen beginnen zu experimentieren. Dieser Startpunkt hat den Vorteil, dass die Teams gut beginnen können zu lernen, was Selbstorganisation bedeutet und wie sie sich passend dazu verhalten können.

Die Auswirkungen und Risiken für die Organisation als Ganzes werden auf einen Arbeitsbereich beschränkt. Die IT hat sich in vielen Unternehmen als Ausgangspunkt der Selbstorganisation etabliert.

Auch der Erfolg der Softwareentwicklungsprozesse Scrum und Kanban hat dazu geführt, dass diese Vorgehensmodelle in vielen Unternehmen der De-facto-Standard geworden sind. Fast die Hälfte aller deutschen Unternehmen setzt in der IT Scrum ein.

Der Erfolg von Scrum erklärt sich auch durch die dem Modell zugeschriebene Produktivitätssteigerung. Die Erfinder von Scrum sprechen von 100% Produktivitätssteigerung durch das geänderte Vorgehen. In der Praxis ist diese Zahl schwer zu prüfen, signifikante Vorteile lassen sich jedoch leicht erkennen. Viele Unternehmen werden inzwischen durch die Erwartungshaltung der Mitarbeiter zur Einführung von Scrum gedrängt. Viele junge IT-Experten haben es bereits im Studium kennen- und schätzen gelernt. Sie nehmen zum Teil keine Stellen bei Unternehmen an, die diesen Standard nicht anwenden. Alles andere gilt ihnen als rückständig und veraltet.

Aus Arbeitgebersicht spielt im Kampf um die besten Talente die Tatsache eine Rolle, dass selbstorganisierte Arbeitsmodelle vielseitige Möglichkeiten der persönlichen Entfaltung und Entwicklung bieten.

Das wiederum wird von jungen Menschen sehr positiv bewertet. Unter dem Stichwort »Employer Branding« sind ausführliche Konzepte zum umfassenden Ausbau der Arbeitgeberattraktivität für »High Potentials« entwickelt worden.

2.3.2 Selbstgesteuert

Auf dem nächsten Level bekommt das Team die Möglichkeit, nicht nur die Arbeit selbstgesteuert umzusetzen, sondern auch selbst den Prozess zu wählen. Am Beispiel von Spotify kann man diese Entwicklung gut nachvollziehen. Anfangs hat Spotify nach Scrum gearbeitet. Alle Rollen wurden genauso eingeführt, wie es im Modell vorgeschrieben ist. Diese Arbeitsweise hat gut funktioniert, aber an einigen Stellen kam vermehrt der Wunsch auf, anders zu arbeiten. Diesem Wunsch wurde entsprochen und Scrum als Standard wurde aufgehoben. Die Teams konnten weiter nach Scrum arbeiten, mussten es jedoch nicht mehr. Sie durften auch beginnen, andere Arbeitsmodelle zu nutzen oder eigene zu entwickeln. Durch die Arbeit mit Scrum hatten die Teams genügend Erfahrung mit Selbstorganisation gesammelt. Sie konnten jetzt beginnen, selbst Prozesse zu entwerfen.

Viele Unternehmen beginnen damit, selbstorganisierte Vorgehensmodelle anzupassen, bevor sie Erfahrungen mit der Selbstorganisation an sich gesammelt haben. Dieses Vorgehen wird von den Erfindern von Scrum ausdrücklich nicht empfohlen. Die Wahrscheinlichkeit, dass der Prozess verschlechtert wird, ist sehr hoch und die Gefahr, dass am Ende alle frustriert sind, nimmt zu.

Besonders häufig wird der Versuch unternommen, eine Anpassung vorzunehmen, indem ein Projektmanager einem Scrum-Team zugeordnet wird, der die Verantwortung für den Scope und das Budget bekommt und an das Management berichten soll.

Da es Projektmanager in vielen Unternehmen schon gibt, fällt die Entscheidung, ihn dem Scrum-Team zuzuordnen und diese Zuordnung als Anpassung zu sehen, leicht.

In der Praxis hat dieses Vorgehen oft zur Folge, dass sich dieser Projektmanager mit dem Product Owner um den Scope streitet, da dieser in Scrum für das Produkt verantwortlich ist. In der Umsetzung gerät ein Projektmanager üblicherweise in Konflikt mit dem Team.

Die dem Team zugewiesene Rolle trägt im Rahmen der Selbstorganisation die Verantwortung für Schätzung und Planung.

Das ist üblicherweise ein Ansatzpunkt für den Projektmanager, um Druck aufzubauen: »Jungs, ihr schafft doch noch mehr« und »Im Reporting wurden schon alle Features und die zugehörigen Termine an das Management kommuniziert.«

Die Teamverantwortung kann unter diesen Voraussetzungen nicht übernommen werden, in der Folge ist im Team auch kein Commitment für die Planung vorhanden. Oft scheitert der ganze Scrum-Prozess. Viele würden diesen Prozess gar nicht erst als Scrum bezeichnen, sondern als Pseudo-Scrum.

Die Motivation für die Anpassung des Prozesses ist oft fehlendes Vertrauen in die Teams.

Das Übergeben der Verantwortung und der Steuerung an die Teams fällt vielen Managern sehr schwer. Der Integration von Management-Rollen in »selbstorganisierte« Teams ist ein Ausdruck fehlenden Vertrauens. Die Empfehlung ist an dieser

Stelle ganz klar: Wenn es an Vertrauen in die Mitarbeiter bzw. Teams fehlt, sollte mit der Selbstorganisation nicht begonnen werden.

2.3.3 Selbstgestaltet

Auf dem nächsten Level der Selbstgestaltung dürfen Teams auch über die Strukturen, in denen sie arbeiten, entscheiden. In dem bisher verwendeten Beispiel – Spotify – verläuft an dieser Stelle die Grenze für die Teams. Das Management von Spotify hat definiert, dass alle Teams in sogenannten Squads zusammenarbeiten und dass diese Squads einen Teil der Software verantworten. Die Softwarekomponenten sind lose gekoppelt und die Teams sind frei in der Gestaltung innerhalb von Komponenten, aber nicht in der Gestaltung der Strukturen und der damit einhergehenden Architektur.

Buurtzorg ist eines der wenigen Unternehmen, das den Mitarbeitern die Möglichkeit einräumt, sich selbst Strukturen zu geben. Buurtzorg bietet in den Niederlanden Pflegedienste an und ist damit so erfolgreich, dass es zum Marktführer aufgestiegen ist. Der Pflegende und seine Bedürfnisse sind wieder in den Mittelpunkt gerückt worden. Die Vision ist, anderen ein besseres Leben durch gute Pflege zu ermöglichen. Die Pflege ist dabei in kleine selbstorganisierte Teams von maximal zwölf Pflegekräften aufgeteilt. Wenn sich zwölf neue Pflegekräfte zusammenfinden, können sie eine neue Zelle gründen und bekommen von der Zentrale die notwendigen Schulungen und Unterstützung. Die einzige Einschränkung der Struktur für das neue Team ist die maximale Größe.

Wenn dauerhaft die Anzahl von zwölf Pflegekräften überschritten ist, muss ein neues Team gegründet werden.

Ein weiteres Unternehmen, in dem die Mitarbeiter die Strukturen selbst gestalten, ist Morning Star. Es verarbeitet Tomaten in Kalifornien. Dazu werden von Morning Star mehrere Produktionsanlagen zur Weiterverarbeitung und Konservierung betrieben. Dieses Beispiel soll hier erwähnt werden, da das Unternehmen ganz ohne Chef und Manager auskommt. Die einzigen beiden Prinzipien, die die Zusammenarbeit regeln, sind: »Tue niemand anderem Gewalt an!« und »Halte dich an getroffene Vereinbarungen.« Diese Vereinbarungen mit anderen Mitarbeitern werden schriftlich dokumentiert. Sie können jederzeit im gegenseitigen Einvernehmen wieder geändert werden. Durch diese Verträge entsteht innerhalb des Unternehmens ein Netzwerk. Das Netzwerk kann jederzeit an neu auftretende Anforderungen seitens der Beteiligten angepasst werden. Die Unternehmensziele dürfen allerdings nicht durch die Mitarbeiter festgelegt werden. Sie sind im Mission Statement fixiert: »Wir produzieren auf kosteneffiziente und umweltschonende Art und Weise Erzeugnisse aus Tomaten, die dauerhaft die Produkt- und Serviceerwartungen unserer Kunden erfüllen.«

Durch dieses Statement wird der Rahmen der Selbstorganisation vorgegeben.

In der Frage, wie diese Mission umgesetzt wird, erhalten die Mitarbeiter vollständigen Gestaltungsspielraum. Das Unternehmen hat viele interessante Beispiele aus dem Bereich der Selbststeuerung hervorgebracht.

2.3.4 Selbstständig

Als selbstständig bezeichnet man eine Organisation, in der es keine Manager mehr gibt. Folglich werden allen Entscheidungen von den Teams getroffen. Die gilt sowohl für Strategie- als auch für Budgetentscheidungen. Dies sind oft die letzten Prozesse, auf deren Basis Manager bzw. Eigentümer Einfluss auf die Organisation nehmen.

Diese Autonomie hätte zur Konsequenz, das Teams z.B. entscheiden könnten, ein neues Geschäftsfeld zu eröffnen.

Hier sind den Teams in den beiden beschriebenen Beispielen Grenzen gesetzt worden. Ein Buurtzorg-Team ist nicht nur der Vision verpflichtet, auch das Ziel, bedürftige Menschen zu pflegen, ist über die Organisation festgelegt.

Wenn die Buurtzorg-Teams auch auf Strategieebene autonom entscheiden dürften, könnten sie z.B. ein Buurtzorg-Krankenhaus eröffnen. Diese Freiheit haben die Teams nicht. Es sind in der Regel sehr junge experimentierfreudige Start-ups, die ihren Mitarbeitern derart weitgehende Freiheiten ermöglichen. Für etablierte Unternehmen mit etablierten Marken und Kundengruppen ist dieser Level der Selbstorganisation wenig realistisch und möglicherweise auch nicht sinnvoll. Die Erwartungen von Kapitalgebern und Aktionären lassen sich auf diese Weise schwer erfüllen und auch juristische Auflagen bremsen diese Form der Autonomie.

Die vier Levels der Selbststeuerung sind nicht als Treppe zu interpretieren, die jeder erklimmen sollte. Jeder Level hat seine Berechtigung und die damit verbundenen Vor- und Nachteile. Der jeweilige Kontext entscheidet, welches Vorgehen das richtige ist. Es sind auch Mischformen vorstellbar, in denen einzelne Bereiche anders gesteuert werden als andere. Diese Mischformen sind gerade in Übergangsphasen sehr interessant, weil sie die Möglichkeit bieten, in kleineren Bereichen zu experimentieren und selbst gute Lösungen zu entwickeln, die auf den eigenen Kontext und die eigene Kultur angepasst sind. Die Grenzen der Mischform ergeben sich aus der Notwendigkeit, eine gemeinsame Identität und Kultur zu haben. Wenn die Unterschiede zu groß werden, geht die gemeinsame Identität verloren und es entstehen Unternehmen im Unternehmen.

2.3.5 Dezentralisation

Ein weiteres Merkmal der Selbststeuerung ist die Dezentralisation. Wenn Teams ermächtigt werden, in Teilbereichen Entscheidungen zu treffen, entstehen oft dezentrale Strukturen aus vielen lose gekoppelten Einheiten. Da diese Teams bezogen auf einige Aspekte auf bestimmten Levels autonom sind, muss diese Kopplung gestaltet werden. Diese Gestaltung ist anders und deutlich variantenreicher als die hierarchische Lösung der Weisungsbefugnis (davon mehr in Kapitel 4). Die Grundtendenz ist, dass durch die Selbstorganisation Hierarchien flacher werden und die Führungsspanne von Führungskräften breiter wird. Das ist einfach nachzuvollziehen, da viele Teile der Teamsteuerung durch das Team selbst übernommen werden. Viele dieser Aufgaben waren ursprünglich Führungsaufgaben, diese fallen aufgrund der Selbststeuerung der Teams seitens der Führungskraft weg.

2.3.6 Zentrale Service-Teams

Ein anderes Merkmal der Selbstorganisation ist die Veränderung der Zentralbereiche. Diese haben weniger Möglichkeiten, Anweisungen zu geben. Sie entwickeln sich in selbstorganisierten Unternehmen immer stärker zu Service-Teams. Ihr Kunde ist das Unternehmen, Kundenorientierung ist damit mit Mitarbeiterorientierung gleichzusetzen. Die Drogeriemarktkette DM geht so weit, dass die Zentralbereiche ihre Services und Budgets in den dezentralen Märkten pitchen müssen. Wenn diese nicht den Mehrwert erkennen, stimmen sie gegen den Service und er kann nicht angeboten werden. Eine weitere Tendenz der Selbstorganisation ist, dass die zentralen Services schrumpfen.

Wenn die Mitarbeiter z.B. selbst die Interviews für Einstellungen führen und im Team entscheiden, wer eingestellt wird, sinkt der Aufwand für die HR-Abteilung. Diese bietet dann eventuell Tools zur Unterstützung der Mitarbeiterselektion an. Wenn diese Tools sich jedoch nicht als hilfreich erweisen, kann auch darauf verzichtet werden.

Die angebotenen Services werden dabei oft als Selfservice strukturiert. Sie funktionieren wie ein Buffet, an dem man sich bedient, um eine Mahlzeit zusammenzustellen.

Das hat den Vorteil, dass die Entscheidung zur Nutzung bei den dezentralen Einheiten liegen kann. Damit werden weitere Möglichkeiten zur Autonomie geschaffen. Zentrale Services können auch Trainings oder IT-Tools sein. Diese Services müssen immer zwischen den zwei gegenläufigen Werten, Zusammenarbeit und Autonomie, ausbalanciert werden. Ein gemeinsames Tool hat den Mehrwert, dass es einen gemeinsamen Standard schafft, und den Preis, dass die Einheiten nicht mehr frei in ihren Entscheidungen sind. Spotify ist sich dieser gegenläufigen Interessen sehr bewusst. Die Teams haben die Freiheit, selbst zu entscheiden, welche Entwicklungswerkzeuge sie einsetzen. In diesem Bereich gibt es keine Vorschriften. Wenn die Vorteile eines Tools andere überwiegen, können weitere Teams beginnen, es zu nutzen. Es entsteht eine Gemeinschaft von Nutzern. Diese Gemeinschaft kann sich bei eventuell auftretenden Problemen gegenseitig unterstützen. Dadurch steigt der damit verbundene Mehrwert weiter an und die Lösung verbreitet sich weiter.

2.3.7 Redundanz

In selbstorganisierenden Systemen erfolgt keine prinzipielle Trennung zwischen organisierenden, gestaltenden oder lenkenden Teilen. Alle Teile des Systems sind potenzielle Gestalter. Mehrere Bereiche können das Gleiche tun, was für eine Art Überfluss – Redundanz – sorgt. Redundanz kann die Autonomie erhöhen, da es keine strikte Arbeitsteilung gibt. Wenn zum Beispiel alle Teams selbst Gespräche mit Bewerbern führen, entsteht Redundanz bei der Personalauswahl. Bisher wurde in vielen Unternehmen der Wert der Effizienz höher bewertet als der der Autonomie. Zur Effizienzsteigerung wurden redundante Teile zentral zusammenfasst, um so ökonomisch wie möglich vorzugehen und stärker spezialisierte Experten zu haben. Die Balance zwischen Effizienz und Redundanz verschiebt sich durch die Selbstorganisation in Richtung der Redundanz. Der Effekt der geringeren Effizienz und weniger Synergien in bestimmten Bereichen muss durch andere Effekte kompensiert werden. Beispielsweise könnte die Motivation der Mitarbeiter durch die Auswahl neuer Kollegen gestärkt werden oder es wäre denkbar, dass bessere Entscheidungen getroffen werden und die vom Team ausgewählten Mitarbeiter weniger Konflikte erzeugen und sich deshalb die Produktivität erhöht.

Der nur vage Zusammenhang dieser Überlegungen zeigt schon auf, wie wenig es möglich ist, die Effekte präzise vorherzusagen und »perfekte« Lösungen zu entwickeln. Es können nur Experimente gestartet und beobachtet werden. Wenn die Experimente erfolgreich sind, können sie weiter ausgerollt werden. Wenn nicht, wird ein geändertes Experiment aufgesetzt. Die Planung bezieht sich nur noch auf die Planung von Experimenten. Vorhersagen sind in komplexen Kontexten nicht möglich (siehe auch Kapitel 1, Cynefin-Modell).

Aufgabe: Das persönliche agile Mindset

In dieser Übung geht es darum, die Grundlagen der Selbstorganisation besser kennenzulernen. Es geht um das persönliche Mindset und die Frage, wie gut es in einen agilen Kontext passt.

Extremwert Null	Deine Bewertung	Extremwert Zehn
Starrheit. Alles ist geordnet und geregelt. Es gibt viele Vorschriften. Diese können nicht geändert werden.	<—0........10—>	**Fließend.** Alles ist in Bewegung. Jeder passt immer alles an. Keiner hält sich an Regeln.
Vorhersagbar. Alles ist immer vorhersagbar. Jedes Ergebnis, jede Reaktion. Alles läuft in sicheren Bahnen. Es gibt keine Abweichung.	<—0........10—>	**Überraschung.** Nichts ist vorhersagbar. Man kann sich auf nichts verlassen und nichts vorbereiten.
Überschaubar. Alles ist immer gut überschaubar. Es passiert wenig und man kann alles gut im Blick behalten.	<—0........10—>	**Unüberschaubar.** Es passiert alles gleichzeitig und keiner hat den Überblick. Alles hängt irgendwie mit allem zusammen.
Klar. Alles ist klar und eindeutig. Es gibt immer Richtig und Falsch, wenn man die Regeln korrekt anwendet. Wissen hat Bestand.	<—0........10—>	**Unklar**. Die Situation ist immer mehrdeutig und von vielfältigen Einflussfaktoren geprägt. Alles muss interpretiert werden und sieht aus einer anderen Perspektive ganz anders aus.
Sicher. Alles ist sicher. Es drohen keine Gefahren oder Risiken. Man kann sich bedenkenlos ausleben.	<—0........10—>	**Unsicher**. Alles ist unsicher und Zweifel sind immer angebracht. Man muss alles hinterfragen.

Bitte bewerte dein eigenes Mindset. Die Texte rechts und links bilden die Extrempunkte für die Bewertung. Wenn der linke Text passt, trägst du null als Ergebnis ein. Wenn der rechte Text passt, trage bitte eine Zehn ein. Für ein Mindset zwischen den beiden Extremen trage den für dich passenden Wert ein. Eine Fünf würde zum Beispiel bedeuten, dass beide Werte gleich gut oder schlecht passen.

Bilde den Mittelwert aus allen Kategorien.

Mittelwert __________

Auswertung:
Wenn der Mittelwert niedriger als fünf ist, hast du bis zur Agilität einen weiten Weg vor dir. Möchtest du wirklich agil arbeiten?

In welchem Bereich ist deine Bewertung niedriger als der Mittelwert?

1.) ______________________________

2.) ______________________________

3.) ______________________________

Wie kannst du dich besser auf das »Chaos« in den oben genannten Bereichen einstellen?

____

____

____

____

Was oder wer kann dich dabei unterstützen?

____

____

____

____

Was ist ein guter nächster Schritt?

____

____

____

____

2.4 Agile Rollen

»Die Organisation muss sich zu einem Organismus entwickeln können, der flexible Führerschaft erlaubt.« – Heinz Fischer

Führung wird in agilen Kontexten nicht mehr als Pyramide gelebt, in der oben gedacht und entschieden und unten ausgeführt wird. Diese Trennung von Denken und Handeln geht auf Frederick Taylor[5] zurück. Er hat in seiner Schrift »Scientific Management« dargestellt, wie alle Aufgaben in Teilschritte zerlegt und auf Effizienz optimiert werden. In der aufkommenden Industrialisierung war dieser Ansatz für die automatisierte Produktion in Fabriken sehr erfolgreich.

Das begünstigte den Aufstieg dieser Managementmethode. Heute geht der Anteil der rein ausführenden Tätigkeiten wieder zurück. Mitarbeiter werden immer mehr zu Wissensarbeitern. Sie schaffen gemeinsam etwas Neues und sollen dabei innovativ sein. Solche Tätigkeiten lassen sich nicht mehr in Schritte zerlegen, jeder

5 *https://de.wikipedia.org/wiki/Frederick_Winslow_Taylor*

muss denken und Entscheidungen treffen. In der agilen Organisation agieren verschiedene Rollen auf Augenhöhe. Sie treffen Entscheidungen gemeinsam.

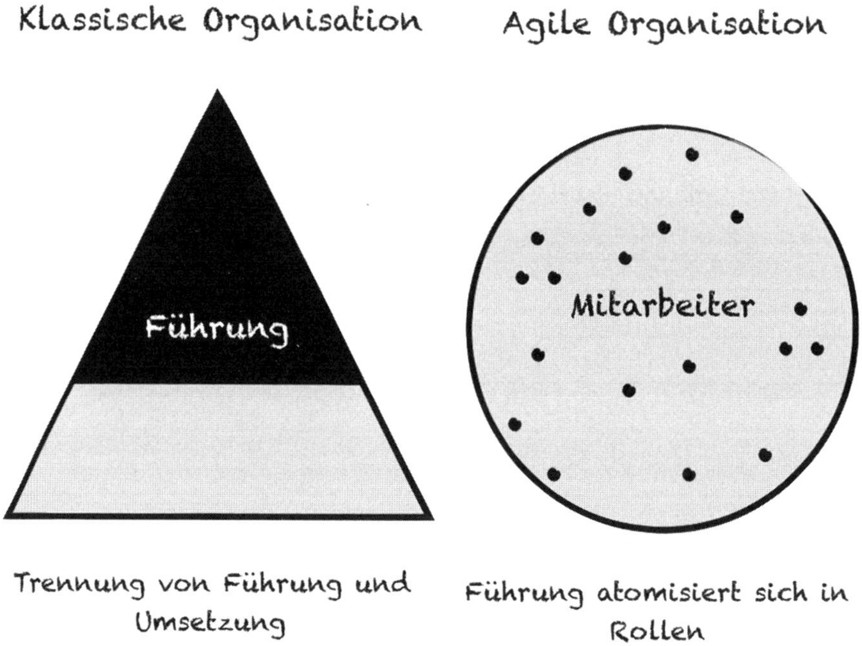

Abbildung 2.9: Vergleich agile und klassische Organisation

Die Führung atomisiert/verteilt sich auf viele kleine Rollen, die im Team gemeinsam agieren. Sie tragen Verantwortung für bestimmte definierte Themen und stimmen sich mit anderen Rollen ab. Diese Rollen können Teil eines Frameworks wie z.B. Scrum sein. Hier gibt es drei Rollen, Product Owner, der Scrum-Master und das Team. Mit einem Team ist die Situation noch recht überschaubar. Nur die Rolle Team überrascht etwas, sie wird mit bis zu neun Mitarbeitern besetzt, die gemeinsam eine Rolle ausfüllen. Hier wird die Notwendigkeit zur Selbstorganisation innerhalb der Rolle deutlich. Die Mitarbeiter müssen sich untereinander abstimmen und gemeinsam Entscheidungen treffen, um die Rolle gut ausfüllen zu können.

Ein selbstorganisiertes Team kann durch die Besetzung verschiedene Kompetenzen der Mitarbeiter integrieren. Es ist dadurch in der Lage, flexibel auf wechselnde Kontexte und Aufgaben einzugehen. Diese Kompetenzen der Mitarbeiter beschränken sich jedoch nicht auf fachliche Fähigkeiten, auch Fachwissen bezogen auf Führung und soziale Interaktion sind notwendig, um erfolgreich als Team agieren zu können. Die Sozialkompetenz ist sehr einfach nachzuvollziehen. Um gut als Team agieren zu können, sind Empathie und eine hohe Sozialkompetenz der

Mitarbeiter wichtige Voraussetzungen. Durch die entstehende Zusammengehörigkeit ist das Team in der Lage, schnell gute Lösungen zu entwickeln und unproduktive Konflikte zu vermeiden. Es gibt Konflikte und Spannungen, die das Team konstruktiv lösen kann. Selbstorganisation lebt davon, verschiedene Perspektiven einzunehmen und gemeinsam um die beste Lösung zu ringen. Bei einem Team mit neun Mitarbeitern können sich auch mindestens neun Perspektiven ergeben. Jede hat ihre Berechtigung – sie sind alle nebeneinander richtig. Die entstehende Komplexität löst bei den Teammitgliedern möglicherweise Verwirrung aus. Diese Verwirrung muss ausgehalten werden. Es gibt keine Führungskraft mehr, die diese Komplexität reduziert, indem sie eine Entscheidung trifft. Aus genau diesem Grund benötigt auch Selbstorganisation Führung und für diese ist Führungskompetenz notwendig.

Die Führung erfolgt situativ, jeder übernimmt sie für ganz bestimmte Themen, in denen er der beste Experte im Team ist. Auf diese Weise gelingt es ihm, den anderen den geeigneten Weg zu weisen, und die anderen folgen ihm gerne.

Dieser Schritt, die anderen zu überzeugen und zum Folgen einzuladen, ist Führung. Es ist nicht der Führungsstil eines Diktators. Es ist eher der Stil eines Schäfers. Die Herde folgt ihm, weil sie darauf vertraut, dass er die nächste grüne Wiese kennt. Die Schafe entscheiden über den Erfolg von Führung, nicht der Schäfer. Ein Schäfer ohne Schafe ist kein Schäfer mehr.

Diese Art der Führung in Form eines Vorschlags für eine Richtung, die durch die Gruppe eingeschlagen werden kann, aber dem Gebot der Mehrheit unterliegt, sorgt für eine ausgeglichene Führung im Rahmen der Selbstorganisation.

Jedes Mitglied der Gruppe ist Schaf, kann sich aber in bestimmten Situationen als Schäfer versuchen. Die Führung im Team wechselt, je nach Situation und Expertise. Ohne einen Versuch eines Schafes, eine Richtung anzubieten und einige Schritte vorwegzugehen, entsteht keine Bewegung. Selbstorganisation ist nicht die Abwesenheit von Führung, es ist der stete Wechsel von Führung. Ein positives Teamerleben geht mit diesem steten Wechsel der Führungsrolle einher.

Wenn man Agilität einführt, kommt es anfangs immer wieder zu der Situation, dass die Mitarbeiter nicht daran gewöhnt sind, Führungsangebote zu unterbreiten, und dem Team anbieten, zu folgen. Alle stehen orientierungslos im Kreis und warten. Das Auflösen dieser erlernten Hilflosigkeit und Passivität ist notwendig, um Agilität erfolgreich zu machen.

Die erlernte Hilflosigkeit ist durch vollständige Übertragung von Entscheidungskompetenzen auf die alte Führungskraft entstanden. In der Übergangsphase übernehmen häufig die ungeduldigsten oder dominantesten Mitarbeiter die Rolle der Führungskraft. Nicht immer sind sie die besten Experten für eine bestimmte Entscheidung. Diesen Transformationsprozess zu begleiten und alle Mitarbeiter in ihrer Führungsfähigkeit zu fördern, ist die neue Führungsaufgabe, die im Rahmen von Scrum der Scrum-Master übernimmt.

Rollen an sich sind nicht neu. Es hat sie immer schon gegeben. Die gesamte Idee des Prozessmanagements lebt von Rollen und Verantwortlichkeiten für den Prozess. Diese Art von Rollen ist jedoch eindeutig und widerspruchsfrei definiert. Sie begleiten gut definierte Prozesse und formulieren eindeutige Interessen. Diese Rollen verhindern Unsicherheit. Im Modell der Logical Levels werden die unteren Ebenen des Verhaltens und der Fähigkeiten angesprochen und geregelt.

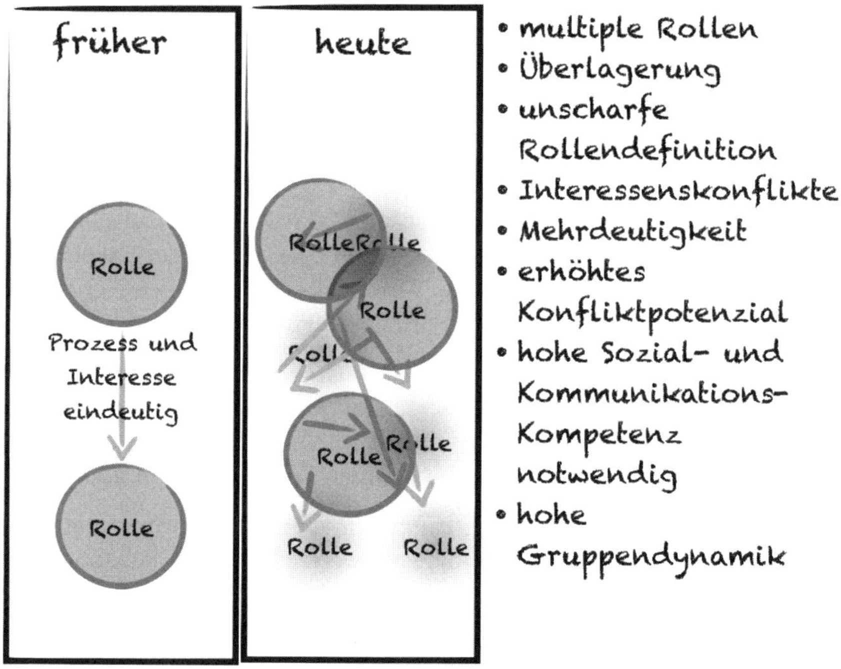

Abbildung 2.10: Agile und klassische Rollen

Agile Rollendefinitionen sind hingegen weniger linear und eindeutig. Rollen können sich überlagern und verschiedene Aspekte desselben Themas regeln. Auf diese Weise kann es leichter zu Interessenskonflikten kommen, die von den Personen, die die Rollen übernommen haben, gelöst werden müssen. Im einfachsten Fall lassen sich gute Lösungen über den Austausch von Argumenten in gegenseitigem Einvernehmen finden. Doch nicht immer ist das so einfach. Mehrdeutige oder unklare Situationen und Prioritäten können Konflikte auslösen.

Nicht immer gelingt es allen Beteiligten, die Rolle vollständig von der Person und den Interessen der Person zu trennen. Das Agieren in Rollen im Team setzt Flexibilität in den Handlungen und eine ständige Reflexion des eigenen Verhaltens voraus. Es ist, als würde auf der Metaebene ein Beobachter mitlaufen. Der Beobachter fragt dann zum Beispiel, ob eine Emotion relevant für den Rollenkontext ist oder mit der Person zu tun hat. Erschwerend kommt hinzu, dass agile Rollen neben den unteren Ebenen im System der Logical Levels auch die höheren Ebenen, wie Werte und Glaubenssätze adressieren. Es ist nicht das Ziel, die Rolle wie ein Schauspieler zu übernehmen und die eigene Persönlichkeit abzustreifen. Authentizität zeigt die Grenze von Rollenflexibilität auf. Zur Besetzung bestimmter Rollen werden Kompetenzprofile benötigt, die es erlauben, sie gut auszufüllen. Auch die Werte der Rolle sollten vereinbar mit den eigenen Werten der Person sein.

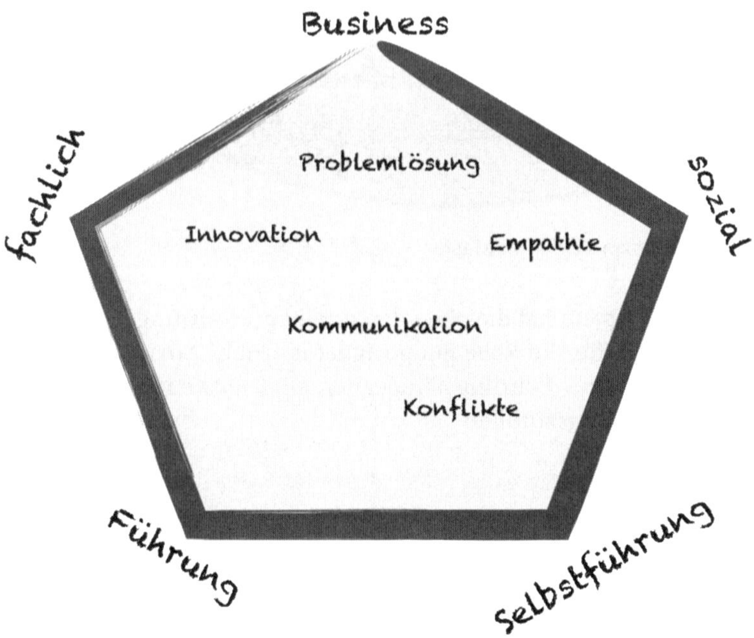

Abbildung 2.11: Kompetenzprofil

Das Kompetenzprofil einer Rolle umfasst die in der Abbildung aufgezeigten Kompetenzbereiche. Exemplarisch sind einige Fähigkeiten den Kompetenzbereichen zugeordnet. Diese variieren je nach Aufgabe und Kontext stark.

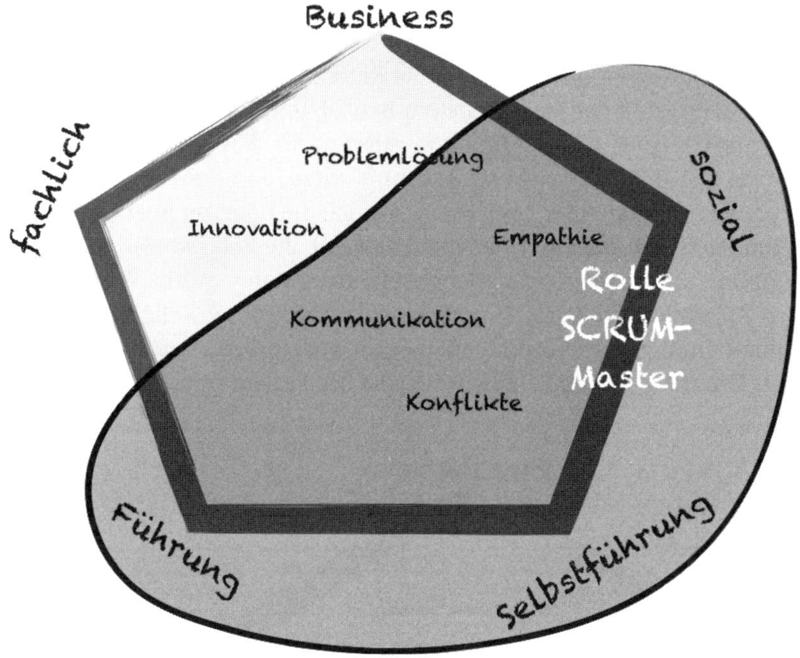

Abbildung 2.12: Kompetenzprofil Scrum-Master

Die Rolle des Scrum-Masters hat die oben dargestellten Erwartungen an die Kompetenz einer Person, die für die Rolle gut geeignet ist. Hohe Sozialkompetenz sowie gute Selbstführung und Führungsfähigkeiten sind notwendig, um in agilen Kontexten diese Rolle gut auszufüllen.

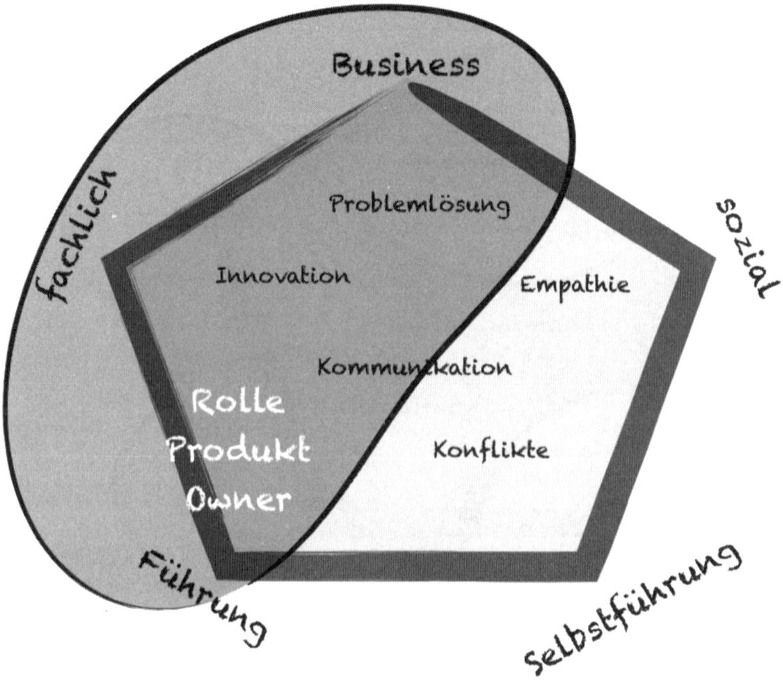

Abbildung 2.13: Kompetenzprofil Product Owner

Die Rolle des Product Owners hingegen hat ein vollkommen anderes Kompetenzprofil. Er benötigt ein fundiertes Fachwissen zum Produkt und er muss das Geschäft gut verstehen. Seine Führungsfähigkeit wird benötigt, damit die Organisation ihm bezogen auf die Produktentwicklung folgt. Gute Selbstführung und hohe Sozialkompetenz sind auch für diese Rolle hilfreich, aber nicht unabdingbar.

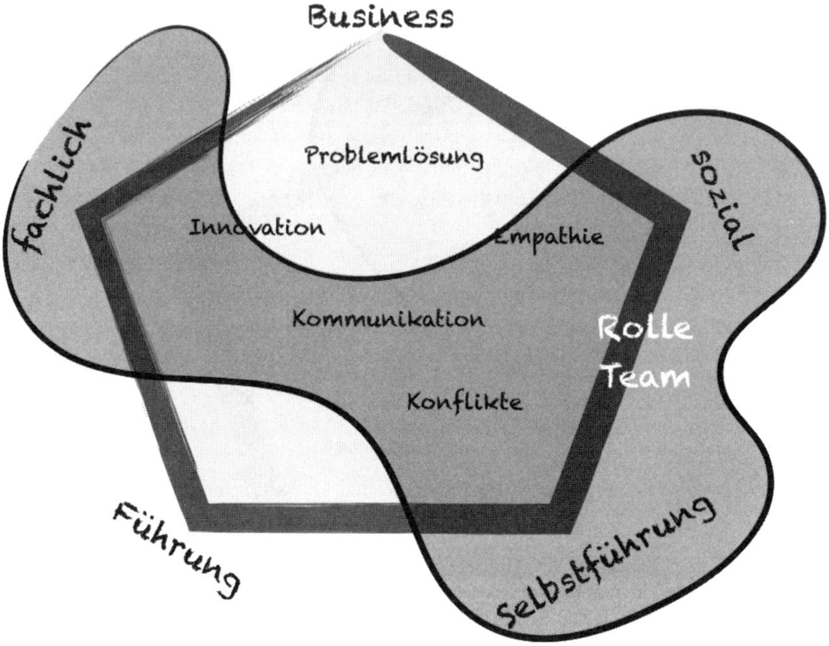

Abbildung 2.14: Kompetenzprofil Team

Die Rolle Team hat hohe Erwartungen an die Fachkompetenz des Experten. Seine Selbstführung und Sozialkompetenz müssen gut ausgeprägt sein, um im Team erfolgreich agieren zu können. Führungskompetenz und Businesskompetenz sind gern gesehen, jedoch nicht unbedingt notwendig.

Der ideale Mitarbeiter hat alle Kompetenzen und ist deshalb flexibel einsetzbar. Wenn zum Beispiel der Scrum-Master krank oder im Urlaub ist, muss ein Teammitglied ihn vertreten können. Der Rollenwechsel auf Zeit ist immer wieder nötig. Wertvolle Mitarbeiter sind in vielen Rollen erfolgreich einsetzbar. Das Erstellen von eigenen agilen Rollen und die Besetzung dieser Rollen mit den bestmöglichen Experten ist eine schwierige Aufgabe. Aus diesem Grunde tendieren viele Unternehmen dazu, bestehende Frameworks wie Scrum zu übernehmen. Auf diese Weise übernimmt man stimmig designte Rollen und Prozesse. Die benötigten Kompetenzen für diese Rolle sind in der Regel in keinem Profil der Personalabteilung verzeichnet. Deshalb braucht es für die Besetzung von Teams Erfahrung und gute Menschenkenntnis.

Aufgabe: Agile Rollen

In dieser Übung geht es um Selbstorganisation mittels Rollenvergabe im Team. Wie gut ist das Team bzgl. der Selbstorganisation aufgestellt? Zunächst malst du die Rollen deines Teams in das freie Bild. Die Fragen im nächsten Bild geben Hinweise zu möglicherweise relevanten Elementen.

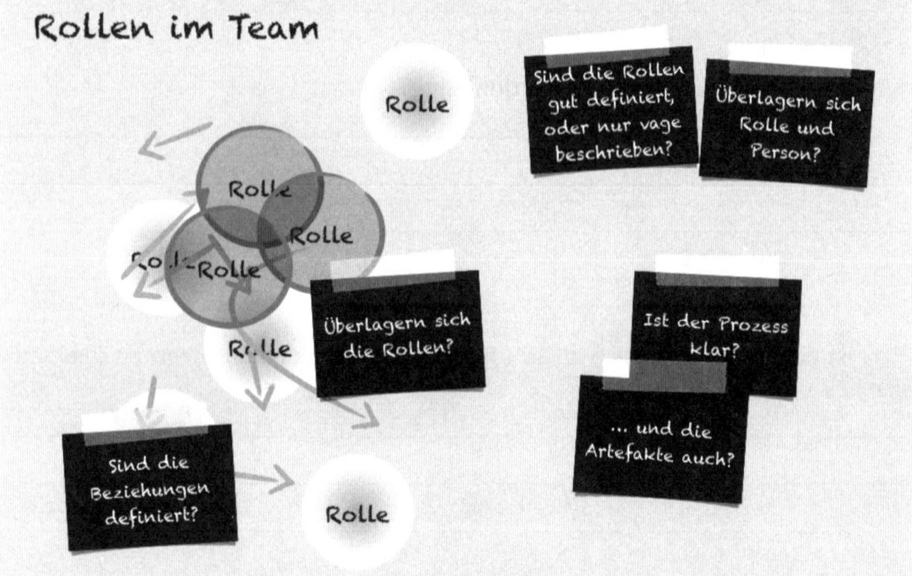

Male hier bitte das Bild deines Teams:

Wie geht es dir mit deiner Rolle im Team?

____

____

____

____

Wie könnte dein Team besser funktionieren?

____

____

____

____

Was ist ein guter nächster Schritt, um das Team von deinen Ideen zu überzeugen?

____

____

____

____

2.5 Das Serving-Leadership-Konzept

»Es gibt eine höchste Lebensform, und die heißt, in Freiheit zu dienen.« – Theodor Fontane

Die Grundidee von Serving Leadership ist nicht weniger als die Umkehr des Grundverständnisses von Führung. Es sind nicht die Mitarbeiter, die der Führungskraft dienen, sondern Führung ist eine Dienstleistung für die Mitarbeiter. Das Konzept stammt aus dem Jahre 1970 und wurde von Robert Greenleaf formuliert.

Die zentrale Motivation für dieses Konzept ist es, die negativen Folgen von traditioneller Führung zu beseitigen. Auch in aktuellen Gallup Reports sind die Zahlen zur Motivation und zur emotionalen Bindung von Mitarbeitern erschreckend.[6]

Das Thema Burn-out und aktive Sabotage des Unternehmens durch die Mitarbeiter sind deutliche Indikatoren dafür, dass etwas falsch läuft. Im Brennpunkt der Kritik

6 *http://blog.wiwo.de/management/2017/03/22/gallup-studie-vorgesetzte-schaedigen-die-firma-wenn-sie-das-thema-fuehrung-nicht-beherrschen/*

stehen die Vorgesetzten und das Thema Führung. So, wie sie traditionell gestaltet wird, ist sie nicht in der Lage, das volle Potenzial der Mitarbeiter abzurufen und den optimalen Mehrwert für das Unternehmen zu schaffen. Das Thema Serving Leadership hat wenig Einfluss auf die Ausbildung von Managern in der Praxis. Es wird immer wieder als inspirierendes Extrembeispiel diskutiert, wirkliche Anwendungsfälle in der Praxis sind jedoch selten. In kirchlichen Kreisen wurde es von Amseln Grün als Fortsetzung des Werkes Jesu vorgestellt. Auch Jesus habe seinen Jüngern gedient und nicht umgekehrt.

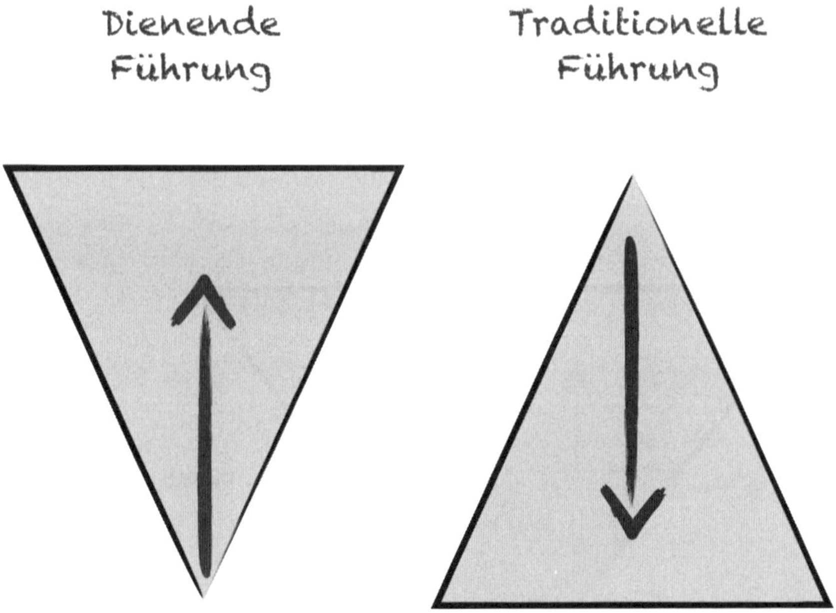

Abbildung 2.15: Ausrichtung der dienenden Führung

Im Zentrum von Serving Leadership stehen die folgenden Prinzipien: Empathie, Zuhören, Heilen, Präsenz, Überzeugung, Engagement für das Wachstum der Menschen und Aufbau einer Gemeinschaft.

Die Einhaltung dieser Prinzipien ist offensichtlich eine große Herausforderung für Führungskräfte. Auch der fließende Übergang zur spirituellen Dimension von Führung ist ungewöhnlich. Die traditionellen Themen Ziele, Kontrolle, Ergebnisse, Entscheidungen, Leitplanken spielen im Serving-Leadership-Konzept eine untergeordnete Rolle.

Das Dienen steht im Vordergrund und überschattet alle anderen Themen. Dienen bedeutet auch, dem Kunden und der Organisation zu dienen. Beide Aufgabenfelder stehen jedoch an zweiter Stelle. Im Zentrum stehen der Mitarbeiter und seine Entwicklung. Durch die fehlende Praxis sind die meisten Beiträge zu diesem

Thema recht theoretisch angelegt und von Grundsatzdiskussionen geprägt. Eine praktische Relevanz hat der Ansatz wiederum durch Scrum bekommen. Die Führung innerhalb von Scrum wurde als Serving Leadership beschrieben. Scrum ist aber ein agiler Teamprozess und kein Prozess zur Unternehmenssteuerung. In Scrum wird Führung als Dienstleistung am Team verstanden. Die Führungskraft darf keine Entscheidungen treffen und hat stattdessen die Aufgabe, Blockaden und Behinderungen, mit denen das Team konfrontiert ist, aufzulösen. Die Führungskraft agiert hier wie ein Coach. Sie moderiert die Entscheidungen des Teams. Alle auf die Umsetzung bezogenen Entscheidungen werden vom Team getroffen.

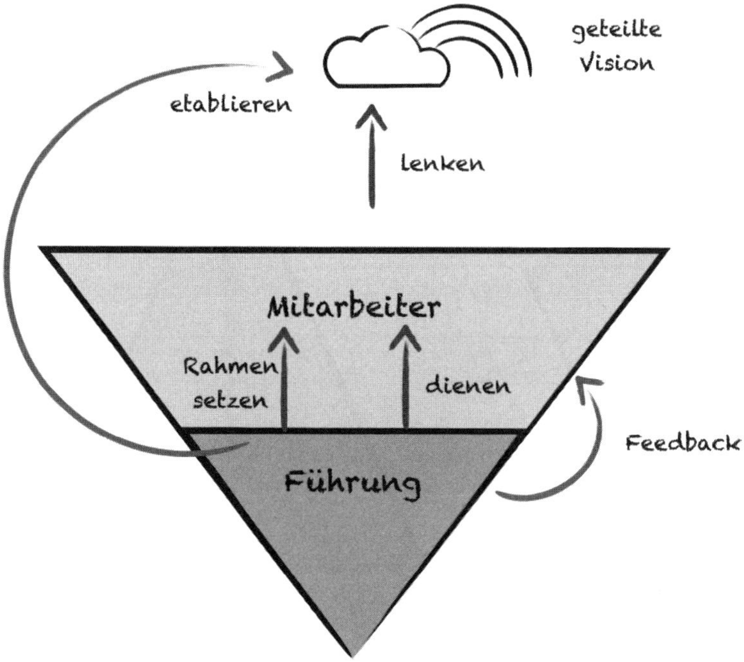

Abbildung 2.16: Aufgaben im Rahmen der dienenden Führung

Damit Teams gut arbeiten können, benötigen sie eine attraktive geteilte Vision, die sie anzieht und ihnen eine Ausrichtung gibt. Da Scrum ausschließlich ein Teamprozess ist und die Vision mit der Organisation abgestimmt sein muss, ist das Etablieren einer Vision eine Führungsaufgabe. Scrum klärt nicht, wie die Vision entstehen soll. Sie wird vorausgesetzt. Die Vision lenkt das Team inhaltlich. Die Führung setzt dem Team einen Rahmen.

Teil dieses Rahmens ist die Freiheit des Teams, Entscheidungen zu treffen, aber auch ganz praktische Regelungen in Bezug auf Budget, Qualität, Zeit (siehe auch Abschnitt 2.2 – »Das Spielfeld und seine Regeln«) werden getroffen. Die Führung gibt dem Team und damit auch dem Mitarbeiter Feedback. Dieses Feedback betrifft das Produkt an sich, aber auch andere Themen wie Defekte, Support und Ressourcen. Diese Themen werden durch das Management des Unternehmens adressiert, nicht von der Führungskraft im Scrum, dem Scrum-Master. Der Scrum-Master ist der Servant Leader, seine Aufgabe ist es, den Scrum-Prozess erfolgreich umzusetzen, indem er das Team erfolgreich macht. Im Modell der Logical Levels hat ein »idealer Scrum-Master« das folgende Profil:

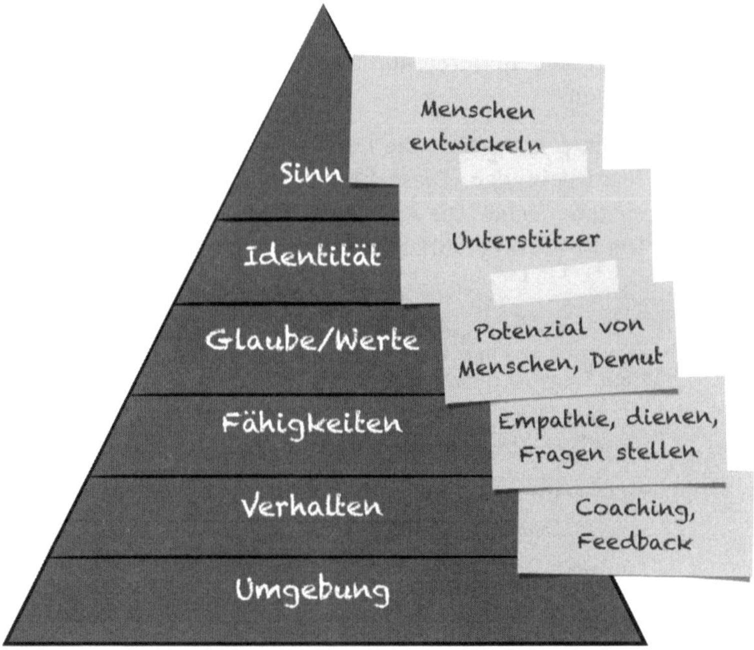

Abbildung 2.17: Mindset der dienenden Führung

Seine Vision ist es, Menschen zu entwickeln, ihre Blockaden zu lösen und sie zu ihrem höchsten Potenzial zu führen. Er sieht sich dabei als ihr Unterstützer. Er glaubt an das Gute in den Menschen und den Teams und möchte es stärken.

Demut ist ein wichtiger Wert für ihn. Er ist durch Empathie mit dem Team verbunden und stellt sich voll und ganz in den Dienst des Teams.

Er stellt im Wesentlichen Fragen und regt zum Denken an. Mit diesem Fragen versucht er, den Fokus und die Aufmerksamkeit des Teams zu beeinflussen und im besten Fall neue Perspektiven zu eröffnen. Er sagt dem Team zu keiner Zeit, wie es etwas zu machen hat.

Die Rolle eines Coach beinhaltet nicht, Wissen darüber, wie etwas richtig zu machen ist, zu verbreiten.

Diese Art der Wissensvermittlung würde man als Mentoring oder Training bezeichnen.

Um die Arbeit eines Scrum-Masters mit einem Team noch etwas konkreter zu beschreiben, ist an dieser Stelle ein Beispiel für die Entwicklung von High-Performance-Teams aufgenommen. Dieses Beispiel wird im Scrum-Kontext verwendet, ist aber kein Teil von Scrum.

Der »Team-Baum« stellt dar, was das Team leisten und wie es sein Ziel erreichen möchte. Die Krone des Baumes repräsentiert den Bereich, der dazu da ist, einen Mehrwert für das Geschäft zu generieren und sowohl persönliche als auch Teamentwicklung zu ermöglichen.

Die in der Krone angeordneten Begriffe, die beschreiben, was diesen Raum ausmacht, wurden vom Team gefunden. Diese Begriffe beschreiben, wie das Team eine gute Leistung erreichen möchte. Die Äpfel sind die sichtbaren Ergebnisse, die das Team produziert. Die Krone unterstützt die Erzeugung von Ergebnissen.

Abbildung 2.18: High-Performance-Baum

Der Stamm und die Wurzel tragen das Team. Sie sind die Basis, auf die das Team aufbaut. Die Werte des Teams bilden diese Basis. Sie werden vom Team benannt. Idealerweise stehen sie im Einklang mit dem Werten von Scrum, die benötigt werden, um einen guten Prozess aufrechtzuerhalten.

Der Scrum-Master könnte die folgenden Leitfragen stellen:

- An welchen Fähigkeiten wollen wir arbeiten?
- Welche Ergebnisse erhalten wir?
- Wo sind die Wurzeln schwach?

Die Entwicklung des Teams anhand solcher Fragen hat ihren Platz innerhalb der Team-Retrospektiven.

Für diese Form der Reflexion sieht Scrum regelmäßige Zeiteinheiten vor, die allerdings im Vergleich zu der dem Liefern von Produkten gewidmeten Zeit keinen überproportionalen Stellenwert haben.

In der Praxis stellt der Serving-Leadership-Ansatz auch in Scrum immer wieder eine große Herausforderung dar, der sich nicht alle Scrum-Master stellen.

Viele Scrum-Master ohne fundierten Coaching-Hintergrund sind davon überfordert und versuchen gar nicht erst, ihn zu praktizieren. Ihnen fehlt schlicht das Handwerkszeug für die Umsetzung. Die Haltung allein hilft ohne die zur Umsetzung benötigten Fähigkeiten wenig.

Aus diesem Grund fokussieren diese Scrum-Master sehr stark auf den Scrum-Prozess. Auch das kann zu guten Ergebnissen führen.

Oft wird aber nicht das volle Potenzial des Teams genutzt und Entwicklungschancen werden vergeben.

Das Kompetenzprofil des Scrum-Masters zeigt, wie wichtig Sozialkompetenz für diese Rolle ist. Sie ist die zentrale Ressource. Der Scrum-Master pflegt gute Beziehungen zum Team und geht mit gutem Beispiel voran. Dazu benötigt er eine gute Selbstführungskompetenz. Er hat Vertrauen zu seinem Team und sein Team vertraut ihm.

Neben der Ausprägung dieser Kompetenzen ist sein persönlicher Entwicklungsstand entscheidend für das Ausfüllen der Rolle. Im in Kapitel 1 beschriebenen Modell zur emotionalen Konstruktion bilden die Levels 4 oder 5 eine gute Basis.

Unterhalb dieser Ebene wird es oft schwierig.

Die Personen laufen Gefahr, sich zu sehr an die korrekte Ausführung des Scrum-Prozesses zu »klammern«, und kümmern sich nicht genug um die Menschen. Die Person braucht eine gewisse Seriosität und persönliche Reife, um von anderen in dieser Rolle akzeptiert zu werden. Seriosität ist dabei nicht mit Alter gleichzusetzen, eher mit Erfahrung und der Fähigkeit zur Reflexion.

Grundsätzlich wird der Begriff »Serving Leadership« in der Agilität in verschiedenen Bereichen gerne verwendet. Oft jedoch ohne klare Definition, was genau darunter zu verstehen ist. Der Raum für persönliche Interpretation ist entsprechend groß, wie auch die Spannbreite der Ergebnisse. Oft wird er als ein Ideal interpretiert, von dem man mehr oder weniger Abstriche machen muss.

Ein erheblicher Schwachpunkt des Ansatzes sei an dieser Stelle erwähnt. Wenn Konflikte im Team auftreten, versagt er ab einer bestimmten Stufe der Eskalation völlig. Der Ansatz ist gut geeignet, um solche Konflikte nicht erst entstehen zu lassen und in frühen Phasen gute und nachhaltige Lösungen zu etablieren. Wenn diese Lösungen jedoch nicht greifen und Konflikte weiter eskalieren, gibt es kein Korrektiv mehr.

Ausschließlich durch Moderation sind diese Konfliktformen nicht mehr lösbar.

Der Ansatz hat eine sehr deutliche Verbindung zur in Kapitel 1 beschriebenen Selbstführung. Je weiter die Beteiligten emotional entwickelt sind und je besser ihre Fähigkeiten zur Selbststeuerung und zur Emotionsregulation sind, desto besser funktioniert er. Dabei reicht es oft schon, wenn einzelne Teammitglieder als Rollenmodell für die anderen dienen. Als eine Art Resümee könnte man formulieren, dass er ein großartiges Ideal ist, das man in der Praxis selten durchgehend erreichen wird, es sich aber trotzdem lohnt, sich ihm anzunähern. In diesem Buch ist er deshalb nicht als Synonym für agile Führung dargestellt, sondern nur als ein wichtiger Teilaspekt. Viele andere Elemente müssen für erfolgreiche Führung ergänzt werden, um auch die Situationen, die sich nicht in der Nähe des Ideals befinden, gut lösen zu können. Dazu mehr in Kapitel 4.

Hin und wieder taucht der Begriff Transformationale Führung im Kontext mit Agilität auf. Dieser Ansatz beruht auf der Annahme, dass es ein hierarchisches Ungleichgewicht in der Beziehung zwischen Führungskräften gibt. Die Führungskraft unterstützt die anderen einseitig in ihrer Entwicklung. Im agilen Kontext wird vermehrt auf Augenhöhe agiert. Agile Rollen bewegen sich weniger in einem Ungleichgewicht und sind deutlich kleiner geschnitten. Aus diesen Gründen passt nach unserer Einschätzung dieser Ansatz nicht zur Selbstorganisation von Teams und Rollen in diesen Teams.

In den drei nächsten Unterkapiteln sind hilfreiche Ansätze erwähnt, die die agile Praxis und Serving Leadership gut ergänzen. Sie sind nicht Teil des ursprünglichen Serving-Leadership-Konzepts.

Die Ergänzungen sind dem Coaching und der zugehörigen Haltung entlehnt. Mit Coaching stellt sich ein Serving Leader in den Dienst von Einzelpersonen oder Teams, um Probleme zu lösen oder an Wünschen zu arbeiten. Feedback geben und nehmen ist ebenso zentral für gute Teamperformance wie das Lernen von- und miteinander. Mit Fragen führen ist eine Art der Führung, die sich nicht auf Serving Leadership beschränkt. Sie lässt sich auch in anderen Konstellationen erfolgreich einsetzen. Fragen geben keine Lösung vor, sie geben Raum für verschiedenartige Ergebnisse. Sie helfen dem Team, seine Gedanken auszurichten und neue Perspektiven zu finden.

Aufgabe: Dienen

Stell dir bitte vor, dass du nur noch anderen dienst. In Meetings fokussierst du nicht mehr so sehr auf die Inhalte, sondern versuchst herauszubekommen, wie das funktionieren kann. Du fragst dich, welche Bedürfnisse hinter dem Gesagten stehen. Du bewunderst die Energie und Kraft der Teilnehmer und versuchst, diese Beobachtung an die Teilnehmer zurückzumelden. Du merkst, wenn ein Teilnehmer heute stiller ist als sonst, und du fragst ihn nach seiner Meinung zu dem Thema. Irgendwie läuft alles an und du setzt die Beobachtung des Teams fort.

Welche Emotionen löst die kurze Beschreibung in dir aus?

____

____

____

____

Welche Assoziationen und Bilder verbindest du mit dem Wort dienen?

____

____

____

____

Wie kannst du dieses Bild ggf. verändern, um es attraktiver zu gestalten?

____

____

____

____

2.5.1 Coaching und Perspektivwechsel

Sehr vieles wird als Coaching bezeichnet. Der Begriff stammt vom englischen Begriff der Kutsche ab – »Jemanden auf seinem Weg ein Stück begleiten«. Dieses Begleiten kann sehr unterschiedlich gestaltet werden.

Wahrscheinlich ist es am wichtigsten, festzuhalten, was Coaching nicht ist.

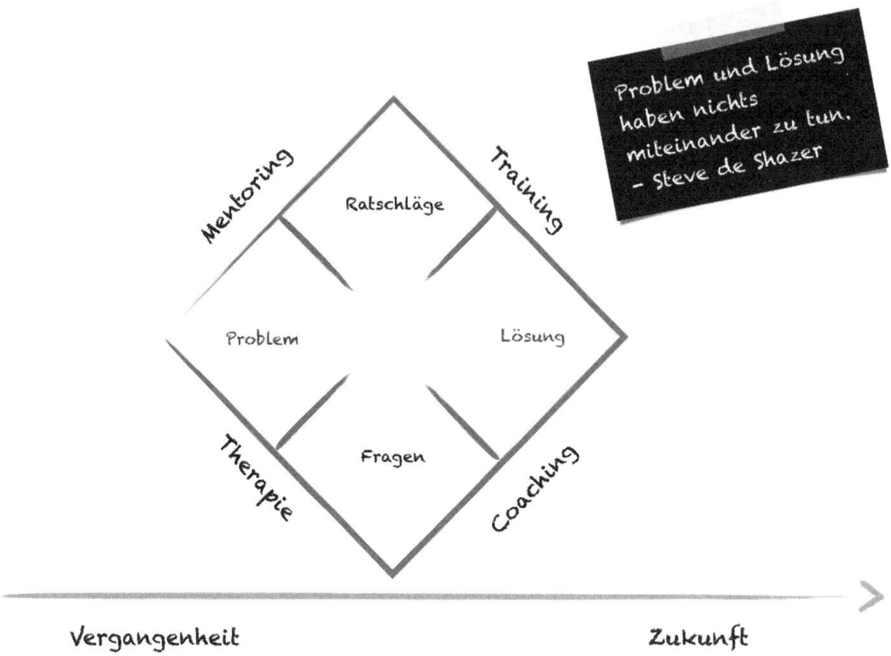

Abbildung 2.19: Abgrenzung Coaching

2.5.2 Therapie

Die Therapie löst Probleme, indem sie die Entstehung des Problems in der Vergangenheit nachvollzieht und versucht, die Ursachen aufzuarbeiten und dadurch Freiraum für neue und bessere Lösungen zu gewinnen. Therapie ist deshalb auf die Vergangenheit ausgerichtet und regt mit vielen Fragen zur Verarbeitung an. Therapie bleibt Therapie, auch wenn versucht wird, die Dauer zu verkürzen. Man erkennt sie am Problem- und Ursachenfokus.

2.5.3 Mentoring

Durch Mentoring unterstützen erfahrene Experten jüngere Kollegen dadurch, dass sie aus ihrem Erfahrungsschatz geeignete Lösungen und Konzepte vorstellen. Der Mentor gibt dabei Ratschläge, wie ein Problem besser gelöst werden könnte. Mentor und Klient befinden sich in ihrer Beziehung nicht auf gleicher Augenhöhe.

Zwischen Mentor und der Person, die er betreut, gibt es ein Gefälle hinsichtlich der vorhandenen Erfahrung.

Es gibt ein Erfahrungsgefälle, was die Kompetenz für die Lösung vom Klienten wegnimmt. Von Fritz Simon stammt der denkwürdige Satz: »Auch Ratschläge sind

Schläge.« Das bedeutet nicht, dass man keine Ratschläge geben kann, sondern nur, dass man überdenkt, wie sie beim Gegenüber wirken könnten.

2.5.4 Training

Training ist auf die Zukunft ausgerichtet. Einer Person oder einem Team wird von einem »Wissenden« beigebracht, wie sie mit einer bestimmten zukünftigen Herausforderung besser umgehen können. Training hat dazu eine klare Agenda und im Vorfeld abgestimmte Inhalte und Konzepte. Training dient dazu, Wissen und die Fähigkeiten auszubauen.

2.5.5 Coaching

Coaching ist ebenfalls in die Zukunft gerichtet. Es versucht, den Klienten darin zu unterstützen, für sich selbst passende Lösungen zu entwickeln.

Dazu begleitet der Coach den Klienten im Prozess der Lösungsentwicklung und versucht, über Fragen andere Perspektiven zu eröffnen. Die Denkmuster, die das Problem erzeugt haben, sind nicht die Denkmuster, aus denen eine Lösung entsteht. Aus diesem Grund formulierte Steve de Shazer sehr prägnant: »Problem und Lösung haben nichts miteinander zu tun.«

In der Praxis werden Derivate aller vier Formen als Coaching angeboten. Die Bandbreite dessen, was als Coaching und Coach bezeichnet wird, ist aufgrund fehlender Standards recht breit gefächert. Auch die Qualität ist sehr unterschiedlich.

2.5.6 Einzelcoaching

Im Einzelcoaching geht es um das Problem eines Klienten. Der Coach begleitet den Prozess der Lösungsfindung. Das Coaching beginnt damit, dass der Klient dem Coach einen Auftrag gibt. Dieser Auftrag muss für den Klienten selbst erreichbar sein. Oft wird die spezifische und positive Formulierung des Auftrags vom Klienten bereits als hilfreich erlebt.

Ziele ziehen uns in die Zukunft und das Zielerleben ist vollkommen anders als das Problemerleben. Der Klient formuliert mit dem Auftrag sein eigenes Ziel klarer und gestaltet schon einen ersten Perspektivwechsel.

Der Coach gestaltet den Prozess im Sinne dieses Auftrags. Er stellt sich in den Dienst des Klienten und agiert mit ihm auf Augenhöhe. Der Aufbau einer guten Beziehung zum Klienten ist für den Erfolg des Coachings wichtig.

In der Prozessgestaltung versucht der Coach, die Aufmerksamkeit des Klienten auf hilfreiche Perspektiven zu lenken – »Energy flows where attention goes«.

Das Problem und das Problemerleben des Klienten sind durch bestimmte Muster entstanden und werden von diesen gestützt.

Aus diesem Grund ist es nicht hilfreich, das Problem zu analysieren. Der Klient befindet sich in einer sogenannten Problemtrance. Mit dem Problem sind die problemerzeugenden und stabilisierenden Muster verbunden. Der Coach versucht, die Aufmerksamkeit des Klienten auf andere nützliche Perspektiven zu lenken, um ihm zu ermöglichen, neue andere hilfreichere Muster zu etablieren. Die Ressourcen, um sein Problem zu lösen, hat der Klient selbst.

Er kann nur nicht auf diese Ressourcen zugreifen. Bestehende Stärken noch weiter auszuprägen oder Schwäche zu stärken, sind dabei wichtige Lernfelder. Dazu wählt der Coach eine oder mehrere Interventionen aus. Eine Intervention kann dabei Einflussnahme, Einmischung, Klärung, Schlichtung, Unterbrechung oder Vermittlung sein. Interventionen sind bestimmte Fragen oder gedankliche Experimente, die den oben beschriebenen Effekt auslösen.

Ein Beispiel für eine Intervention ist die sogenannte Wunderfrage. Bei der Wunderfrage stellt sich der Klient vor, dass ein Wunder geschehen ist und alle seine Probleme durch das Wunder gelöst sind. Wie genau sieht das Wunder aus? Wie fühlt es sich an? In welchen Schritten ist das Wunder entstanden? Durch Folgefragen kann der Coach versuchen, die Emotionen, die entstanden sind, als der Klient sich die Lösung vorgestellt hat, für den weiteren Prozess nutzbar zu machen.

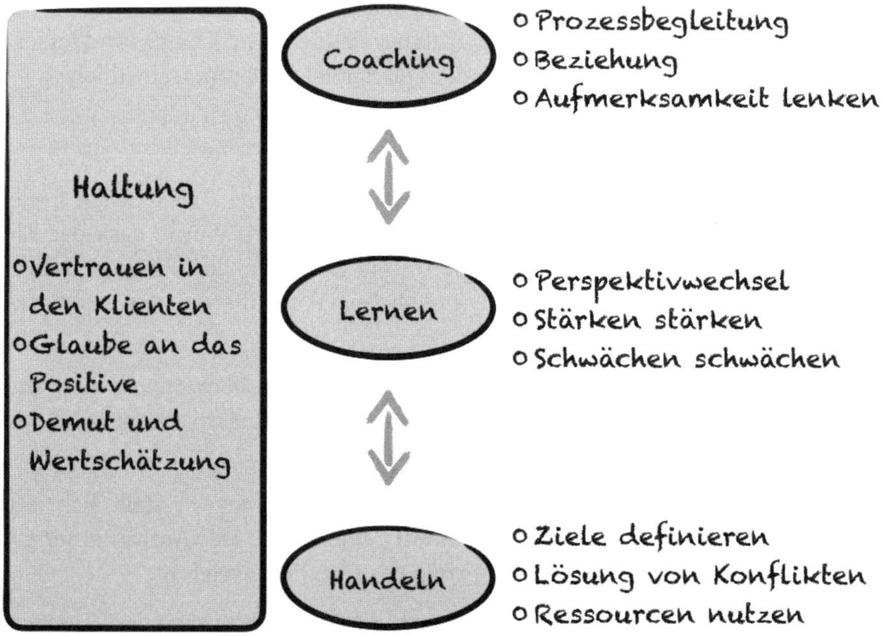

Abbildung 2.20: Übersicht Coaching und Haltung

Die Haltung des Coach ist die Grundlage für den Wechsel der Perspektive. Der Coach hat Vertrauen in den Klienten und dessen Lösungskompetenz. Weil der Coach Vertrauen in den Klienten hat, ist es nicht notwendig, ihm Ratschläge zu erteilen. Mit dem Vertrauen des Coach in den Klienten gewinnt dieser wieder mehr Vertrauen zu sich selbst. Sein Selbstbewusstsein und sein Glaube, das Problem lösen zu können, werden gestärkt. Der Glaube an das Positive im Menschen und das Unterstellen von guten Absichten ist ebenfalls ein wichtiger Teil der Haltung des Coach. Stärkende Perspektiven und gute Ansätze können entwickelt werden. Die Grundhaltung der Demut und Wertschätzung gegenüber dem Klienten sind hilfreich, um gleichberechtigt zusammenzuarbeiten.

2.5.7 Agile Coaching – Teamcoaching

Gerade in der Agilität gibt es neben dem Einzelcoaching natürlich auch das Teamcoaching. Der Scrum-Master ist der Teamcoach für das Scrum-Team. Die Grundelemente des Coachings, wie Lösungsfokus und Haltung des Coach, sind identisch mit dem Einzelcoaching. Die Interventionen und Prozesse zur Lösungsfindung unterscheiden sich hingegen stark.

Die Perspektiven aller Mitglieder des Teams sind relevant und gleichwertig.

Die Lösungsmuster der Personen werden um die Interaktions- und Kommunikationsmuster des Teams ergänzt. Normalerweise ist der Auftrag, die Performance des Teams zu verbessern. Der konkrete Inhalt dieses Auftrags kann dabei sehr unterschiedlich sein. Möglicherweise sind es fachliche Abstimmungen, die es zu unterstützen gilt, oder Konflikte im Team müssen gelöst werden. Die Aufgabe des Teams ist dabei die Sachebene. Hier werden die Auswirkungen der zugrunde liegenden Probleme sichtbar. Die Ursachen liegen oft tiefer auf der Beziehungsebene. Es können unbewusste Muster, Emotionen, Einstellungen, Glaubenssätze oder einfach die Position zueinander sein. Im Rahmen agiler Prozesse ist der Anknüpfungspunkt für das Teamcoaching in der Regel die Retrospektive.

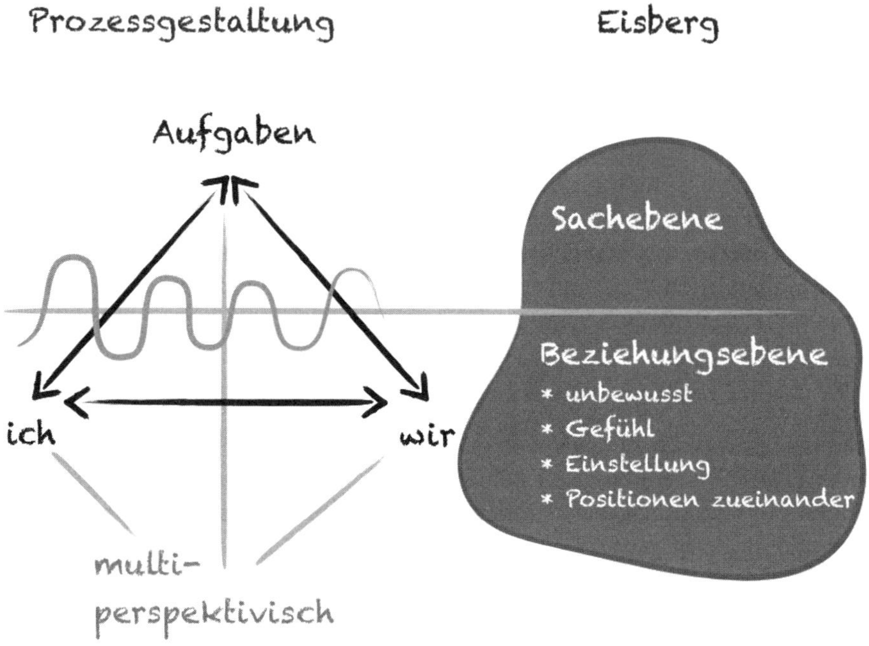

Abbildung 2.21: Teamcoaching

Eine Retrospektive beginnt damit, dass die wichtigen Themen des Teams identifiziert werden. Dazu werden die Fakten betrachtet. Bei der Analyse der Ursachen kann es sehr persönlich werden. Hier hat der Coach die Aufgabe, überparteilich zu sein und dem einzelnen Beteiligten einen sicheren Raum für seine Entwicklung zu bieten. Das Ziel der Retrospektive ist es, kleine Änderungen im Verhalten zu erreichen, um die Performance des Teams Schritt für Schritt zu verbessern. Diese kleinen Schritte können mit starken Emotionen verbunden sein.

Wichtig ist das Commitment des Teams bzgl. der gewählten Lösungsschritte. Auch Experimente können eine Lösung darstellen. Wenn etwas nicht gut funktioniert, hilft es doch erstaunlich oft, es einfach mal anders zu machen. Das Ergebnis einer Retrospektive sind ein bis drei konkrete Maßnahmen, die das Team im nächsten Intervall umsetzen möchte. Der Fokus auf die direkte Umsetzung ist wichtig für das kontinuierliche Arbeiten an der eigenen Leistung. Wenn das Team aus reiferen Persönlichkeiten zusammengesetzt ist, fallen die Umsetzung und das Experimentieren leichter. Auch die Offenheit in der Diskussion ist größer und es werden tiefergehende Gespräche möglich.

Coaching funktioniert im agilen Kontext gut, wenn eine gleichberechtigte Rolle etabliert wird, die das Team begleitet.

Die Verbindung von Coaching mit hierarchischer Führung wird oft als problematisch erlebt und schafft dann mehr Probleme, als es lösen kann. Rollenkonflikte sind eher die Regel als die Ausnahme. Der Klient oder das Team werden Anweisungen »hören«, wo möglicherweise keine gegeben wurden. Die Offenheit der Diskussion ist in der Regel stark eingeschränkt – Kritik wird vermieden. Führungskräfte staunen über das durch dieses Verhalten ausgelöste Schweigen und beginnen zu agieren. Der Übergang zum Training und Mentoring wird auf diese Weise schnell überschritten. Coaching ist deshalb nicht ohne Weiteres in die hierarchische Führungspraxis transferierbar.

Aufgabe: Coaching ohne Thema

Für diese Übung benötigst du einen Partner.

Die Übung funktioniert folgendermaßen: Erst coachst du deinen Partner, dann andersherum. In einem Coaching sucht sich der Klient eine problematische Situation, über die er gerne sprechen möchte. Der Klient sagt dem Coach jedoch nicht, um welche Situation es sich handelt. Der Coach stellt Fragen, um den Klienten selbst zum Denken und Reflektieren anzuregen. Der Klient ist Experte für seine Lösung. Der Coach unterstützt ihn nur in seinem Prozess. Hier ein paar Fragen, die du möglicherweise gut verwenden kannst.

Welche Emotionen sind mit dem Thema verbunden?

Wo genau fühlst du diese Emotionen im Körper?

Woran würdest du erkennen, dass dein Problem gelöst ist?

Wie könnte eine bessere Lösung aussehen?

Was wäre ein erster guter Schritt in diese Richtung?

Was noch?

Was noch?

Was noch?

Was genau bedeutet ... für dich?

Wer könnte dich bei der Lösung unterstützen?

Wann wirst du damit anfangen?

Wann genau?

Was kommt dann?

Für das Coaching nehmt ihr euch etwa 15 Minuten Zeit. Danach braucht ihr noch ungefähr zehn Minuten für das Feedback. Im Feedback geht es darum, folgende Fragen zu reflektieren:

- Wie habe ich mich als Klient gefühlt?
- Was hat mir das Coaching gebracht?
- Wie habe ich mich als Coach gefühlt?
- Was löst das Feedback in mir aus? (an beide)

Danach wechselt ihr die Rollen und geht den Ablauf noch einmal durch.

2.5.8 Feedback geben und nehmen

Es gibt viele Ansätze, Feedback zu geben. Zum Teil wird eine bestimmte Form des Feedbacks oder eine grammatische Struktur propagiert. Die Komplexität, Feedback zu geben, steigt dadurch erheblich und die Wahrscheinlichkeit, dass gutes ehrliches Feedback gegeben wird, nimmt ab. Wichtiger ist die Haltung, mit der Feedback gegeben wird und dass es gegeben wird.

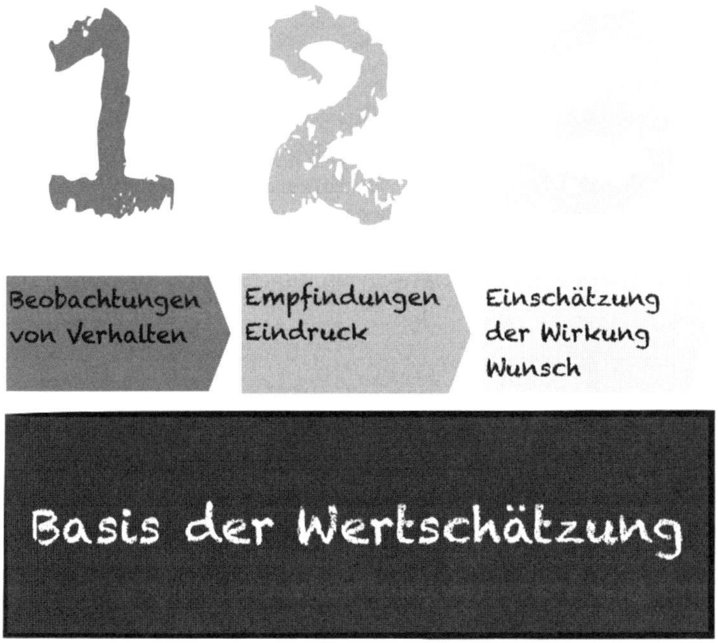

Abbildung 2.22: Feedback

2.5.9 Feedback geben

Die Basis von gutem Feedback ist die Haltung: Wir sollten unser Gegenüber wertschätzen. Sich auf diese Wertschätzung zu besinnen und sich darüber bewusst zu werden, bevor man mit dem Feedback beginnt, ist wichtig für ein gutes Feedbackgespräch. Wertschätzung bedeutet nicht, dass man alles gut findet. Die Wertschätzung bezieht sich auf die Person, nicht auf ihr Verhalten. Die Person ist es einem wert, dass man sich für sie Zeit nimmt und Feedback gibt.

2.5.10 Beobachtungen des Verhaltens

Für gutes Feedback ist ein Einstieg über die Beobachtungen wichtig. Um was genau geht es, welches Verhalten hat man beobachtet? Was genau? Details können hier sehr wichtig sein. Interpretationen oder Bewertungen sind keine Beobachtungen, sie sind an dieser Stelle nicht hilfreich. Fakten und deren möglichst spezifische Wiedergabe leiten ein Feedback gut ein.

2.5.11 Empfindungen / Eindrücke

In diesem Teil geht es darum, was dieses Verhalten seitens des Feedbackgebers ausgelöst hat. Es geht um seine Emotionen und Eindrücke. Dieser Teil ist für den Feedbackgeber sehr persönlich. Er öffnet sich und beantwortet Fragen wie: »Was löst dieses Verhalten bei mir aus?«, »Welche Reaktionen habe ich bei anderen beobachtet?«

2.5.12 Einschätzung der Wirkung / Wunsch

Den Abschluss bildet eine Einschätzung dazu, wie das Verhalten wirkt. Möglicherweise gehört dazu auch der Wunsch nach einer Verhaltensänderung, die eine andere Wirkung zur Folge hat. Hier öffnet sich das Feedback und wird zur Einladung zu einem Dialog.

Da die Bewertung der Wirkung des Verhaltens persönlich ist, hat sie keinen Anspruch darauf, die einzig mögliche Einschätzung oder gar richtig zu sein.

2.5.13 Feedback nehmen

Ein solches Feedback gibt dem Feedbackadressaten eine wichtige Außenperspektive zu seinem Verhalten und die Möglichkeit, einen Dialog über andere möglicherweise bessere Ansätze aufzunehmen.

Diese Art von Feedback ist eine Bereicherung der eigenen Perspektive und eine Chance zu lernen. Da ist ein Mensch, der nimmt sich die Zeit für eine Rückmeldung und ein Gespräch, und dafür öffnet er sich. Das Feedback anzunehmen, sollte ebenfalls auf Basis von Wertschätzung für den Feedbackgeber stattfinden.

Dies gilt auch, wenn wir den Inhalt nicht gerne hören wollen oder möglicherweise unpassend finden. Auch dann stellen die Wertschätzung für die Person und das Angebot zum Lernen eine Bereicherung dar.

Für das Empfangen von Feedback ist es wichtig, offen zu sein und zuzuhören.

Verteidigung und Rechtfertigung sind nicht notwendig oder hilfreich. Feedback ist kein Angriff oder Richterspruch. Es ist ein Standpunkt bzgl. einem Verhalten, das möglicherweise unerwünschte Auswirkungen hat. Es richtet sich gegen ein Verhalten, nicht gegen eine Person.

Die Gründe und die Motivation für das Verhalten sind möglicherweise für den Dialog relevant, sollten aber nicht im Sinne einer Verteidigung vorgetragen werden. Ein Dialog muss nicht zwangsläufig entstehen. Im einfachsten Fall dankt man einfach dem Feedbackgeber für die wertvolle Rückmeldung und dafür, dass er sich die Zeit für einen genommen hat.

Im Kontext des Feedbackgebens und -nehmens lohnt es sich, die in Kapitel 1 beschriebenen Levels der emotionalen Reife noch einmal aufzugreifen.

Im Bereich von Level 1 und 2 ist das Annehmen von Feedback schwer. Die eigene Sichtweise auf die Welt prägt die Wahrnehmung der Realität.

Eine abweichende Empfindung anderer kann als Bedrohung erlebt werden. Zwischen Richtig und Falsch scheint es nicht viele Facetten zu geben.

Die Wahrscheinlichkeit, dass Feedback als Angriff gewertet und demzufolge mit einem Gegenangriff oder Verteidigungshaltung beantwortet wird, ist sehr hoch.

Feedback wird als unangenehm erlebt, ist aber für die Entwicklung entsprechend wertvoll. Ab dem Level 3 kann Feedback gut angenommen werden. Die Persönlichkeit ist gereift, andere Sichtweisen werden neben der eigenen zugelassen, der Austausch wird als Bereicherung erlebt.

2.5.14 Fortsetzung des Beispiels aus Kapitel 1 (Klaus/Wilhelm) – Das Geben und Annahmen von Feedback

Wilhelm möchte Klaus Feedback zu seiner persönlichen Entwicklung geben. Nach einem gemeinsamen Mittagessen des Teams bittet er ihn, ihn auf einem kleinen Umweg zu begleiten, um etwas zu besprechen.

»Klaus, unsere letzten beiden Coachings hatten deine Schwierigkeiten in Diskussionen zum Inhalt und ich würde dir gerne Feedback auf Basis dessen geben, was ich letzter Zeit beobachtet habe. Ist das in Ordnung?«

Klaus stimmt nickend zu, daher fährt Wilhelm fort.

»Im letzten Planungsmeeting habe ich Walter und dich dabei beobachtet, wie ihr euch über die Umsetzung der neuen Funktion und die benötigte Struktur ausgetauscht habt. Das war eine konstruktive Diskussion auf sehr hohem Niveau und die anderen haben gerne zugehört. Das hat mich sehr gefreut. Ich habe den Eindruck, dass du dich bezüglich der Art der Auseinandersetzung ein ganzes Stück weiterentwickelt hast. Das hat dich persönlich weitergebracht und es wirkt sich auch auf das Team sehr positiv aus.«

Klaus blickt Wilhelm noch einige Sekunden an, er hat gelernt, dass man negatives Feedback zwischen zwei positiven Botschaften – »im Sandwich« verstecken soll.

Eigentlich erwartet er jetzt eine negative Botschaft. Doch es kommt nichts mehr. Wilhelm fragt ihn nur, was er denkt.

Klaus muss einen Moment überlegen, dann sagt er: »Ja, das ist wahr. Nach dem Gespräch ist Walter noch einmal zu mir gekommen und hat mich gefragt, wie er an einer anderen Stelle ein ähnliches Problem lösen kann. So etwas habe ich mir immer gewünscht, aber früher ist nie jemand zu mir gekommen. Jetzt passiert es einfach so, das ist schön.«

Wilhelm nickt zustimmend und sie gehen die Runde schweigend weiter.

Aufgabe: Feedback geben

In dieser Übung geht es darum, wie man sich beim Feedbackgeben verbessern kann. Du benötigst einen Partner zum Üben. Es sollte ein Partner sein, mit dem du zusammenarbeitest. Das ist sinnvoll, weil du ihm dann echtes Feedback geben kannst. Ihr benötigt ca. fünf Minuten für das Feedbackgespräch. Wenn das Vertrauen dazu vorhanden ist, zeichnet ihr das Gespräch mit dem Smartphone auf Video auf. Das Feedback soll nach dem folgenden Auflauf erfolgen.

Feedbackübung

- Feedbackgeber: Versucht, sich in eine Haltung der Wertschätzung gegenüber dem Feedbacknehmer zu begeben.
- Feedbackgeber: Benennt das beobachtete Verhalten möglichst spezifisch.
- Feedbackgeber: Beschreibt Empfindungen und Eindrücke, die diese Beobachtung bei ihm ausgelöst hat.
- Feedbackgeber: Schätzt die Wirkung des Verhaltens ein und spricht möglicherweise einen Wunsch aus.
- Beide: Gespräch über die Einschätzung.

Ende der Übung und Auswertung

- Feedback des Feedbacknehmers: Wie ging es mir mit dem Feedback, das ich erhalten habe?
- Was hat das Feedback bei mir ausgelöst?
- Danach seht ihr euch das Feedback gemeinsam auf Video an und überlegt gemeinsam:
- Wie gut wurde der Ablauf eingehalten?
- Was hat sich durch die wertschätzende Haltung verändert?
- Was hätte besser laufen können?

Dann tauscht ihr die Rollen und der Ablauf beginnt von vorne.

2.6 Mit Fragen führen

Der Wert von Fragen steigt mit zunehmender Komplexität und Dynamik des Kontextes. Der Wert von Antworten hingegen nimmt immer weiter ab. Antworten werden zu Provisorien, die im Verlauf der Zeit immer wieder überarbeitet werden. Antworten sind wie Prototypen. Sie sind wichtig, um den nächsten Schritt zu gehen. Mit zunehmender Komplexität veralten sie aber schneller. Die Fragen hingegen können als Leitfragen viele prototypische Antworten überleben. Fragen leuchten wie eine Taschenlampe in die Dunkelheit und Ungewissheit des Nichtwissens. Sie geben der Suchbewegung eine Richtung. Sie geben uns eine Richtung, ohne uns einzuschränken.

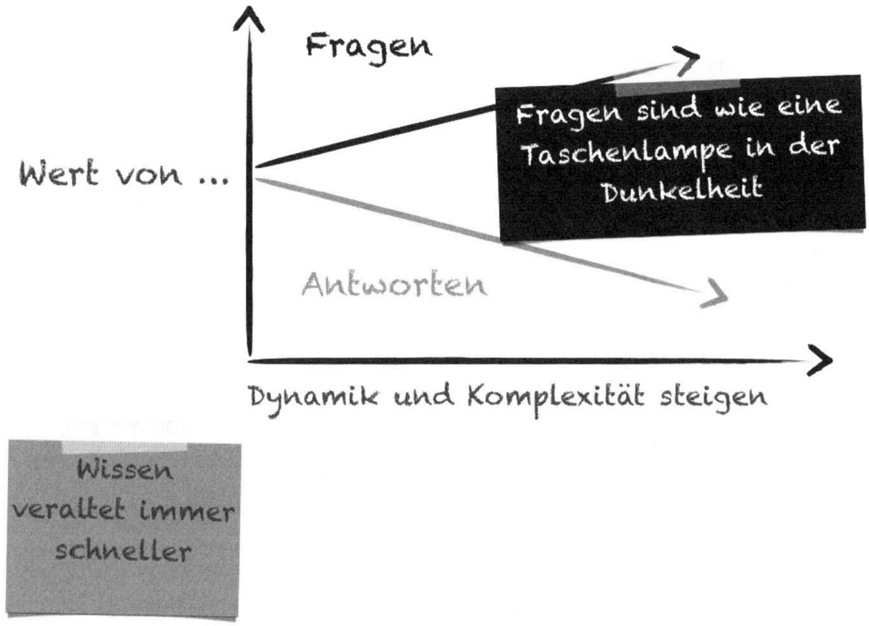

Abbildung 2.23: Wert von Fragen und Antworten

Fragen entstehen auf Basis vorhandenen Wissens. Sie beinhalten jedoch auch einen Fingerzeig in Richtung Nichtwissen. Dieses Nichtwissen ist oft auch von Unsicherheit begleitet. Nicht alle Menschen können problemlos echte Fragen stellen. Mit dem Stellen einer Frage gibt der Fragende zu, dass er etwas nicht weiß. Das kann für Manager eine unangenehme Begleiterscheinung sein, die dazu führen kann, dass sie lieber keine Fragen stellen oder zulassen, um den vermeintlichen Anschein der Allwissenheit nicht zu gefährden. Fragen können auch hinterfragen. Sie hinterfragen den Status quo, um etwas besser zu machen. Das jedoch kann bereits als Kritik an der aktuellen Situation und der Personen, die für sie verantwortlich sind, missverstanden werden. Diese Art der Interpretation erschwert den Umgang mit Fragen und blockiert die Entwicklung.

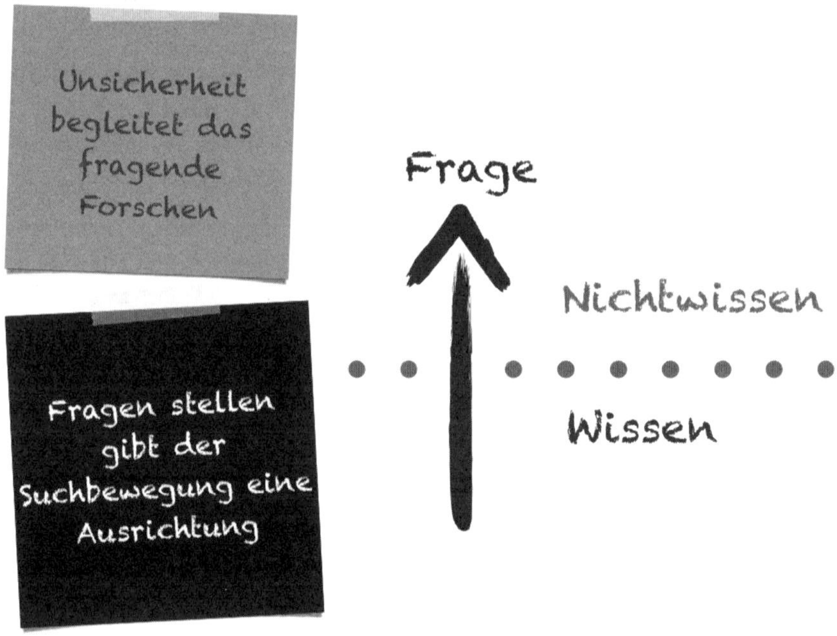

Abbildung 2.24: Ausrichtung durch Fragen

Fragen können Unsicherheit und Ratlosigkeit auslösen. Sich bewusst zu machen, dass man etwas nicht weiß, ist manchmal kein angenehmes Gefühl. Viele Menschen versuchen, Unsicherheit zu vermeiden. Dies geht am besten, indem man keine Fragen stellt. In der Wissenschaft haben Fragen schon lange einen deutlich besseren Ruf. Sie sind als Leitfragen der Ausgangspunkt und Beginn der Erforschung eines Wissensgebietes.

Der Beginn eines Forschungsvorhabens ist wie der Beginn einer Reise. Die am Anfang gestellte Frage gibt die Reiseroute vor.

Monate- oder jahrelang wird eine gute oder bessere Antwort auf die zu erforschende Frage gesucht. Es wird experimentiert, um Antworten zu verifizieren. Die Relevanz der Frage ist zentral für den Erfolg der Wissenschaft.

Die Erforschung wesentlich erscheinender Fragestellungen wird finanziell gefördert, obwohl erst am Ende eines oft langen Zeitraums eine Antwort vorliegt.

Um gute Fragen stellen zu können, ist es notwendig, verschiedene Fragetypen besser zu kennen:

Offene Fragen – Sind Fragen, die mit einen W-Wort beginnen. Wer, Wie, Wo, Was, Warum sind die fünf W-Worte. Aus ihnen lassen sich weitere abgeleitete Fragewörte, wie: Womit, Wozu, Wieso und viele mehr bilden. Sie lassen sich nicht einfach mit ja oder nein beantworten. Auf eine offene Frage folgt also immer mindestens ein ganzer Satz. Aus diesem Grunde regen offene Fragen zum Denken an.

Zirkuläre Fragen – »Was würde Ihr Chef dazu sagen?« Ist ein Beispiel für eine zirkuläre Frage. Zirkuläre Fragen wechseln die Perspektive der Betrachtung. Eine andere Person oder Gruppe wird angesprochen, um sich ihre Perspektive auf das Thema vorzustellen. Zirkuläre Fragen sind immer im Konjunktiv gestellt.

Konjunktiv-Fragen – »Stellen Sie sich vor, Sie gewinnen im Lotto – Was würden Sie dann tun?« Diese Frage ist im Konjunktiv gestellt und bezieht sich auf eine hypothetische Situation, die sich der Betreffende vorstellt. Diese Art von Fragen schafft Distanz zur jetzigen Situation und hat dadurch einen spielerischen Charakter. Man spielt verschiedene Optionen gedanklich durch.

Geschlossene Fragen – »Ist das richtig?« – »Ja.« – Ende des Gesprächs. Geschlossene Fragen lassen sich mit ja oder nein beantworten. Sie lösen im Gehirn andere Prozesse aus als offene Fragen. Für die Antwort auf diese Fragen wird Wissen abgerufen. Sie regen in der Regel nicht das Denken an und sind deshalb auch nicht als Leitfragen geeignet. Leitfragen sind demzufolge immer offene Fragen. Auch im Coaching wird versucht, geschlossene Fragen zu vermeiden und damit das Selbst-Denken durch offene Fragen anzuregen.

Die Beantwortung zahlreicher offener Fragen kann den Klienten anstrengen, wenn er daran nicht gewöhnt ist. Geschlossene Fragen werden gelegentlich bewusst benutzt, um eine Diskussion abzuschließen:

»Gibt es noch etwas zu ergänzen? Nein?« Dann ist das Thema abgeschlossen.

Suggestiv-Fragen – Diese Art von Fragen versucht, den Fragenden zu manipulieren. Aber das willst du doch auch, oder? Eine bestimmte Antwort wird nahegelegt. Sie schränken nicht nur das Denken, sondern auch das Fühlen ein. Sie sind als Leitfrage ohne Mehrwert und auch ansonsten eher problematisch als klärend.

Rhetorische Fragen – Diese Art von Fragen sind nicht wirklich Fragen. Der Fragende kennt die Antwort und will nur eine Bestätigung erhalten. Sie sind eher ein formales Gestaltungselement oder besonderer rhetorischer Effekt.

Für die Entwicklung von Innovationen hat sich eine bestimmte Sequenz von Leitfragen bewährt. Sie gestalten die Übergänge passend zur Suchrichtung und bestimmen den Prozess der Suchbewegung. Am Anfang steht immer eine »Warum?«-Frage. Sie hinterfragt den Status quo, wie zum Beispiel »Warum ist unser Produkt in der Qualitätssicherung so teuer?« Diese Frage leitet die Suche nach Ursachen ein. Warum ist das so? Bei Toyota ist es als Good Practice etabliert, 5-mal hintereinander »Warum?« zu fragen.

Ein weiteres Beispiel ist der Einsatz von Ishikawa oder Fischgrätendiagrammen. Diese Diagramme sind letztlich die grafische Aufbereitung von kaskadierten »Warum?«-Fragen. Eine eingehende Analyse ist der Startpunkt. Es werden Ursachen und Abhängigkeiten herausgefunden.

Allerdings muss man wohl einschränkend einräumen, dass das Stellen der »Warum«-Frage allein keine Wendung in Richtung Innovation möglich macht.

Abbildung 2.25: Mit Fragen führen

Der Übergang zu Chancen lässt sich mit Konjunktivfragen gut gestalten. »Wie wäre es, wenn wir die Produkte hochwertiger produzieren würden?« Es werden verschiedene Optionen erforscht und theoretisch durchgespielt.

Aus der Analyse heraus kann es mehrere Ansatzpunkte und Hebel geben. Dabei ist es wichtig, alle relevanten Möglichkeiten zu betrachten, ohne sie direkt zu bewerten.

Die Umsetzbarkeit ist in diesem Stadium noch nicht vordergründig zu betrachten. Wichtiger ist das Potenzial der Lösung: Wie groß ist die Chance zum Betrachtungszeitpunkt?

Für die aussichtsreichen Chancen geht man ins Detail und versucht herauszubekommen, wie eine Umsetzung aussehen könnte.

Die Frage könnte z.B. lauten: »Wie könnten wir …« – Wie oben dargestellt, ist es wichtig, dass die Frage im Konjunktiv formuliert wird.

Es handelt sich noch nicht um eine Planung, sondern um das Durchspielen einer möglichen Umsetzung. Ein erster Eindruck von Kosten-Nutzen-Verhältnis entsteht und die vielversprechendste Option wird konkreter betrachtet und idealerweise umgesetzt.

Aufgabe: Fragen

In dieser Übung geht es darum, zu lernen, bessere Fragen zu stellen.
In welchen Situationen stellst du Fragen?

____

____

____

____

Welche Fragen stellst du?

____

____

____

____

Die eigentliche Übung ist es, ab jetzt für eine Woche nur noch offene Fragen zu stellen und davon möglichst viele.

Was ist dir während dieser Zeit aufgefallen?

____

____

____

____

Bitte nach Ablauf der Woche jemanden aus deinem Umfeld, dir zu sagen, ob er »in der letzten Zeit« eine Veränderung beobachtet hat. Wenn ja, was genau?

2.7 Besonderheiten bei virtuellen Teams

»Eine Seilschaft arbeitet zusammen und gibt sich gegenseitig Kraft. Ohne Team hätte ich keines meiner Ziele erreicht.« – Stefan Glowacz

Eine Seilschaft ist sehr konkret und auch physisch miteinander verbunden. In virtuellen Settings ist diese Verbundenheit nicht so offensichtlich, sondern erfolgt über Tools. Die große Herausforderung des virtuellen Zusammenarbeitens liegt darin, diese Verbundenheit zu schaffen. Die gute Nachricht ist, dass alles, was bisher über agile Führung und Selbstführung formuliert wurde, auch für virtuelle Teams gilt.

Die klassische Form der Führung – Command & Control – lässt sich in einem virtuellen Setup noch weniger gut erfolgreich anwenden.

Idealerweise sind Teams am selben Ort und können sich begegnen. Das hat sehr viele Vorteile für den Austausch und die Kommunikation. Die Kommunikation eines Menschen hat sehr viel mehr Botschaften als nur den Inhalt einer Nachricht. Die Betonung, Mimik, Gestik und Körpersprache vermitteln zusätzliche Informationen, die Gefahr laufen, in der Virtualität verloren zu gehen.

Missverständnisse entstehen leichter, die Möglichkeiten sie wieder auszuräumen, sind stärker beschränkt.

Die beste Konfliktklärung ist, Konflikte erst gar nicht entstehen zu lassen. Prozesse und Rollen müssen für virtuelle Teams noch besser definiert sein als für Teams am selben Ort. Eine attraktive Vision und das Wissen um die Wichtigkeit des eigenen Beitrags, um sie zu realisieren, werden im virtuellen Umfeld noch mehr benötigt. Auch die Herausforderungen bzgl. der Selbstführung nehmen zu und sind größer als bei Teams am selben Ort. So können Teams am selben Ort unkompliziert die Defizite Einzelner ausgleichen, das gelingt einem verteilten Team nicht so leicht. Die Auswahl der richtigen Teammitglieder ist ein großer Erfolgsfaktor. Mitarbeiter, die schon über einen längeren Zeitraum in agilen Teams und basierend auf der Selbstorganisation gearbeitet haben, tun sich naturgemäß leichter.

2.7.1 Tools und Medien

Es werden gemeinsame Tools für die Zusammenarbeit benötigt, die jederzeit verfügbar sind und für alle Teammitglieder problemlos funktionieren. In der Praxis haben sich folgende Tools in Kombination bewährt:

- Messenger zum Austausch von Textnachrichten, Bildern, Links an einen oder an alle
- Videotelefonie für Gespräche zu zweit oder in Gruppen. Die Videofunktion muss unbedingt die Möglichkeit bieten, gemeinsam auf einen Bildschirm zu schauen, um zusammen an Dokumenten zu arbeiten. Die Lösung muss ska-

lierbar sein, damit das ganze Team in Meetings zusammenkommen kann. Je einfacher die Lösung und je stärker die Integration mit dem eigenen Rechner, um so effizienter ist die Zusammenarbeit.

- Dokumentations-Wiki, um Ergebnisse der Zusammenarbeit, Protokolle, Konzepte im Zugriff zu haben. Text, auf den direkt vom Browser aus zugegriffen werden kann, ist Dokumenten gegenüber zu bevorzugen.
- Die Lösung muss unbedingt eine Versionskontrolle ermöglichen. Hilfreich sind Guidelines, wie das eingesetzte Tool genutzt werden kann. Nach etwa einem Jahr kann man sonst oft nicht mehr von Ablegen sprechen, sondern nur noch von Verstecken. Übersicht und Struktur gehen verloren, wenn zwar häufig neue Tools – wie Confluence, SharePoint oder Wiki – herangezogen werden, aber die Grundlagen der Strukturierung nicht vereinbart wurden.
- Eine Task-Verwaltung macht gemeinsame Aufgaben transparent und hält den diesbezüglichen Status aktuell. Jeder muss zu jeder Zeit den aktuellen Arbeits- und Planungsstand einsehen können. In dem Tool werden verschiedene Aufgabentypen und Workflows benötigt, die für die Zusammenarbeit sinnvoll sind. Diese Workflows anpassen zu können, wenn nötig, ist wichtig für den Verbesserungsprozess. Möglich ist das mit Tools wie Jira, Mantis oder SharePoint. Jira hat sich in diesem Bereich als De-facto-Standard herausgebildet und ist gut in Confluence integriert.
- Sinnvoll ist die KPI-Messung zur Übersicht über die Performance des Teams als wichtige Informationsquelle für die Verbesserung des Prozesses. Diese muss jederzeit für alle Teammitglieder zur Verfügung stehen.
- Hardware: PC oder Laptop mit Kamera, Headset, schnelle Internetverbindung, Konferenzlautsprecher

2.7.2 Nähe in der Ferne

Die gefühlte Nähe ist für virtuelle Teams besonders wichtig. Diese zu erzeugen und zu verbessern, ist eine Führungsaufgabe. Gefühlte Nähe entsteht durch den Austausch von persönlichen Nachrichten und das gemeinsame Teilen von Erlebnissen. Besonders Emotionen haben im virtuellen Raum keinen selbstverständlichen Platz. Rationale Themen haben oft den Vorrang. Der Servant Leader sollte hier mit gutem Beispiel vorangehen.

Die Moderation ist in virtuellen Settings besonders wichtig, um alle Meinungen zu hören und die Zeit möglichst effizient zu nutzen. Die Aufmerksamkeitsspanne ist in virtuellen Settings nicht so groß wie in realen. Länger als ein oder eineinhalb Stunden sollten virtuelle Meetings nicht dauern.

Sie sind sonst oft nicht mehr zielführend. Eine halbe Stunde, die durch eine gelungene Moderation gut genutzt wird, ist aus unserer Sicht ein gutes Maß. Im Prozessrahmen muss unbedingt Zeit für Reflexion vorgesehen sein. Reflexion zum Vorgehen, aber auch zum Team und natürlich zur gefühlten Nähe. Diese gemeinsamen Reflexionen lassen sich gut mit Tools zur Erhebung einer Gruppen-Meinung unterstützen. Mentimeter.com ist eines der Tools, die sich von einem virtuellen Team gut nutzen lassen. Wenn man das Potenzial der zur Verfügung stehenden Medien geeignet nutzt, kann auch die virtuelle Zusammenarbeit lebendig gestaltet werden. Wertschätzung für die Beiträge und Ergebnisse des Teams sollte die Teamkultur prägen. Diese Wertschätzung auszudrücken und ein positives Klima im Team zu erzeugen, ist wichtig für das Gefühl der Anerkennung und der Nähe.

2.7.3 Zusammenarbeit

Wie auch in der lokalen Zusammenarbeit wird die virtuelle Kooperation davon geprägt, wie sehr einzelne Aufgaben voneinander abhängig sind. Die Abhängigkeit kann sowohl zeitlicher Natur als sequenziell sein. Einer muss erst etwas erledigen, bevor der andere es übernimmt. Auf diese Art der Zusammenarbeit sind die Workflows der Aufgabenverwaltungstools gut vorbereitet. Der Status macht den Stand der Bearbeitung innerhalb des Workflows transparent.

Je disziplinierter Mitarbeiter ihre Aufgaben umsetzen und die Commitments bezogen auf einzuhaltende Termine und die zu erreichende Qualität einhalten, umso eher gelingt die Umsetzung der Teilvorhaben. Die Selbstführung ist hier gefragt. Am Ende eines Aufgabenblocks muss Zeit für Übergaben und entstandene Fragen vorgesehen werden. Diese können gut bilateral organisiert werden. Neben den zeitlichen Abhängigkeiten gibt es noch die direkte Abhängigkeit von Aufgaben. Ein Puzzle-Stück muss um ein anderes ergänzt werden. Solche Abhängigkeiten erfordern echte Teamarbeit. Hier können virtuelle Teams sogar im Vorteil sein, weil sehr flexibel Personen mit benötigten besonderen Kompetenzen auch nur für kurze Beiträge hinzugezogen werden können. Auch die Summe der eingesetzten Medien kann hier ein Vorteil sein. Während eines Calls lassen sich bilateral im Messenger parallel noch weitere Absprachen treffen. Wie auch im realen Team können Teamprozesse sich besser entwickeln, wenn alle Teammitglieder ihre gesamte Arbeitszeit für die Aufgaben innerhalb eines Teams aufwenden. Dies gilt besonders für das Kernteam. Bestimmte Expertenrollen lassen sich auch temporär gut ergänzen. Das Kernteam sollte zu 100% dem virtuellen Team zur Verfügung stehen. Besonders Settings, in denen ein Mitarbeiter in einem virtuellen Team und in einem realen Team mitwirkt, stellen sich oft als hochproblematisch heraus. Die realen Teammitglieder stehen hinter dem Schreibtisch und die virtuellen wundern sich, weshalb nichts mehr geliefert wird. Das sollte vermieden werden oder nur eine Ausnahme darstellen.

2.7.4 Sprache

Virtuelle Teams müssen sich auf eine Sprache einigen. Diese Sprache muss in der schriftlichen Kommunikation zu 100% durchgehalten werden. In Gesprächen können Abstriche gemacht werden, wenn eine andere Sprache für alle hilfreich ist. Üblicherweise ist Englisch diese gemeinsame Sprache. Oft übernehmen Muttersprachler aufgrund ihrer höheren Sprachkompetenz Führungsrollen in der Diskussion. Dieses Ungleichgewicht auszubalancieren, ist Teil der Moderations- bzw. Führungsaufgabe.

2.7.5 Zeit

Teams, die nicht am selben Ort sind, befinden sich oft auch in unterschiedlichen Zeitzonen. Die gemeinsame Zeit – Zeit, in der sich die Arbeitszeiten in den Zeitzonen überschneiden – ist beschränkt und damit auch die Verfügbarkeit für echte Teamarbeit. Zeit in Schichten, das muss aber nicht immer nur ein Nachteil sein, es kann auch ein Vorteil sein. Wenn das »frühe« Team etwas erstellt, dass vom »späten« Team übernommen wird, beginnen die Vorteile der virtuellen Zusammenarbeit zu greifen. Das Feedback des zweiten Teams ist schon am nächsten Tag vorhanden. Als konsequente Erweiterung dieser Idee hat die Automobilindustrie den »Follow-the-sun-Ansatz« entwickelt. Er sieht vor, dass drei Teams jeweils um circa acht Stunden zeitversetzt in Summe 24 Stunden am Tag arbeiten. Diese Arbeitsform kann nur durch ein virtuelles Team ermöglicht werden.

Trotzdem liegt die Leistungsfähigkeit von virtuellen Teams in einschlägigen Untersuchungen im Durchschnitt immer unterhalb der von Präsenzteams. Das gilt jedoch nur für den Durchschnitt. Einige Teams performen virtuell deutlich schlechter als Präsenzteams, andere performen genauso gut, einige performen besser. Hilfreich ist es, auf die Teams zu schauen, die besser performen und deren Lösungen und Kommunikation zu beobachten. Virtuelle Teamarbeit wird für viele Unternehmen zum entscheidenden Wettbewerbsvorteil. Sie reduziert Reisekosten und gibt ihnen die Möglichkeit, die besten verfügbaren Experten zu rekrutieren und in Teams zusammenzuziehen.

2.7.6 Good Practice für virtuelle Zusammenarbeit zusammengefasst

Auf Teamebene:

- Gutes Teambuilding
- Vertrauenskultur
- Gemeinsame hochverfügbare Tools / Standards
- Gemeinsames Ziel (OKR)
- Gemeinsames mentales Modell
- Transparenz und klare Regeln
- Alle Arbeitsmaterialien sind vollständig digital
- Regelmäßige Vororttreffen
- Gemeinsames Lernen / Retrospektiven

Individuelle Ebene:

- Eigeninitiative und Verantwortung
- Commitment zum Ziel und zum Team
- Kommunikation und Abstimmung im Team
- Investition in die persönliche Beziehung und Netzwerk

Aufgabe: Virtuelle Teams

In dieser Übung geht es darum, in virtuellen Teams besser zusammenzuarbeiten, um gemeinsam bessere Ergebnisse zu erzielen. Virtuelle Teams sind dabei alle Teams, die nicht am selben Standort arbeiten. Virtuell kann dabei auch bedeuten, dass das Team auf zwei Stadtteile oder zwei Etagen verteilt ist. Virtuelle Zusammenarbeit ist von einem sehr hohen Anteil an Kommunikation über Medien geprägt.

Bitte bearbeite die nachfolgenden Fragestellungen:

Was sind typische Erlebnisse in virtuellen Teams?

Welche Art von Beziehungen oder Nichtbeziehungen bildet sich in einem virtuellen Arbeitsumfeld?

Von welchen Emotionen sind deine Erlebnisse in der virtuellen Arbeitsumgebung geprägt?

Wie motivierst du dich selbst, wenn du Teil eines virtuellen Teams bist?

____

____

____

____

Wie reagierst du auf Ablenkungen durch reale Kollegen, die an deinem Schreibtisch stehen?

____

____

____

____

Wie kannst du Erlebnisse, die du mit deinem »realen Leben« am Schreibtisch verbindest, mit deinen virtuellen Kollegen teilen?

____

____

____

____

2.8 Besonderheiten bei interkulturellen Teams

Interkulturelle Teams sind aus Mitarbeitern mit verschiedenen kulturellen Hintergründen zusammengesetzt. Die Nationalkulturen der Mitglieder prägen deren Werte und Mindsets. Dies fällt nicht weiter auf, solange alle Mitglieder dem gleichen Kulturraum angehören. Wenn sie sich jedoch unterscheiden, wird es notwendig, sich über diese Unterschiede im Klaren zu sein und sie zu überbrücken. Dieses Überbrücken stellt besondere Anforderungen an Kommunikation und Reflexion.

Das Modell der kulturellen Dimensionen von Geert Hofstede hat sich in der Praxis bewährt, auch wenn es berechtigte Kritik daran gibt. Die sechs Dimensionen der nationalen Kultur basieren auf umfangreichen Untersuchungen von Geert Hofstede und seinen Forschungsteams. Diese Nationalkulturen repräsentieren einen Mittelwert der jeweiligen Kulturen. Es ist durchaus möglich, dass sich einzelne Personen oder ganze Gruppen weit vom jeweiligen Mittelwert entfernen. Auch Organisationskulturen können einen starken Einfluss auf diese Werte von Mitarbeitern haben. Diese Werte sind mit einer gewissen Distanz zu betrachten. Sie geben nur Tendenzen und Relationen wieder. Diese lassen sich besonders am Anfang, wenn ein Team neu aufgebaut wird, gut für die Vorbereitung und die Prozessgestaltung nutzen.

2.8.1 Dimensionen der nationalen Kultur

Das Hofstede-Modell der nationalen Kultur besteht aus sechs Dimensionen. Die kulturellen Dimensionen repräsentieren unabhängige Präferenzen für ein Verhalten gegenüber einer anderen. Die Länderwerte in Bezug auf die Dimensionen sind relativ, das heißt, sie geben erst im Vergleich zu anderen Werten Sinn.

Abbildung 2.26: Kulturdimensionen Hofstede

Mit anderen Worten, Kultur kann nur durch Vergleich mit anderen Kulturen sinnvoll als Orientierungsmaßstab genutzt werden. Das Modell besteht aus den folgenden Dimensionen:

2.8.2 Machtdistanz (PDI – Power Distance Index)

Diese Dimension drückt aus, inwieweit die weniger starken Mitglieder einer Gesellschaft akzeptieren und erwarten, dass die Macht ungleich verteilt ist. Die grundlegende Frage ist hier, wie eine Gesellschaft mit Ungleichheiten zwischen Menschen umgeht.

Menschen in Gesellschaften, die eine große Machtdistanz aufweisen, akzeptieren eine hierarchische Ordnung, in der jeder einen Platz hat, eine Begründung dafür wird nicht benötigt. In Gesellschaften mit geringer Machtdistanz versuchen die Menschen, die Verteilung der Macht auszugleichen, für die Ungleichverteilung der Macht wird eine Rechtfertigung gefordert.

2.8.3 Individualismus (Individualism versus Collectivism – IDV)

Das eine Extrem – Individualismus – ist die Vorliebe für einen locker zusammengefügten sozialen Rahmen, in dem von den Einzelnen erwartet wird, dass sie sich nur um sich selbst und seine Freunde kümmert.

Das andere Extrem, der Kollektivismus, ist eine Vorliebe für ein engmaschiges gesellschaftliches Gefüge, in dem Einzelne von den Mitgliedern einer bestimmten Untergruppe erwarten können, dass diese sich im Gegenzug für ihre Loyalität auch um sie kümmern. Die Position einer Gesellschaft in dieser Dimension spiegelt sich darin wider, ob das Selbstverständnis des Menschen als »Ich« oder »Wir« definiert wird.

2.8.4 Maskulinität (Masculinity versus Femininity – MAS)

Die Maskulinität repräsentiert die Vorliebe in der Gesellschaft für Leistung, Heroismus, Durchsetzungsvermögen und materielle Belohnung von Erfolgen. Die Gesellschaft insgesamt ist wettbewerbsorientiert. Das Gegenteil, Weiblichkeit, steht dafür, dass Kooperation, Bescheidenheit und Lebensqualität höher bewertet werden. Die Gesellschaft insgesamt ist konsensorientierter. Im geschäftlichen Kontext wird Männlichkeit gegen Weiblichkeit manchmal auch als »harte gegen zärtliche« Kultur bezeichnet.

2.8.5 Unsicherheitsvermeidungsindex (Uncertainty Avoidance Index – UAI)

Die Dimension Unsicherheitsvermeidung drückt aus, in welchem Maße sich die Mitglieder einer Gesellschaft mit Unsicherheit und Zweideutigkeit unwohl fühlen. Die grundlegende Frage dabei ist, wie eine Gesellschaft damit umgeht, dass die Zukunft niemals bekannt sein kann: Sollten wir versuchen, die Zukunft zu kontrollieren, oder sie einfach akzeptieren?

Länder mit einem starken UAI verfügen über strenge Glaubenssätze und einem geregelten Set an Verhaltensweisen und sind nicht tolerant gegenüber unorthodoxem Verhalten und Ideen. Schwache UAI-Gesellschaften pflegen eine entspanntere Haltung, pragmatische Erwägungen sind wichtiger als Prinzipien.

2.8.6 Langzeitorientierung (Long-Term Orientation – LTO)

Jede Gesellschaft erhält einige Verbindungen zu ihrer eigenen Vergangenheit aufrecht und ist gleichzeitig den Herausforderungen der Zukunft und Gegenwart gegenübergestellt. Gesellschaften priorisieren diese beiden existenziellen Ziele unterschiedlich. Gesellschaften mit Langzeitorientierung bevorzugen es beispielsweise, altehrwürdige Traditionen und Normen beizubehalten, während sie den gesellschaftlichen Wandel mit Argwohn betrachten. Sie fördern Sparsamkeit und investieren in Bildung, um sich auf die Zukunft vorzubereiten.

2.8.7 Genuss (Indulgence versus Restraint – IVR)

Von einer genussorientierten Gesellschaft wird angenommen, dass die grundlegenden und natürlichen Triebe des Lebens und des Spaßes relativ frei befriedigt werden können. Zurückhaltung steht für eine Gesellschaft, die die Befriedigung von Bedürfnissen unterdrückt und durch strikte soziale Normen reguliert.

Als ein Beispiel sind hier die Werte von Dänemark, Deutschland und Japan herausgegriffen.

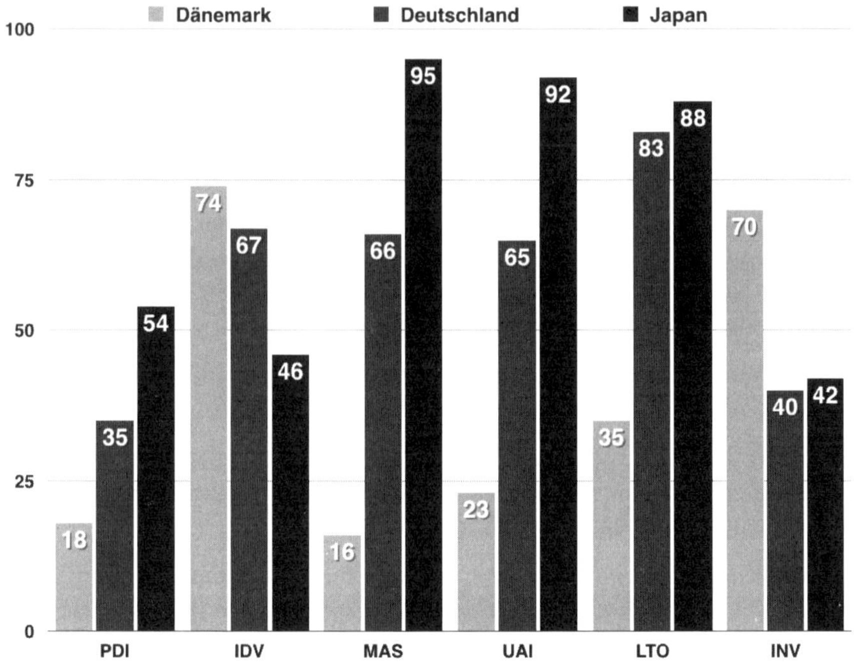

Abbildung 2.27: Website Hofstede[7]

7 *https://www.hofstede-insights.com/country-comparison/denmark,germany,japan/*

Wäre ein agiles Team mit Vertretern dieser drei Nationen besetzt, hätte das Konsequenzen für die Zusammenarbeit. Hier wären für ein agiles Team die folgenden Punkte aus den Daten herauszuziehen:

PDI: Man würde unterstellen, dass Japaner eine größere Machtdistanz kennen. Sie erwarten und akzeptieren klare, starke und direktive Führung. Das wird in einem agilen Team nicht ohne Weiteres funktionieren, der Servant Leader könnte Gefahr laufen, als Führungskraft übersehen zu werden, und die alternative Ausrichtung auf höhere Manager in der Organisation wäre möglich. Der Servant Leader müsste die Rollen im Anfang genau klären und das Verhalten beobachten.

IDV: Hier eher unproblematisch. Vielleicht würden die Dänen sich häufigere Teamentscheidungen und eine stärkere Teammitsprache wünschen als die japanischen Teamkollegen.

MAS: Dem Modell gemäß würde man davon ausgehen, dass in der japanischen Kultur eher männliche Werte wie Wettbewerb, Erfolg, Leistung und Heroismus von Bedeutung sind. Die dänischen Teammitglieder würden eher weicher, kooperativer und bescheidener agieren. Das könnte das Teambuilding kompliziert machen.

UAI: Die japanischen Kollegen würden eher versuchen, Unsicherheit zu vermeiden, während die dänischen sie gut akzeptieren könnten.

Dieser Unterschied würde sich in einem agilen Kontext erheblich auswirken.

Wahrscheinlich wäre es hilfreich, die durch die japanischen Kollegen stärker empfundene Akzeptanzgrenze für das gesamte Team als verbindlich anzusehen.

LTO: Das Modell unterstellt den japanischen Teamkollegen, dass sie versuchen werden, gute nachhaltige Lösungen zu entwickeln, die dauerhaft bestehen. Ihren dänischen Counterparts wird nachgesagt, dass sie besser mit Provisorien leben können. Beide Ressourcen lassen sich gut nutzen.

IND: Das Verhalten der dänischen Kollegen könnte als undiszipliniert wahrgenommen werden, das sollte beobachtet werden.

Ein guter Einstieg könnte es auch sein, dem Team anlässlich des Kick-offs den oben gezeigten Graphen vorzustellen und gemeinsam die Relevanz und die Auswirkungen zu besprechen.

Grundsätzlich ist es wichtig, das Lernen voneinander miteinander im Team zu thematisieren. Interkulturelle Fragestellungen können eine Bereicherung für alle Beteiligen sein und das Verständnis und die Beziehung zueinander stärken. Man muss nicht immer um die Welt reisen, um neue Erfahrungen zu machen. Die Kultur kann in personalisierter Form zu Besuch kommen. Diese Ressource zu nutzen, ist Teil der Führungsaufgabe in einem interkulturellen Umfeld. Besonders herausfordernd ist es, wenn interkulturelle Teams virtuell zusammenarbeiten. Oft gibt es lokale Cluster, die reales Teamerleben mit virtuellem Teamerleben mischen. Solche hybriden Teams benötigen angepasste Strukturen und Prozesse. Führung wird hier vermutlich zu einer Teamaufgabe. Agile Führung in Form von Rollen lässt sich problemlos für jedes der Cluster definieren. Da die Teams auf Augenhöhe agieren, tun es selbstverständlich auch die Servant Leader. Sie stimmen sich ab, um gemeinsame Standards und Prozesse zu etablieren.

Aufgabe: Interkulturelle Teams

In dieser Übung geht es darum, mehr über die Arbeit in einem Kontext zu lernen, der verschiedene kulturelle Ausprägungen integriert. Dazu stellst du dir Situationen vor, die du selbst erlebt hast, die sich in einer anderen kulturellen Umgebung ereignet haben. Was war bemerkenswert? Was war anders? Welche Probleme oder Missverständnisse sind aufgetreten? Wie war die Stimmung? Wie wurde gearbeitet? Wie wurde gefeiert?

Was waren die wichtigsten kulturellen Unterschiede, die du entdeckt hast?

Gehe bitte auf die Website: *https://www.hofstede-insights.com/product/compare-countries/* und trage das Land, in dem die von dir erlebte Kultur beheimatet ist, und das Land, aus dem du selbst kommst, ein.

Wie stehen die dargestellten Dimensionen in Beziehung zu deinen eigenen Beobachtungen?

____

____

____

____

2.9 Grenzen der Selbstorganisation

»*Die Grenzen meiner Sprache bedeuten die Grenzen meiner Welt.*« – Ludwig Wittgenstein

Selbstorganisation ist nicht die Lösung aller Probleme. Sie funktioniert gut auf Teamebene und wurde von einigen Organisationen wie z.B. Buurtzorg auf 10.000 Mitarbeiter hochskaliert. Bei Buurtzorg sind ganze 28 Mitarbeiter in der Zentrale angestellt, die im Wesentlichen Training als Service anbieten. Dieses Beispiel belegt das Potenzial von selbstorganisierten Organisationsformen. Buurtzorg hat die selbstorganisierten Strukturen von Beginn an genutzt und ist mit diesen Strukturen organisch gewachsen.

2.9.1 Die Transformation

Etwas anderes ist es, eine bestehende Organisation mit bestehenden Hierarchien und Organisationskulturen in die Selbstorganisation zu transformieren. Die ergänzende Koexistenz von Selbstorganisation und Hierarchie wird hier eine wichtige Rolle für den Erfolg der Transformation spielen. Diese Transformation zu gestalten, ist eine der größten Herausforderungen, vor der viele Unternehmen heute stehen. Fragen wie: »An welcher Stelle und wie viel Verantwortung kann abgegeben werden?«, »Wie schnell können wir lernen und vorangehen?«, »Was sind unsere Ziele und Erfolgsfaktoren?« sind die wichtigsten Fragen, die Unternehmen für sich selbst beantworten müssen, um Aussicht auf Erfolg zu haben.

2.9.2 Grenzen des Denkens und Vertrauens

Der Change selbst liegt im komplexen Quadranten des Cynefin-Modells (Abschnitt 2.2.). Hier ist das folgende Handlungsmuster relevant – Probiere – Erkenne – Reagiere. Es gibt nur noch die Emergent-Practice, die als Anregung für die eigene Lösung dienen kann, nicht aber als BluePrint. Die von Führungskräften verwendeten Denkmodelle vieler Führungskräfte stehen dem Konzept des Experimentierens kritisch gegenüber.

Sie erwarten in Bezug auf die Zielerreichung Klarheit und Sicherheit.

Sie tragen die Verantwortung für das Unternehmen und müssen sich gegenüber Investoren und Shareholdern rechtfertigen. Diese stellen in der Regel Fragen, die auf ähnlichen Denkmustern beruhen. Dieses Verhaftetsein in das Denken in Lösungsmustern aus dem einfachen und komplizierten Quadranten ist die größte Einschränkung für die Selbstorganisation. Das wirkliche Loslassen durch das Management passiert nicht. Die Kontrolle wird nicht wirklich an die Teams übergeben und das Vertrauen in die Teams reicht nicht aus. Die Betrachtung von Menschen und der Organisation ist zu sehr von mechanistischem Denken überlagert: die Organisation als perfekt geölter Mechanismus und der unselbstständige Mitarbeiter, der kontrolliert werden muss.

2.9.3 Die Größe der Einheiten

Die Größe der Einheiten, innerhalb derer mit Selbstorganisation experimentiert wird, stellt eine Grenze dar. Sie sollte am Anfang sehr klein und übersichtlich gehalten werden, um erfolgreich im Team lernen zu können. Wenn die kleinen Einheiten stabil und erfolgreich agieren, kann man sie langsam skalieren.

Agile Veränderungen versuchen, eine große Veränderung in viele kleine machbare Schritte aufzuteilen. Ein kontinuierliches Vorangehen und Weiterentwickeln sollen etabliert werden. Dabei ist die Antwort auf die Frage, wo genau man sich befindet, immer der Ausgangspunkt für den nächsten Schritt. Die Kontinuität ist höher zu bewerten als die Größe der Schritte. Der Wandel in kleinen Schritten setzt Vertrauen in die Mitarbeiter und Teams voraus. Ungeduld und ambitionierte Ziele können diese Entwicklung nachhaltig zerstören. Zu groß oder zu viel gleichzeitig ist nicht hilfreich für nachhalte Veränderung.

In der Praxis haben sich zwei Werte für die Begrenzung von selbstorganisierten Teams herauskristallisiert. Die Grenze für Teams liegt bei maximal zehn Personen. Als optimal werden fünf bis sieben Personen angesehen. Diese Grenze liegt in der Aufnahmefähigkeit des Menschen begründet. Er ist in der Lage, zu maximal zehn Personen gleichzeitig eine direkte Arbeitsbeziehung zu unterhalten und dabei auf jede Person einzugehen. Wenn die Teams größer werden, beginnen sich Untergruppen zu bilden. Diesen Prozess möchte man in der Regel vermeiden.

Die nächste Grenze ist ebenfalls von der Wahrnehmung des Menschen abgeleitet. Er ist nicht in der Lage, mehr als 100 Personen gleichzeitig in einer Organisation wahrzunehmen. Das Team der Teams sollte deshalb auch nicht mehr als zehn Teams beinhalten, was in der Summe ca. 100 Mitarbeiter ergibt. Es ist durchaus möglich, daneben weitere Einheiten mit ebenfalls 100 Mitarbeitern aufzustellen. Diese sollten jedoch möglichst wenig oder besser gar keine Schnittstellen untereinander pflegen müssen.

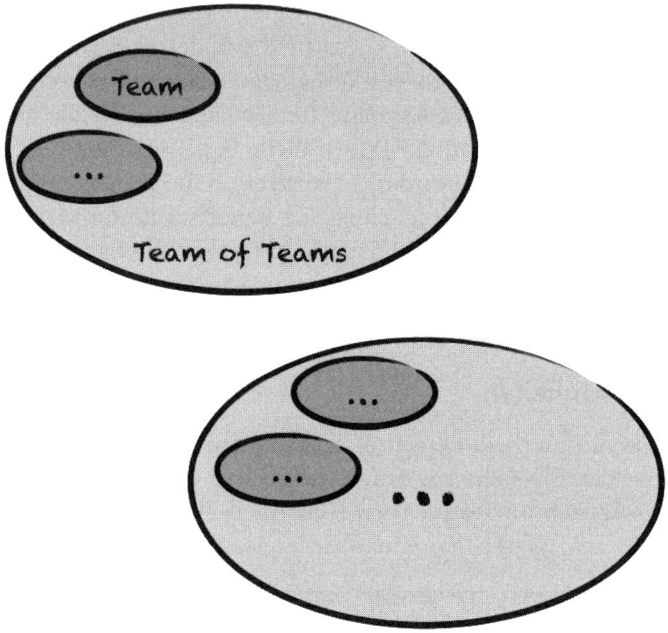

Abbildung 2.28: Das Team der Teams

Das Scaled Enterprise Framework (SAFe®) versucht, in seiner Struktur genau diese Grenzen als Empfehlung aufzunehmen. Die Ebenen oberhalb des »Team of Teams« haben strategische und koordinative Verantwortung für das Portfolio.

2.9.4 Konflikte im Team

Wenn Teams sich zerstreiten und Konflikte eskalieren, können sie zu nicht mehr steuerbaren Selbstläufern werden. Der konstruktive Umgang mit Konflikten ist ein wichtiger Bestandteil der Selbstorganisation. Konflikte früh erkennen und nachhaltig im Team zu lösen, ist das gewünschte Vorgehen. Das muss jedoch nicht immer funktionieren.

Auch im Rahmen der Selbstorganisation kann es verschiedene Gründe dafür geben, dass Konflikte eskalieren. Ab einem bestimmten Level der Eskalation sind die Konfliktparteien nicht mehr in der Lage, eine Lösung zu entwickeln.

Zur Rolle des Servant Leaders gehört es, Konflikte zu moderieren. Er kann jedoch selbst Teil eines Konflikts werden und verliert auf diese Weise seine Überparteilichkeit. Stark eskalierte Konflikte können nicht mehr vom Team gelöst werden. Es wird externe Unterstützung benötigt.

2.9.5 Ressourcenkürzungen

Die eigenen Ressourcen zu kürzen und gemeinsam zu beschließen, wer das Team verlässt, überfordert Teams in der Regel. Für externe Dienstleisterteams mag es noch funktionieren. Für Festangestellte stellt die Gefahr der Kündigung unter Umständen eine existenzielle Bedrohung dar, ein Wechsel ggf. eine Schlechterstellung. Solche Aufgaben können Teams üblicherweise nicht selbst lösen.

2.9.6 Angst

Angst hat auf unser Gehirn eine ganz besondere Wirkung. Wenn wir Angst haben, übernimmt das Zentrum des Gehirns die Steuerung. Dieses Zentrum blockiert das logische Zentrum und reduziert die Zahl der zulässigen Handlungsoptionen auf zwei: Flucht oder Angriff. Angst fühlt sich sehr unangenehm an und wir stehen unter großem Handlungsdruck, eine der beiden Optionen zu wählen. Sie stammen aus der Urzeit des Menschen und haben in dieser Phase sein Überleben gesichert.

Teams, die Angst haben, können keine gute Zusammenarbeit entwickeln. Unternehmen, deren Unternehmenskultur durch Angst geprägt ist, werden selten Erfolge durch Selbstorganisation erzielen können.

Einige Unternehmenskulturen führen dazu, dass die Wahrnehmung, wie zentral Angst in der Unternehmenssteuerung verankert ist, nicht mehr mit den realen Umständen in Beziehung steht.

2.9.7 Diskussions-Teams

Teams ohne klaren Lieferprozess haben es schwer in der Selbstorganisation. Die Lieferung von sichtbaren Ergebnissen und die Messung dieser Lieferleistung sind zentral für eine pragmatische Ausrichtung des Teams. Der sichtbare Erfolg, den die Ergebnisse hervorbringen, liefert wichtige Hinweise dafür, in welche Richtung es weitergehen sol. Im Cynefin-Modell ist das Handlungsmuster: Probiere – Erkenne – Reagiere. Wenn Teams jedoch tatsächlich nichts ausprobieren und versuchen, unabhängig davon Erkenntnisse zu gewinnen – es eventuell ganz besonders richtig machen möchten, werden sie früher oder später scheitern. Ohne eine pragmatische Kultur des Umsetzens und Scheiterns kann es keine Selbstorganisation geben.

2.9.8 Falsches Setup

Agilität ist en vogue. Alle machen es, also wir auch. »Wir müssen irgendwas mit Agile machen« ist ein neues Management-Mantra geworden.

Das führt in einigen Fällen dazu, dass die tatsächliche Auseinandersetzung mit der Thematik ausbleibt.

Mitarbeiter, die in agilen Strukturen arbeiten, bekommen oft »Hü-Hott-Kommandos« gleichzeitig.

Ein Teil der Hierarchie fordert sofortige agile Strukturen, ein anderer legt fest, dass das erst kommt, wenn alles andere erledigt ist.

Dass die Zahl der agilen Teams, die solche Doppelbotschaften erhalten, gar nicht so klein ist, führt dazu, dass die erwarteten Ergebnisse entsprechend oft ausbleiben.

Stattdessen sind Überlastung und Überforderung der Mitarbeiter die Folge.

Darüber hinaus lohnt es sich, folgende mögliche Fehlerquellen im agilen Setup im Vorfeld auszuschließen:

- Falsche oder fehlende Prozesse
- Überforderte Mitarbeiter
- Kein Kunde oder kein Kundenkontakt vorhanden
- Zu viele Kunden gleichzeitig vorhanden
- Fehlende Priorisierung der Vorhaben
- Eine Vision fehlt
- Ständiger Wechsel von Mitarbeitern
- Alle Mitarbeiter arbeiten nur zu x% im Team
- Die Verträge mit den Dienstleistern sind falsch gestaltet
- Kontinuierliche Budgetschwankungen
- Kontext falsch gewählt
- Altlasten in der Struktur und Architektur
- Abhängigkeiten von klassisch arbeitenden Einheiten

Niemand traut sich, die gescheiterten Experimente als solche zu benennen sowie den nächsten Lernschritt zu gehen und Agilität anders und besser aufzusetzen. Agilität funktioniert aber ohne Fehlerkultur schlecht. Scheitern ist nicht das Ende der Welt oder ein unwiederbringlicher Verlust. Es ist ein notwendiger Schritt zum Lernen. Nur wer nicht scheitern kann, scheitert an seinen Erwartungen.

2.9.9 Überforderung der Menschen

Wenn die Prozesse und Aufgaben nicht zum Reifegrad der Mitarbeiter passen, ist eine Überforderung wahrscheinlich. Was als mentale Überforderung beginnt und seinen Verlauf in Konflikten nehmen kann, endet oft in realer Überforderung. Die Menschen reagieren auf Überforderung sehr unterschiedlich. Alle anderen in diesem Kapitel genannten Grenzen führen früher oder später zu einer Überforderung der Menschen. Die schiere Größe von agilen Vorhaben und das entstehende Chaos kann Menschen an die Grenze ihrer Kapazität führen, ebenso schlechtes Setup oder falsche Erwartungen des Managements. Menschen brauchen Zeit zum nachhaltigen Lernen. Dieses Lernen beginnt auf der Stufe der Entwicklung, auf der sie sich befinden. Es gibt keine Abkürzungen.

2.9.10 Burn-out und Krankheit

Wenn die Selbstorganisation sehr gut funktioniert und großartige Ergebnisse liefert, kann es passieren, dass Mitarbeiter sich sehr stark engagieren. Die guten Ergebnisse werden »belohnt«, indem dem Mitarbeiter zusätzliche Aufgaben übergeben werden. Wer viel schafft, kann noch mehr schaffen. Es ist eine Führungsaufgabe, Mitarbeiter vor sich selbst und ihren eigenen Ansprüchen zu schützen. Die Grenze sollte klar definiert sein. Der Job muss in einer 40-Stunden-Woche machbar sein. Der Fokus sollte nicht auf noch mehr Zeit für noch mehr Aufgaben liegen. In kritischen Phasen kann das sehr hilfreich sein, aber nicht als Dauerzustand. Agilität kann zu einer Überlastung der Mitarbeiter führen.

2.9.11 Regulative Themen und gesetzliche

Zu guter Letzt noch ein Hinweis auf gesetzliche und regulative Vorgaben. In bestimmten Bereichen ist es aufgrund gesetzlicher Beschränkungen nicht möglich, Teams die Verantwortung für Produkte zu übergeben oder die Führung zu rotieren. Auch der Aufwand für die Zertifizierung von agilen Entwicklungen kann deutlich höher sein als für klassische. Das ist in einigen Bereichen der Pharma- und Medizintechnik so, in denen die Kosten der Zulassung die Kosten der Entwicklung um ein Vielfaches übersteigen.

Aufgabe: Grenzen der Agilität

In dieser Übung geht es darum, die Grenzen der Agilität in deinem Team zu verschieben und mehr Selbstorganisation zu ermöglichen. Dieses Mal übernimmst du die Rolle des Moderators einer Retrospektive.

Wenn du das zum ersten Mal machst, ist das ein Aufruf zum Ungehorsam, probiere es einfach einmal aus. Du lädst dein Team zu einem neunzigminütigen Meeting ein. Die Agenda: »Agilität verbessern«. Falls Rückfragen kommen, erklärst du nur, dass es ein Experiment ist und dass sie sich bitte darauf einlassen sollen.

Zur Vorbereitung des Meetings malst du an ein Flipchart ein Schiff, vergleichbar mit unserer Skizze. Wir sind sicher, dass es dir besser gelingt als uns. Auf dem Tisch liegen Klebezettel und dicke Filzstifte.

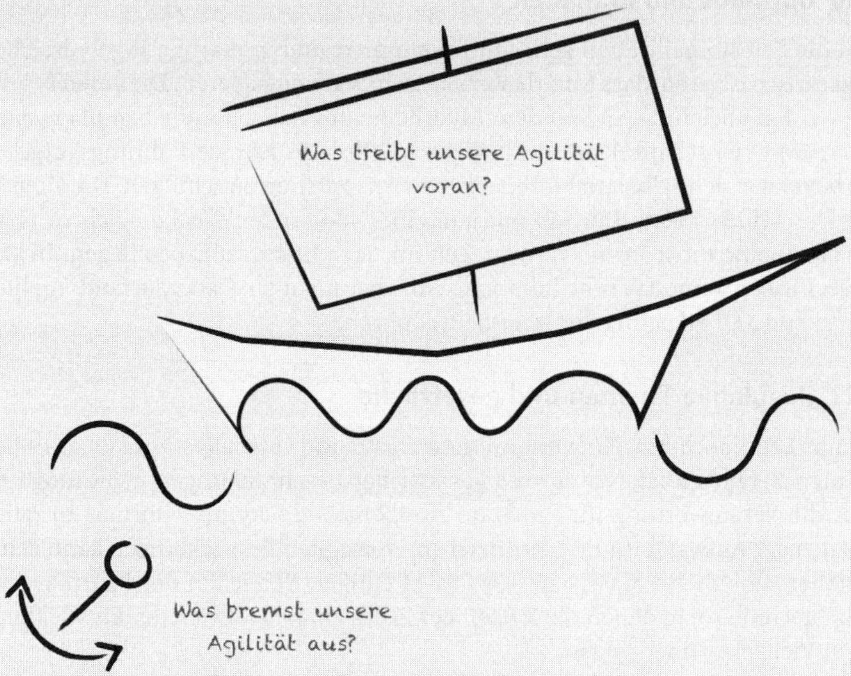

Deine Rolle ist es, dich nur auf die Moderation des Meetings zu beschränken. Eine auf die Inhalte bezogene Teilnahme ist nicht gewünscht. Deine Aufgabe ist es, dem Team zu ermöglichen, dem im Folgenden dargestellten Ablauf zu folgen und das Timing zu beachten. Du sorgst dafür, dass es am Ende ein Ergebnis, einen Plan zur Umsetzung gibt. Für den Inhalt ist nur das Team verantwortlich.

- Du lädst die Teammitglieder dazu ein, jeder für sich über die beiden Fragen nachzudenken und entsprechende Zettel zu verfassen. Gib den Teilnehmern etwa sieben Minuten Zeit.
- Dann bitte jemanden, damit zu beginnen, die Zettel auf das Bild zu kleben und einen Satz dazu zu sagen. Nachfragen zu den Darstellungen sind erlaubt, Diskussionen aber nicht.
- Wenn alle präsentiert haben, beginnt die Diskussion. Diese sollte nicht länger als 20 Minuten dauern.
- Die nächste Frage, zu der die Teilnehmer Zettel verfassen sollen (dieses Mal maximal zwei pro Person): Wie kann man die Agilität verbessern, indem wir bestehende Stärken stärken oder Schwächen schwächen? Die Zeitvorgabe ist wieder sieben Minuten.
- Präsentation und Nachfragen, keine Diskussion
- 20 Minuten Diskussion

Jetzt bekommt jeder fünf Klebepunkte.

- Das Team erhält jetzt die Aufgabe, die Klebepunkte einer Verbesserung zuzuordnen oder auf mehrere zu verteilen.
- Du wertest aus und zu den Top-Drei stellst du die folgende Frage: Wie können wir diese drei Punkte umsetzen?
- Wie genau?
- Wer und bis wann?
- Zum Schluss bittest du um eine Feedbackrunde, gerne auch zu deiner (neuen) Rolle als Moderator.

Wie war das Experiment für dich?

____

____

____

____

Was hast du dabei gelernt?

____

____

____

____

2.10 Literaturempfehlungen zum Kapitel

- Selbstorganisation braucht Führung: Die einfachen Geheimnisse agilen Managements, Oktober 2017 von Boris Gloger, Dieter Rösner
- Selbstorganisierte Unternehmen: Management und Coaching in der agilen Welt, 2017 von Siegfried Kaltenecker
- Purpose Driven Organizations: Sinn – Selbstorganisation – Agilität, September 2018 von Franziska Fink, Michael Moeller
- Das kollegial geführte Unternehmen: Ideen und Praktiken für die agile Organisation von morgen, 2016 von Bernd Oestereich, Claudia Schröder
- Managing for Happiness: Übungen, Werkzeuge und Praktiken, um jedes Team zu motivieren, Mai 2018 von Jurgen Appelo
- WeQ – More than IQ: Abschied von der Ich-Kultur, September 2015 von Peter Spiegel
- Network Thinking, Oktober 2015 von Ulrich Weinberg

- Agile Organisationen: Transformationen erfolgreich gestalten – Beispiele agiler Pioniere, September 2017 von André Häusling
- Agiler führen: Einfache Maßnahmen für bessere Teamarbeit, mehr Leistung und höhere Kreativität, 2017 von Svenja Hofert
- Auf dem Weg zur agilen Organisation: Wie Sie Ihr Unternehmen dynamischer, flexibler und leistungsfähiger gestalten, 2017 von Torsten Scheller
- Organisation in einer Digitalen Zeit: Ein Buch für die Gestaltung von reaktionsfähigen und schlanken Organisationen mit Hilfe von skalierten Agile & Lean Mustern, Juli 2016 von Malte Foegen, Christian Kaczmarek
- INNERINNOVATION – INNOVATIONEN AUS EIGENEM ANBAU: Das Kreativhandbuch für systemisches Innovationsmanagement, September 2014 von Bernd Buck (Autor), Ulrike Buck (Autor)
- Digital Innovation Playbook. Das unverzichtbare Arbeitsbuch für Gründer, Macher und Manager, September 2016 von Dark Horse Innovation
- Durch die Decke denken: Design Thinking in der Praxis, April 2013 von Jürgen Erbeldinger und Thomas Ramge
- AGILE UNTERNEHMEN – FOKUSSIERT, SCHNELL, FLEXIBEL: Nur was sich bewegt, kann sich verbessern, 2018 von Valentin Nowotny
- Die Kunst des klugen Fragens, Mai 2017 von Warren Berger
- Feedback: Nur was erreicht, kann auch bewegen, März 2015 von Chris Wolf (Autor), Heinz Jiranek

Kapitel 3

Leadership

In den ersten beiden Kapiteln haben wir die Themen Selbstführung von Mitarbeitern und Selbstorganisation von Teams vorgestellt.

Eine berechtigte Frage wäre daher: Braucht es noch hierarchische Führung oder kann das weg?

Die Antwort ist: ja und nein. Wir brauchen Führung unbedingt, jedoch muss sich die Haltung ändern. Führung und Selbstorganisation, das ist ein nicht aufzulösender Widerspruch. Von diesem Widerspruch ist die Führung im Rahmen der Agilität geprägt: Wie steuert man etwas, das sich selbst steuert? Die Veränderung, die vor diesem Hintergrund stattfindet bzw. stattfinden muss, lässt sich wie folgt zusammenfassen:

- Die Haltung der Führungskraft zum Unternehmen verändert sich.
- Das eigene Rollenverständnis aller Akteure ist ein anderes.
- Das Bild des Unternehmens ist das eines Biotops, eines eigenen abgegrenzten Lebensraums.
- Führungskräfte müssen loslassen und vertrauen und Mitarbeitern Vertrauen schenken.
- Alle Beteiligten übernehmen Verantwortung für das Ganze.

Der agile Führungsprozess wird von Perspektiv- und Rollenwechseln begleitet. Führung wird situativ gelebt, sie dient dem Team dort, wo sie benötigt wird. Führung wird zur Dienstleistung an Teams, Kunden und dem Unternehmen als Ganzes. Diese Dienstleistung hat das Ziel, immer weniger benötigt zu werden.

Je mehr jeder Mitarbeiter im Team in der Lage sind, sich selbst gut zu steuern, desto weniger Einflussnahme seitens einer Führungskraft ist notwendig. Führungskräfte haben den klaren Auftrag, sich im Idealfall selbst abzuschaffen. Auf dem Weg dorthin greifen sie so wenig wie möglich, aber so viel wie nötig ein.

3.1 Führung als und im Team

»Der wichtigste Erfolgsfaktor eines Unternehmens ist nicht das Kapital oder die Arbeit, sondern die Führung.« – Reinhard Mohn

Führungskonzepte gibt es wie Sand am Meer. Es gibt Beratungsprodukte für Führungskräfte, Coaching, Schulungen und Workshops. Ein ganzer Industriezweig hat sich auf die Entwicklung von Managern eingestellt.

Nicht wenige Konzepte sind fragwürdig und dementsprechend sind auch die Ergebnisse nicht immer überragend.

Überspitzt könnte man sagen, dass viele Ansätze nichts anderes als ein Maßnahmenkatalog von circa sieben Maßnahmen darstellen. Die Maßnahmen müssen durch den Leser ergriffen werden und das Konzept wiederholt den Maßnahmenkatalog wie ein Mantra.

Nachvollziehbarerweise schlagen wir hier einen anderen Ansatz vor.

Wir empfehlen einen Rahmen. Passende und hilfreiche Konzepte und Ansätze lassen sich integrieren.

Dieser Rahmen wurde einem Bereich entlehnt, der bisher wenig Beachtung erfahren hat: der Beobachtung des Verhaltens von Herdentieren, in diesem Fall Pferden. Sie steuern eine Herde.

Vergleichbare Gruppen gibt es bei uns Menschen und man könnte sagen, dass Führung und das Steuern einer Herde vergleichbar sind. Die Grundtypen, die in Pferdeherden angelegt sind, sind in ihren Prinzipien auch im Menschen angelegt und Führung funktioniert seit jeher nach diesen Prinzipien. Der Mensch ist nicht nur ein logisch ausgerichtetes Wesen, er ist auch ein Herdentier. Dementsprechend sind Rollen innerhalb der Herde angelegt.

Wir schenken ihnen nur oft wenig Beachtung. Gegenwärtig sind in unserer Kultur nicht alle Rollen gleichwertig akzeptiert.

Wenn Flexibilität eine Stärke ist, die wir im Zuge zunehmender Agilität ausbauen wollen, dann sollte es unser Ziel sein, unsere Befähigung zum Rollenwechsel zu verbessern. Das gelingt, indem wir alle Rollen möglichst in gleichem Umfang und Geschick einnehmen und zwischen ihnen wechseln können.

Für die agile Führung ist es bedeutsam, dass wir uns die jeweiligen Rollen und den Rollenwechsel bewusst machen.

Der von uns vorgestellte Ansatz basiert auf dem von Linda Kohanov entwickelten, in ihrem Buch »Die Intelligenz der Herde« beschriebenen Modell. Sie wandelt die von ihr gesammelten Einsichten aus ihrer Arbeit mit Pferden in nützliche Tools für die Entwicklung teamorientierter Führungsmethoden und Veränderungsprozesse um. Es ist ihr gelungen, das jahrtausendealte System des Führungsverhaltens, das auf dem Wissen nomadischer Hirtenkulturen beruht, auf unsere Zeit zu übertragen und für uns nutzbar zu machen. Sie beschreibt fünf Rollen, die fließend ineinandergreifen und dabei helfen, das eigene Team ans Ziel zu bringen. Das vorgestellte innovative Bewertungsinstrument hilft dabei, alle fünf Rollen in unterschiedlichen Gemeinschaften – am Arbeitsplatz, in der Familie und anderen gesellschaftlichen Organisationen – zu erkennen, zu nutzen und weiterzuentwickeln.

Wir wollen nachfolgend ihren Ansatz und dessen Anwendung vor dem Hintergrund der Anwendung in einem agilen Umfeld beschreiben.

3.1.1 Führungsmodell der Rollen

Das Modell kennt die fünf nachfolgend dargestellten Rollen in der Führung:

Abbildung 3.1: Rollen in der Führung

Alle Rollen sind in jedem einzelnen Mitglied der Herde angelegt. In der Stärke der Ausprägung und darin, welche Rolle von einer Person bevorzugt wird, unterscheiden sie sich jedoch.

Im Verlauf der Zeit werden sie in unterschiedlich starker Ausprägung verwendet und entwickelt.

Wenn es notwendig ist, können abhängig von der Situation alle Rollen von jedem genutzt werden. Jeder trägt die entsprechenden Anlagen in sich und kann sie entsprechend nutzbar machen.

Als anschauliches Beispiel beschreibt Linda Kohanov eine Wanderung durch die Wildnis, gemeinsam unternommen von einem alten gutmütigen Pferd, einem Hund und der Autorin. Als das Trio einem Berglöwen begegnet, erkennt das Pferd die Gefahr und tauscht die Rolle des Begleiters gegen die des Dominanten und vertreibt den Berglöwen. Von diesem situativen Wechsel der Rollen ist dieses Führungsmodell geprägt.

dominant

Die dominante Rolle ist bei Pferden am sichtbarsten beim Leitpferd ausgeprägt. Als stärkstes Pferd bedient es sich zur Fütterungszeit zuerst. Einen Großteil der Zeit grast es jedoch friedlich auf der Weide und ist dabei regelmäßig in Kontakt mit den anderen Pferden. Wenn es zu Kämpfen in der Herde kommt, schreitet das dominante Leitpferd ab einem bestimmten Punkt ein.

Auch andere Tiere in der Herde, wie zum Beispiel junge Tiere, die sich ausprobieren möchten, können aggressiv sein und ohne ersichtlichen Grund andere Tiere angreifen.

Dieses Verhalten wird von den anderen Herdenmitgliedern selten gutgeheißen.

Ein ähnliches Verhalten kann man bei Menschen beobachten. Wenn aggressive, alkoholisierte Jugendliche am Bahnhofvorplatz stehen, machen die Passanten einen Bogen um sie.

Als unpassend erlebte Dominanz wird in der Regel mit Abstand und Ausgrenzung beantwortet. Das Vertrauen in diese Mitglieder der Gemeinschaft schwindet.

Vertrauen muss man lange aufbauen und es kann sehr schnell zerstört werden. Ein als unfair oder hinterrücks erlebter Angriff reicht, um es nachhaltig zu stören. Es benötigt sehr viel Zeit und Energie, um es im Anschluss langsam wiederaufzubauen.

Nicht nur auf dem Bahnhofsvorplatz ist es ein Problem, wenn die dominante Rolle durch eine unreife Person übernommen wird, die zum falschen Zeitpunkt und unproduktiv agiert. Dieses Verhalten kommt in der Teaminteraktion, auf Workshops und immer wieder in Diskussionen zum Tragen.

Hitzige Diskussionen, die sich auf Nebenkriegsschauplätze beziehen, beginnen sich zu verselbstständigen. Die produktive Energie der Gruppe wird dann in die falsche Richtung gelenkt, weil es einem relativ unreifen dominanten Gruppenmitglied gelungen ist, die Prioritäten in Bezug auf die zu besprechenden Themen ungünstig zu beeinflussen.

Irgendwann ergreift ein anderes Gruppenmitglied das Wort und beendet die Diskussion auf dem Nebenschauplatz.

In der klassischen Hierarchie wird diese Rolle von der Führungskraft übernommen. Im agilen Kontext sollte das Team reagieren. Das Team kann reagieren, indem ein Mitglied im Team die Führung übernimmt und die Priorität korrigiert und die anderen folgen.

Visionär

Der Visionär zeichnet sich durch Neugier und Selbstvertrauen aus. Er ist der Erste, der sich in unbekanntes Terrain begibt, um es zu erforschen. Durch sein ständiges neugieriges Ausprobieren macht er andere Erfahrungen als die übrigen Herdenmitglieder. Das befähigt ihn, in unbekannten Situationen Ruhe zu bewahren, erst einmal abzuwarten und zu beobachten, welche Möglichkeiten sich ergeben.

Er hat verschiedene Handlungsoptionen erprobt und kann auf diese Erfahrung zurückgreifen.

Er beteiligt sich weniger an sozialen Dramen des Miteinanders. Er kann sich einer größeren Idee verpflichten und alles dieser Idee unterordnen.

Dabei kann er durch Inspiration und Motivation andere für diese Idee begeistern und mitreißen.

Innovative und ungewöhnliche Lösungen probiert er gerne aus und erkennt ihren Wert. Auf diese Weise kann er für alle eine Bereicherung darstellen. Auf manche wirkt er gelegentlich etwas eigenbrötlerisch und abgehoben. Das ist eine Schwierigkeit des Visionärs, wenn er den Kontakt zur Gruppe verliert. Manchmal ist er seiner Zeit zu weit voraus und die anderen können nicht mehr folgen.

Durch seine Distanz zu den Konflikten der Gruppe wirkt er manchmal etwas kühl und wenig empathisch. Wichtige Aufgaben erledigt er gerne selbst, weil ihm die Sache so wichtig erscheint. Aus diesem Grund fällt es ihm manchmal schwer, zu delegieren. Das ist besonders in der chaotischen und unübersichtlichen Startphase von neuartigen Unterfangen so, weil er nicht sicher sein kann, dass die anderen die Idee dahinter ganz verstanden haben.

Begleiter

Der Begleiter sorgt für gutes Klima in der Gruppe und unterstützt die anderen dort, wo es notwendig ist. Er achtet auf die Atmosphäre in der Gruppe und greift dort aktiv ein, wo es Unstimmigkeiten gibt. Dabei ist ein extrovertierter Begleiter im

Kontakt mit sehr vielen Mitgliedern der Gruppe und schafft Verbindungen, wo sie benötigt werden und von allein nicht entstehen würden.

Eher introvertierte Begleiter zeichnen sich durch besonders ausgeprägte Loyalität aus. Begleiter schätzen die Vielfalt der Beziehungen im Team und finden diese inspirierend. Sie gehen auf neue Mitglieder in der Gruppe zu und versuchen, ihnen die Integration zu erleichtern. Sie haben stake Beziehungen innerhalb der Gruppe und fördern Vertrauen und Verständnis. Sie versuchen, zur gegenseitigen Unterstützung anzuregen und Konkurrenz zu unterbinden. Sie schaffen einen positiven vertrauensvollen Raum für das Wachstum aller Beteiligten. Sie bewahren gute und erfolgreiche Rituale der Gruppe und sorgen für nachhaltige Erfolge und Qualität. Manchmal kann der Begleiter Durchsetzungsfähigkeit schlecht von Angriffen abgrenzen. Wenn seine eigene Dominanz schwach ausgeprägt ist, kann das dazu führen, dass er seine Macht passiv aggressiv einsetzt und im Untergrund agiert. Es fällt ihm dann schwer, Macht direkt auszuüben, er tut das erst spät, wenn sich bereits Frustration und Wut beimischen. Dabei empfindet er möglicherweise Scham. Klatsch und Tratsch sind für ihn ein Werkzeug, um soziale Bindung zu verstärken.

Wächter

Der Wächter beobachtet die Umgebung und sucht sie nach möglichen Gefahren ab. Dabei ist er sehr umsichtig und aufmerksam. Seine Aufmerksamkeit ist nach außen gerichtet. Die Gruppe kann ungestört und entspannt ihren Aufgaben nachgehen. Dabei kann es vorkommen, dass sich der Wächter weit von der Gruppe entfernt, um Dinge genauer zu beobachten und zu erforschen.

Er hat eine andere Perspektive auf die Umgebung. Bei gleichzeitig gut ausgeprägter Dominanz kann es vorkommen, dass er die Gruppe aktiv vor Gefahren, wie etwa Raubtieren, schützt. Der Wächter warnt die Gruppe vor aufziehenden Unwettern oder anderen zukünftigen Gefahren.

Auch das Geschehen innerhalb der Gruppe beobachtet er aus einem anderen Blickwinkel.

Für ihn ist das Gesamtbild relevant, nicht so sehr das Detail.

Aus dieser Perspektive warnt er die Gruppe, wenn sie wichtige Aufgaben aus dem Blick verliert und zu sehr abschweift.

Obwohl er ein vitales Interesse am Wohlergehen der Gruppe hat, hält er sich in Gruppenprozessen oft im Hintergrund.

Er wittert den Rauch schon lange, bevor das Feuer sichtbar wird, und warnt die Gruppe schon entsprechend früh. Er fungiert dabei als Bote und überbringt auch schlechte Nachrichten. Bei manchen Gelegenheiten wird er für das Überbringen schlechter Nachrichten bestraft. Das hindert ihn aber nicht daran, weiterhin Nachrichten zu überbringen. Von anderen Gruppenmitgliedern kann er als zu distanziert und zu sehr auf Logik ausgerichtet erlebt werden, da er die Gruppenbedürfnisse höher als individuelle Bedürfnisse bewertet. Er kann die Schwäche haben, sich zu sehr auf Probleme zu fokussieren und sich deshalb nicht mit Lösungen zu befassen. Wenn er verletzt wurde, tendiert er möglicherweise dazu, Informationen zu seinem Vorteil zu nutzen oder zu verschweigen.

Raubtier

Raubtiere halten das Leben im Gleichgewicht und sorgen dadurch für Vitalität. Das, was nicht länger benötigt wird, wird losgelassen. Der sparsame Gebrauch von Ressourcen steht im Vordergrund der Betrachtung.

Das ist besonders in mageren Zeiten wichtig. Sie treffen schwierige Entscheidungen, um das Überleben der Gruppe zu sichern. Das Raubtier legt dabei territoriale Ansprüche an den Tag und sucht bei anderen aktiv Schwächen und Qualifikationsmängel. Wenn nötig, nutzt es diese aus, weil es um jeden Preis gewinnen will. Dabei kann es die eigene Gruppe in Aufruhr und Panik versetzten. Es überbetont den Kampf und den Wettbewerb und das Überleben des Stärkeren. Dabei kann es Misstrauen und Angst auslösen. Es kann bei politischen Spielen große Mengen an Geld und anderen wichtigen Ressourcen verschwenden. In Krisenzeiten kann es als »harter Sanierer« das Überleben von Unternehmen sichern.

3.1.2 Ausgewogenheit als Ziel

Die fünf Akteure auf der Bühne der möglichen Verhaltensweisen rund um die Führung sind vorgestellt.

Vergleichbar mit dem in Kapitel 1 vorgestellten aus verschiedenen Beteiligten zusammengesetzten inneren Team führen auch diese fünf Rollen ein Stück auf.

Jeder Mensch hat dabei alle fünf Rollen in sich, diese sind jedoch unterschiedlich stark ausgeprägt.

Jeder von uns bevorzugt einige Rollen und empfindet anderen gegenüber eine Abneigung.

Wer mehr über seine eigenen Vorlieben erfahren möchte, kann auf dieser Website einen Selbsttest durchführen: *https://masterherder.com/professional-assessment-start/*.

Das Ergebnis ist dabei als Indikator für die eigenen Neigungen gedacht.

Die ideale Führungskraft in diesem Modell hat wenige Präferenzen, sie setzt alle fünf Rollen nach vorheriger Abwägung situativ und bestimmt ein.

Diese Ausgewogenheit zu erlangen, sollte das Streben einer Führungskraft sein. Wer immer mit seinen »Lieblingsrollen« agiert, verbaut sich Einflussmöglichkeiten und Potenzial. Da es in der Agilität nicht nur eine Führungskraft gibt, sondern alle Rollen Teilaufgaben der Führung übernehmen, ist diese Ausgewogenheit das Ziel aller Mitarbeiter. Eine Gruppe von Individuen, die situativ in der Lage sind, die verschiedensten Führungsrollen in der Gruppe einzunehmen, kann sich sehr viel besser steuern als ein Team, in dem jeder immer seine »Lieblingsrolle« einnimmt. Diese Dynamik zulassen zu können, setzt eine gewisse persönliche Reife voraus (siehe Kapitel 1).

3.1.3 Zuordnung der »herdenbezogenen« Rollen zu den Logical Levels (Kapitel 1)

Die Rollen sprechen unterschiedliche Stufen im Modell der Logical Levels an. Der **Visionär** adressiert den Sinn. Er versucht, die gemeinsame Vision zu vermitteln und die Gruppe auf diese Weise zu motivieren. Er stellt die Vision über das Tagesgeschäft.

Der **Dominante** ist bezüglich der Identität und der Werte des Unternehmens wenig kompromissbereit. Er versucht, das Wertesystem und die Identität des Unternehmens aufzubauen und zu prägen. Er duldet keine Werte, die nicht zum Unternehmen passen. Auf diese Weise kann eine wertebasierte Kultur geprägt werden. Auf den Ebenen darunter muss der Dominante lernen loszulassen. Hier beginnt die Selbstorganisation zu greifen. Erst wenn Konflikte oder Krisen auftreten, wird die Führungskraft auf dieser Ebene aktiv.

Der **Begleiter** kann den Ebenen Fähigkeiten und darunter zugeordnet werden, die für fachliche Fähigkeiten und Umsetzung von Aufgaben steht. Er bietet gerne seine Hilfe an, sei es durch Coaching oder durch Bereitstellung von notwendigen Ressourcen.

Diese Rolle agiert auf Augenhöhe mit anderen Gruppenmitgliedern und geht Beziehungen zu den Mitgliedern des Teams ein. Aufbau und Pflege von Beziehungen ist auf dieser Ebene relevant. Dabei schafft er möglicherweise neue Verbindungen zwischen Teams.

Zusammengefasst lässt sich sagen, dass die operative Ebene der benötigten Fähigkeiten, das Verhalten der Gruppenmitglieder zueinander und an der Schnittstelle zur Außenwelt die Domäne des Begleiters ist.

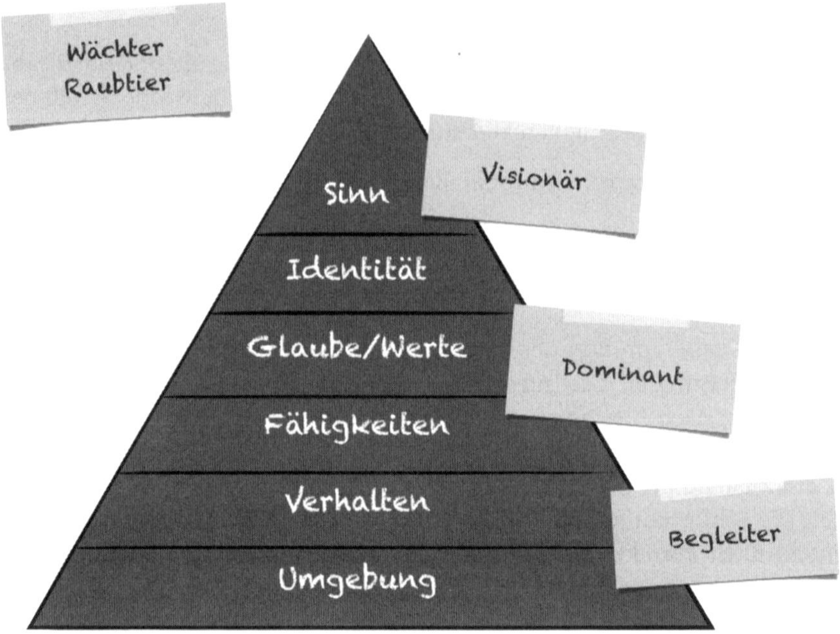

Abbildung 3.2: Rollen und Mindset

Der **Wächter** und das **Raubtier** bewegen sich etwas abseits des Tagesgeschehens. Sie beobachten es aus unterschiedlichen Perspektiven, zum Teil kommunizieren sie, welche Beobachtungen sie gemacht haben.

Sie greifen nicht in das Tagesgeschäft ein und haben auch keine sichtbare Rolle, sofern keine Gefahr droht. Sie haben keine Vorliebe für eine Ebene des Modells der Logical Levels, vielmehr gestatten sie es, auf allen Ebenen tätig zu werden, wenn sie eine Notwendigkeit dazu erkennen.

3.1.4 Beispiel: Reorganisation und Budgetkürzung

Das nachfolgend vorgestellte Beispiel soll verdeutlichen, wie wir mit diesem Modell arbeiten können.

In einer konkreten Situation ist es oft schwer, die Distanz zu wahren und zu überlegen, in welche Rolle wir in diesem Moment schlüpfen sollten. Das Ziel ist das Reflektieren und das Experimentieren mit verschiedenen Optionen, um unsere Erfahrungsbasis zu verbreitern. Schritt für Schritt gelingt es uns, unsere Intuition zu schulen und in schwierigen Situationen passend zu reagieren.

Das gewählte Beispiel ist ein Teilaspekt eines Coachings für einen Programm-Manager, der während des Prozesses immer wieder das Geschehen reflektiert hat, um sein Verhalten zu hinterfragen und die Auswirkungen kritisch zu beleuchten.

Das Programm, für das der Manager verantwortlich war, hatte die Digitalisierung aller Geschäftsprozesse des Unternehmens zum Ziel.

Dabei war der erste Schritt die vollständige Automatisierung aller Geschäftsabläufe, um den Endkunden im zweiten Schritt neue, flexiblere, individuelle und bessere Services zur Verfügung stellen zu können.

Im Rahmen des Programms wurden alle Unternehmensprozesse gleichzeitig digitalisiert.

Einige Aspekte des Programms wurden agil umgesetzt, andere auf klassische Art und Weise.

Aus diesem Grund konnten der abschließende Test und die Qualitätssicherung erst sehr spät stattfinden. Die Integration aller notwendigen Komponenten war erst ganz am Ende, nach Abschluss aller Projekte, möglich. Im Zuge der Integration zeigten sich gravierende Fehler im Unternehmenskernprozess. Wenn die Software in diesem Zustand live gehen würde, wäre der Fortbestand des Unternehmens gefährdet. Die Fehler waren daher nicht akzeptabel. Die Daten wurden schlicht und ergreifend nicht korrekt abgerechnet. Teile der Lösung mussten neu konzipiert und überarbeitet werden.

Das Budget war neben der Zeit auch aufgebraucht und neues Geld war vor dem Go-live nicht mehr zu beschaffen.

Der Programm-Manager sah nur die Möglichkeit, die anderen Projekte zu stoppen, die frei werdenden internen Ressourcen auf die Lösung der Datenprobleme anzusetzen und das frei werdende Budget für den Einsatz externer Berater zur Optimierung der Softwarekomponente zu verwenden.

Der zu erwartende Kollateralschaden und entsprechend auch die Widerstände aus den anderen Bereichen waren erheblich. Viele wichtige Mitarbeiter, die den zweiten Teil der Vision – die Verbesserung der Kundenservices – umsetzen sollten, wurden aufgrund des Kurswechsels bereits vor die Tür gesetzt und mit ihnen ging ein großer Teil des zukünftig benötigten Know-hows. Die mühsam aufgebauten strategischen Partnerschaften mit den externen Dienstleistern wurden durch den Vertrauensverlust möglicherweise zerstört.

Unter Bezugnahme auf die fünf Rollen illustriert der Programm-Manager sein Vorgehen wie in Abbildung 3.3 gezeigt:

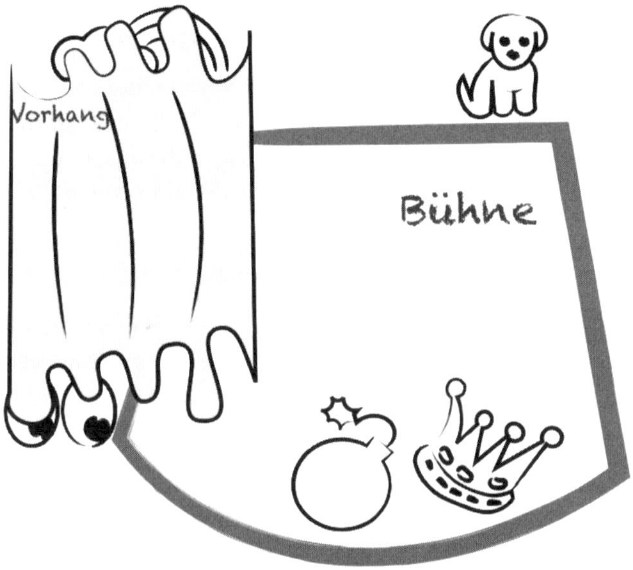

Abbildung 3.3: Beispiel für die Übernahme von Rollen im Coaching

Den Visionär samt seiner Vision hat er weit weg hinter den Vorhang geschoben. Normalerweise ist das seine bevorzugte Rolle, aus der heraus er in der Vergangenheit das Programm gesteuert hat.

Jetzt war kein Raum mehr für diese Vision, das Überleben des Unternehmens stand auf dem Spiel. Der Beobachter, der mit einer kritischen Distanz die Dinge betrachtet und aus einer ganzheitlichen Perspektive Lösungen anbietet, war ebenso nicht hilfreich und landete hinter dem Vorhang. Er beobachtete zwar noch weiter, würde aber erst im Nachgang wieder relevant werden. Jetzt waren schnelle deutliche Akzente notwendig. Das Raubtier hatte ganz vorne auf der Bühne die Regie übernommen. Unterstützt wurde es von der dominanten Rolle, die dem Raubtier zusätzliches Gewicht verlieh.

Es wurde nicht mehr gemeinsam diskutiert und abgewogen. Die sofortige Umsetzung stand im Vordergrund.

Der Begleiter auf seiner Position am Rand der Bühne traute sich nicht mehr, in das Geschehen einzugreifen.

So richtig glücklich war der Programm-Manager mit der Situation und mit der Verteilung seiner Rollen nicht. Andererseits glaubte er an die Notwendigkeit der Maßnahmen, die er ergriffen hatte.

Im Coaching wurde ihm klar, dass etwas an der Konstellation nicht passte – es fehlte etwas. Wahrscheinlich wäre es sinnvoll, den Begleiter nach vorne auf die Bühne zu holen.

Er sollte den anderen das Dilemma und die Ausweglosigkeit der Situation vermitteln und ihnen erklären, dass auch der Programm-Manager die entstandene Lage als wenig wünschenswert erlebte.

Zumindest diese Erklärung war er seinen Kollegen und Dienstleistern schuldig. Eine Aussprache würde auch einen besseren Übergang in die anschließende Phase ermöglichen, die ein Ende dieser unglücklichen Konstellation bedeutete.

Erstaunlicherweise war die Neupositionierung der Rollen der Auftakt für ein anderes menschlicheres Auftreten.

Der Programm-Manager konnte die Beziehungen zu den Menschen wieder aufnehmen. Damit war die Situation selber noch kein bisschen verbessert. Das gegenseitige Verständnis half zumindest, die Beziehung nicht noch weiter zu beschädigen, und schaffte damit eine bessere Ausgangsposition für eine mögliche Wiederaufnahme der Arbeitsbeziehung in der Zukunft.

In den folgenden Abschnitten sind Managementkonzepte vorgestellt, die gut zu den dargestellten Rollen passen. Sie können bei der Ausgestaltung der jeweiligen Rolle als eine Art roter Faden dienen.

Aufgabe: Rollenflexibilität

In dieser Übung geht es um die Ausgewogenheit der Rollenverteilung, die wir erreichen, und das Einschätzen unserer Rollenbeweglichkeit.

Der erste Schritt dazu ist das Ausfüllen des folgenden Tests: *https://masterherder.com/professional-assessment-start/*

Der Test ist kostenlos und kann nach Angabe einer E-Mail-Adresse direkt gestartet werden. Er ist in englischer Sprache verfügbar.

Ergebnisauswertung
Die Auswertung zeigt, in welcher Ausprägung du die fünf verschiedenen Rollen nutzt.

Die höchsten Werte markieren dabei die Rollen, die du am intensivsten einsetzt. Diese Verteilung entspricht deinen persönlichen Vorlieben.

Im Idealfall sollte sich die Belegung der Rollen jedoch weniger daran orientieren, welche Rolle du gerne einnimmst, sondern daran, welcher Bedarf sich aus dem Kontext ergibt.

Das Idealbild der Verteilung ist möglichst gleichmäßig.

Die Beispiele und Antworten in dem Test sind stark durch den amerikanischen Kulturraum geprägt. Dies kann das Ergebnis für andere Kulturen grundsätzlich etwas verfälschen.

Dass der der Raubtierrolle zugeordnete Wert niedriger ist als der Wert für die anderen Rollen, ist wahrscheinlich normal. Erst ein Wert unterhalb von 30 % sollte noch einmal genauer beurteilt werden.

Welche Rollen bevorzuge ich und was sagt das über mich selbst?

Wie kann ich erkennen, welche Rolle zu einem gegebenen Kontext passt?

Wie kann ich die Nutzung der von mir bisher nicht eingesetzten Rollen verstärken?

3.2 Ergänzung für die dominante Rolle

»Von der Art des Denkens hängt alles ab. Vom Denken geht alles aus, wird alles gelenkt und geschaffen. Wer schlecht redet oder handelt, dem folgt Leid wie das Rad den Hufen des Zugtiers.« – Buddha

Wird die dominante Rolle in einem agilen Umfeld falsch eingesetzt, kann das nachhaltigen Schaden anrichten. Geschieht das in der falschen Form oder bezieht es sich auf die falschen Themenfelder, steht es im Konflikt mit der Selbstorganisation von Teams.

In einer ähnlichen Krise steckt die Erziehung von Jugendlichen schon seit einiger Zeit.

Mit klassischer Autorität kann hier schon lange nicht mehr erfolgreich agiert werden. Aus diesem Feld stammt das Konzept der neuen Autorität, das im Folgenden vorgestellt werden soll, da sich aus den Parallelen der beiden Anwendungsfelder wertvolle Rückschlüsse ziehen lassen.

Es ist nicht so sehr ein Konzept im Sinne von Methoden und Tools. Vielmehr ist es eine Haltung. Das Wesentliche im Bereich der Agilität ist, eine geänderte Form der Dominanz anzuwenden und dabei Prioritäten und Grundsätze zu verschieben. Die Haltung der neuen Autorität verschiebt das Selbstbild, das Unternehmensbild und das Menschenbild.

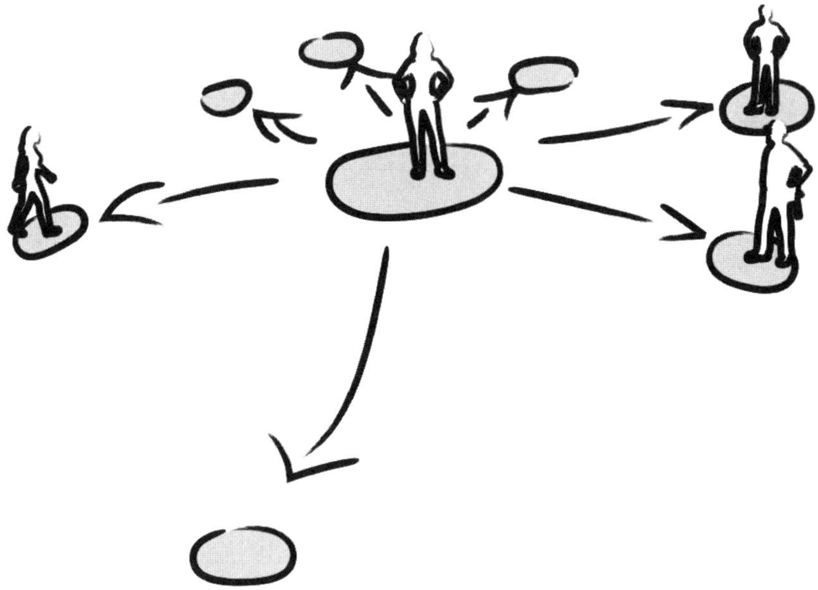

Das **Selbstbild** desjenigen, der dominiert, ist nicht mehr das des Machers, der im Zweifel alles besser kann und selbst tut. Er ist auch nicht mehr der Antreiber, der Druck macht und kontrolliert.

Vielmehr ist er ein Netzwerker, der beharrlich und ausdauernd viele kleine Dinge in großer Demut bewegt und der andere miteinander in Verbindung bringt, damit sie sich optimal entfalten können.

Mi der Änderung der Haltung ändert sich auch das **Unternehmensbild**. Das klassische Bild vom Unternehmen stellt es als perfekt eingestellte Maschine dar. Alle Zahnräder greifen passgenau ineinander. Die Maschine wird vom Chef persönlich gesteuert. Dieses Unternehmensbild der Maschine wird abgelöst durch das eines lebenden Systems, des Biotops, in dem Neues entstehen kann. Es entwickelt sich selbst in vielen kleinen eigenständigen Bereichen. Der Wald wächst auch ohne den Förster. Keiner muss an den Blättern ziehen oder den Wurzeln das Ausschlagen beibringen.

Auch das **Menschenbild** verändert sich. Menschen sind keine unselbstständigen Ressourcen mehr, die klare Anweisungen benötigen und kontrolliert werden müssen. Sie werden nicht mehr als diejenigen gesehen, die ausschließlich fremde Ideen umsetzen, von Natur aus faul sind und nichts leisten wollen.

Es geht weg von der reinen Umsetzung fremder Ideen.

Das neue Bild des Menschen ist das eines Individuums, das aus sich heraus etwas leisten möchte, einen sinnvollen Beitrag zum großen Ganzen. Das Bild vom Menschen ist ganzheitlich, ihm steht eine Vielzahl von Ressourcen zur Verfügung: die Fähigkeit zu denken, Gefühle zu entwickeln, seine Intuition, Energie, Motivation und die Kraft zur Umsetzung seiner Ideen. Es sind Menschen, die Gutes besser machen und Neues erfinden wollen.

3.2.1 Neue Autorität

Haim Omer ist Professor für klinische Psychologie an der Universität Tel Aviv, Israel. Er hat das Konzept der neuen Autorität geprägt. Seit mehr als 20 Jahren unterstützt er Eltern, deren Kinder sogenannte »Dominanz-orientierte« Verhaltensweisen zeigen. Hierbei hat er auch die Ideen des gewaltfreien Widerstands von Mahatma Ghandi und Martin Luther King in die pädagogisch-therapeutische Arbeit integriert.

Haim Omer definiert Autorität neu und beschreibt den Tausch von Machtausübung gegen Präsenz und Beharrlichkeit als wesentliche Änderung. Ziel seines

Konzepts ist die Wiederherstellung der Präsenz der Erziehungsverantwortlichen. Widerstand und Wiedergutmachung treten an die Stelle von Strafe und Härte. Der Widerstand richtet sich gegen das Verhalten von Kindern. Dagegen wird mit Stärke statt mit Macht eingeschritten. Die Wiedergutmachung bietet Versöhnung an, wo es Konflikte gab. Die Kinder werden in ihrer Selbstveränderung unterstützt und nicht einem einsamen Kampf gepaart mit Kontrollversuchen überlassen.

Elemente	Alte Autorität	Neue Autorität
Höchster Wert	Gehorsam	Kooperation
Beziehung	Distanz	Nähe
Information	sich bedeckt halten	Transparenz
Zeitverständnis	Ungeduld	Beharrlichkeit
Reflexion	Schwäche	Professionalität
Wiedergutmachung	Sanktion	Integration
Koalition	Wettbewerb	Kooperation

Abbildung 3.4: Tabelle – Elemente von alter und neuer Autorität

Dieses Konzept lässt sich gut auf die Krise der alten Autorität in der Unternehmensführung übertragen. Eine Führungskraft mit neuer Autorität verlässt sich auf ihre Stärke, nicht auf ihre Macht.

Die Kooperation mit dem Unternehmen hat einen sehr hohen Stellenwert, da nur durch eine vertrauensvolle Zusammenarbeit außergewöhnliche Produkte hervorgebracht werden.

Voraussetzung dafür sind echte Teamarbeit und Kooperation. Gute Teamarbeit entsteht auf Basis vertrauensvoller Beziehungen. Vertrauen beschleunigt alle Abläufe und Prozesse. Die Informationen und Regeln, nach denen gespielt wird, sind transparent für alle. Es wird beharrlich und zuversichtlich an den Themen gearbeitet. Rückschläge und Fehler werden als wichtige Information darüber gewertet, was man das nächste Mal besser machen kann.

Diese regelmäßige Reflexion hat das Ziel, gemeinsam die richtigen Hebel zu finden, wie man noch erfolgreicher gestaltend tätig sein kann.

Gleiches gilt für auftretende Konflikte. Auch sie werden in der gemeinsamen Nachbetrachtung bewertet und gelöst.

Die Konfliktparteien können mit der Grundhaltung der Wiedergutmachung aufeinander zugehen.

Das Ziel dieser Vorgehensweise ist es, im Unternehmen und über die Unternehmensgrenzen hinweg kooperative Koalitionen entstehen zu lassen, die gemeinsam erfolgreich sind.

3.2.2 Die Elemente im Detail

Abbildung 3.5: Elemente der neuen Autorität

3.2.3 Selbstführung

Eine gute Selbstführung ist wichtig, um mit gutem Beispiel voranzugehen. Dazu gehören die Themen Emotionsregulation und Impulsdistanz (siehe Kapitel 1). Die persönliche Reife im Umgang mit sich selbst und seinen eigenen widersprüchlichen Impulsen ist die Grundvoraussetzung für eine gute Selbstführung.

Seine eigene Intuition und die eigenen Emotionen zu kennen und einzuschätzen, ist eine wichtige Fähigkeit. Selbstakzeptanz ist der Schlüssel für die ehrliche Akzeptanz anderer. Man kann eine Haltung nicht erfolgreich vortäuschen, sie muss authentisch sein. Sich selbst und seine Schwächen zu kennen und damit souverän umzugehen, ist wichtig für eine gute Selbstführung. Teil einer guten Selbstführung ist es auch, sich selbst an aufgestellte Regeln zu halten und darüber Transparenz zu schaffen.

3.2.4 Präsenz

Die Präsenz eines Menschen ist schwer zu erklären. Wir versuchen es, indem wir die gängige Betrachtung darüber, wie eine Person »einen Raum füllt«, heranziehen.

Es gibt Menschen, die einen Raum betreten und ihn damit größer erscheinen lassen.

Diese Art von Präsenz ist gemeint. Andere Menschen betreten einen Raum und dieser schrumpft zusammen auf die Größe einer Erbse. Neben ihnen und ihrem großen Ego ist kein Platz mehr.

Sie dominieren alle Gespräche und alle anderen sind unbewusst auf der Hut und versuchen, nichts Falsches zu sagen. Das ist auch eine Form von starker Präsenz, aber genau das Gegenteil von dem, was hier gemeint ist.

Die Form von Präsenz, die wir meinen, lädt Menschen dazu ein, einander zu vertrauen. Sie ist offen und ermutigt, sich zu öffnen. Dazu gehören eine ruhige Aufmerksamkeit und das ehrliche Interesse an Menschen.

Wirklich zuzuhören und das Gegenüber möglichst vollständig zu verstehen, ist Teil der Präsenz. Diese Präsenz ist jedoch nicht nur eine innere Einstellung, sondern auch eine reale Präsenz. Die Person ist da, vor Ort und kann angesprochen werden. Der Aufbau einer Beziehung ist möglich, da die Beteiligten Zeit gemeinsam verbringen.

Das bedeutet auch, dass man sich beim Auftauchen von Problemen nicht hinter Floskeln versteckt und sich zurückzieht, sondern erreichbar ist.

Dies gilt besonders dann, wenn Konflikte eskalieren. Nach dem Konfliktmodell von Friedrich Glas gibt es drei Eskalationsstufen von Konflikten mit zusätzlichen Unterstufen.[1]

1 *https://de.wikipedia.org/wiki/Konflikteskalation_nach_Friedrich_Glasl*

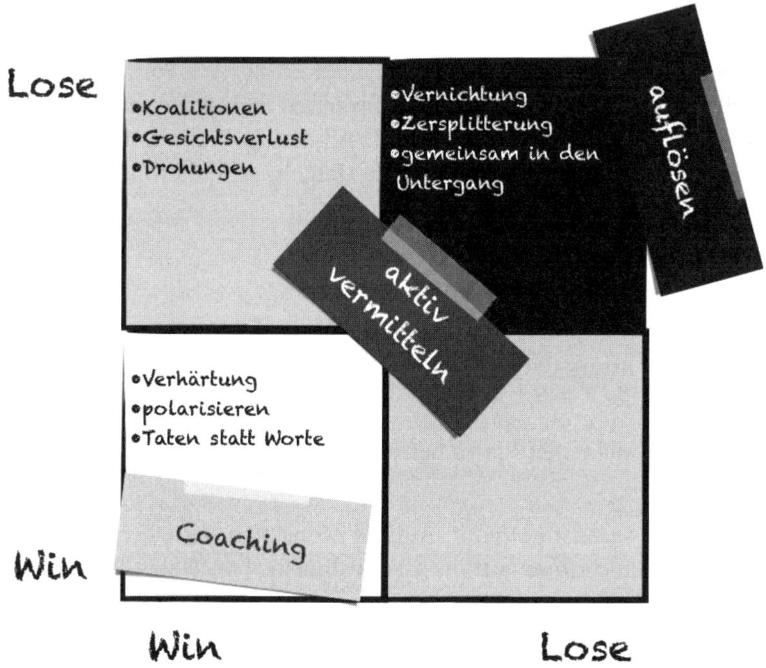

Abbildung 3.6: Konflikte und Führung

Auseinandersetzungen können sehr viel Energie rauben und die falschen Themen zum Inhalt haben. Besonders dann ist es notwendig, präsent zu sein, um gemeinsam gute und nachhaltige Lösungen zu entwickeln.

Einfache Konflikte, die an der Verhärtung der Fronten und einer Polarisierung im Team zu erkennen sind, können gut eingespielte Teams ohne Unterstützung durch eine Führungskraft lösen.

Präsenz bedeutet auf dieser Ebene, dass die Führungskraft anwesend und aufmerksam ist.

Erst wenn der Konflikt weiter eskaliert und es den Konfliktparteien nur noch um den eigenen Sieg geht und im Falle des Nachgebens der Gesichtsverlust befürchtet wird, ist das Eingreifen der Führungskraft und deren aktive Vermittlung notwendig. Dabei agiert die Führungskraft überparteilich. Sie versucht, die Absichten beider Parteien zu verstehen, und agiert vermittelnd und deeskalierend. Spätestens wenn der Konflikt weiter eskaliert, holt die Führungskraft externe Unterstützung zur Konfliktklärung. Wenn notwendig, ergreift sie Maßnahmen, um den Konflikt aufzulösen. Um diese Maßnahmen gut und zum richtigen Zeitpunkt umzusetzen, agiert die Führungskraft im Team mit anderen Führungskräften.

3.2.5 Reflexion

Gemeinsame Reflexion – prüfendes und vergleichendes Nachdenken, der ehrliche Austausch und das Benennen von Problemen und Schwierigkeiten bilden die Grundlage für gemeinsames Lernen.

Wir begeben uns auf die Suche nach guten Antworten, indem wir Fragen und Hinterfragen zulassen und dabei zunächst die Lösung offenlassen.

Die gefundenen Lösungen können wir auch wieder verwerfen, wenn wir neue oder andere Informationen erhalten. Das ist Teil der Kultur des Lernens.

Die Voraussetzung dafür ist ein anderes Selbstbild als das des Allwissenden, der auf jede Frage immer die richtige Antwort hat.

Die Aufmerksamkeit wird auf den Prozess der Interaktion und Reflexion gelegt. Die Reflexion hat das Ziel, etwas zu finden, was man besser machen kann. Dieses Bessermachen muss ganz konkret und am besten sofort umsetzbar sein. Die Reflexion ist zentraler Bestandteil des Denk- und Handlungsmusters aus dem Cynefin-Modell (Abschnitt 1.2) Probiere – Erkenne – Reagiere. Die Reflexion ist sowohl Teil des Probierens als auch Teil des Erkennens. Im Probieren wird reflektiert, was genau man erreichen möchte und was die beste Möglichkeit ist, dieses Ergebnis zu erreichen. Es wird gemeinsam ein Experiment entwickelt. Dieser Prozess ist von Reflexion begleitet. Dann wird das Experiment ausgeführt. Die Reflexion über die Interpretation des Ergebnisses und der nächsten daraus folgenden Handlungsschritte als Reaktion ist ein gemeinsamer Lernprozess. Reflexion betrifft jedoch nicht nur die fachlichen Themenstellungen, sondern ist auch auf Teamebene wichtig. Die Interaktion im Team und die Teamprozesse werden dabei reflektiert. Das Ziel ist, gemeinsam besser miteinander zu interagieren und zu kommunizieren. Auch der soziale Lernprozess entsteht aus der Reflexion.

3.2.6 Beharrlichkeit / Deeskalation

Beharrlichkeit tritt an die Stelle von Ungeduld und Druckaufbau. Wenn etwas als wichtig und richtig erkannt wird, dann wird es kontinuierlich verfolgt. Dabei sind langfristige und strategische Themen, die für das ganze Unternehmen relevant sind, besonders von Interesse. Diese Themen entstehen aus einer anderen Perspektive als die des Tagesgeschäfts (hier und jetzt). Es geht um die Entwicklung von Zukunftsoptionen, von Innovationen. Es geht um die Kunden von morgen und übermorgen. Hier ist Beharrlichkeit gefragt, nicht Aktionismus. Das bedeutet, sich auch von Rückschlägen nicht den Optimismus nehmen zu lassen und gelassen weiterzugehen. Situative Ausnahmen können dabei geduldet werden. Das große Ganze ist das Ziel. Die Vision und die Bestimmung des Unternehmens leiten das Handeln. Das Ziel ist, mit beharrlicher Argumentation zu überzeugen, damit die anderen die Ziele besser verstehen können. Nur eine geteilte Vision ist eine wirkliche Vision. Beharrlichkeit und Deeskalation ebnen ihr den Weg. Deeskalation versucht, andere Perspektiven und Ansätze zu integrieren, statt sie zu unterdrücken. Kreative Lösungen des »sowohl als auch« zu finden, ist das Ziel, nicht das »entweder oder«. Das sind die Herausforderungen, vor die wir uns auf Basis der beschriebenen Einstellung immer wieder selbst stellen.

3.2.7 Wiedergutmachung

Strafe und Sanktionen werden von klassischen Autoritäten verwendet, um Regelübertretungen zu bestrafen. Sie haben den Effekt, dass sie demotivieren.

Wiedergutmachung geht einen anderen Weg.

Sie entspringt der Haltung, dass jeder Handlung eine positive Absicht zugrunde liegt, auch wenn es manchmal schwer ist, das zu erkennen. Nach dieser Absicht wird gesucht, um die Handlung oder Regelübertretung besser verstehen zu können. Wenn die Absicht erkannt wurde, kann man gemeinsam versuchen, bessere Lösungen zu finden, die weniger Schaden anrichten oder mit den Regeln vereinbar sind. Statt in die Konfrontation zu gehen und Macht zu gebrauchen, wird die Wiedergutmachung gesucht und es werden Verbindungen eingegangen. Kreative angstfreie Räume des Miteinanders sind die Basis für die gemeinsame Entwicklung von besseren Lösungen.

3.2.8 Führungskoalitionen

Die Neue Autorität ist sich sehr wohl ihrer Macht als auch der Grenzen dieser Macht im Klaren. Durch gemeinsames Auftreten als Führungsteam wird die Stimme kräftiger. Führung stimmt sich ab und bildet Koalitionen, um gemeinsam aufzutreten.

Idealerweise muss Macht gar nicht erst eingesetzt werden.

Andere Meinungen oder Perspektiven müssen kein Affront sein, sie können die eigene Sicht bereichern und erweitern. Die Verbindung mit anderen Bereichen und Unternehmen kann eine bessere Alternative als die Konfrontation sein und kann uns Möglichkeiten eröffnen. Der ehrliche Austausch und die Suche nach langfristigen gemeinsamen Vorteilen ist die Basis für stabile Führungskoalitionen. Partnerschaftlicher ethischer Umgang und das Vertreten von klaren Werten und Positionen ist Teil dieser Partnerschaften. Das Führungsteam ist der Held, nicht der einzelne Spieler und sei er auch noch so talentiert. Diese Gemeinschaft kann die Führungskraft aufbauen und sich in sie integrieren. Die Beziehungen sind von Vertrauen und Kontinuität geprägt.

3.2.9 Transparenz

Die gemeinsame Wertebasis, die Vision, die Ziele, die Regeln, das Vorgehen, der Status sind für alle transparent und einsehbar. Sie sind dokumentiert und gelten für alle genau auf die Art und Weise, wie sie dokumentiert sind. Sie können jederzeit angepasst werden, aber dann werden alle Personen informiert, für die diese Änderung relevant ist. Diese Art der Transparenz setzt eine große Disziplin in der Kommunikation voraus. Das gilt besonders für die schriftliche Kommunikation. Die Grenze der Transparenz ist ein Paragrafen-Wirrwarr, den keiner mehr nachvollziehen kann. Wenn Experten benötigt werden, um den Inhalt zu verstehen und interpretieren zu können, ist die Grenze zur Bürokratie überschritten. Aus diesem Grund ist es immer wieder wichtig zu fragen, ob Regeln und Entscheidungen noch benötigt werden. Einfachheit ist eine ganz entscheidende Voraussetzung für den effektiven Umgang mit Transparenz.

3.2.10 Die Wirkung von neuer Autorität auf Agilität

Die Koexistenz von Führung und Selbstorganisation ist von erheblichen Widersprüchen geprägt. Wie steuert man etwas, was sich selbst steuert? Unter Wahrung der Autonomie und Verantwortung aller behutsam einzugreifen, das ist die Herausforderung, vor der diejenigen stehen, die Verantwortung im Rahmen der Selbstorganisation übernehmen. Die Neue Autorität kann diesen Widerspruch nicht auflösen. Sie kann jedoch helfen, ihn konstruktiv zu nutzen.

3.2.11 Beispiel: Den Rahmen setzen

Walter ist Projektleiter für ein agiles Projekt zur Entwicklung einer Software. Der Rahmen für sein Projekt ist klassisch – »ganz normal«, aber innerhalb der Teilprojekte agieren agile Teams, zum Teil Teams externer Dienstleister. Seine Rolle steht in gewisser Weise in krassem Gegensatz zur agilen Idee der Selbstorganisation. Er ist sich dieses Konflikts sehr wohl bewusst und versucht, seine Entscheidungsmacht idealerweise gar nicht einzusetzen.

Er möchte das Team weiterentwickeln und Entscheidungen im Team fördern. Zum Teil hat er sehr junge Entwickler im Team. Ihm ist klar, dass diese wenig Praxiserfahrung haben. Er meldet bei einigen Entscheidungen Bedenken an und nennt Argumente, weshalb er von einigen Ideen noch nicht überzeugt ist.

Er lässt jedoch die Mitarbeiter im Allgemeinen die Entscheidungen selbst treffen.

Ihm ist wichtiger, dass sie lernen und aktiv gestalten, als dass alles nach seinen Vorstellungen läuft. Lösungsansätze, von denen er wenig überzeugt ist, beobachtet er vorrangig im Hinblick auf ihre Auswirkungen. Das läuft insgesamt recht gut. Es gibt immer wieder Probleme, doch das Team ist in der Lage, selbstständig und konstruktiv daran zu arbeiten. Er führt regelmäßig Retrospektiven durch, in denen das Team gemeinsam Lösungen sucht. Er selbst moderiert diese Retrospektiven nur. Die Themen der Retrospektive stimmt er oft mit dem Team ab; wenn er es für notwendig hält, legt er sie auch selbst fest.

Nun hat das Team im Rahmen eines Piloten gerade eine erste Version der Software für reale Nutzer freigeschaltet. Dabei sind viele Fehler in der Software sichtbar geworden. Die Anwender sind ungeduldig, weil die Fehlerbeseitigung zu lange dauert.

Walter stimmt sich mit dem Produktverantwortlichen darüber ab, um zu klären, ob auch er die Fehlerbeseitigung im Augenblick am höchsten priorisieren würde. Das ist der Fall.

Die nächste Retrospektive moderiert Walter selbst, der Scrum-Master des Dienstleiters ist dazu aus seiner Sicht nicht so gut in der Lage, er agiert Walter nicht neutral genug und versucht zu stark, auf die Ergebnisse in seinem Sinne Einfluss zu nehmen.

Das Team ist über mehrere Kontinente verteilt. Die Zusammenarbeit erfolgt virtuell.

Walter hat die Dauer der Retrospektive auf 30 Minuten begrenzt, um den 50 beteiligten Entwicklern eine konzentrierte Teilnahme zu ermöglichen.

Ein Tool zur gemeinsamen Meinungsbildung wird verwendet, um die Sichtweise aller Beteiligten zu visualisieren. Auf diese Weise lässt sich die Diskussion erheblich verkürzen. Die Retrospektive beginnt und er beschreibt das Thema Fehlerbeseitigung und erklärt die Auswirkungen für den Endkunden. Jetzt hat das Team die Möglichkeit, Vorschläge zur besseren und schnelleren Fehlerbeseitigung zu unterbreiten. Walter moderiert nur und nimmt alle Anregungen auf. Eine Anzahl von Vorschlägen zwischen fünf und zehn hat sich für eine gute Lösungsfindung bewährt. Das Team schlägt folgende Maßnahmen vor:

1. Bessere Testfälle
2. Längere Sprints, um mehr zu testen
3. Klarere Architekturvorgaben
4. Nur finale Anforderungen umsetzen
5. Ein getrenntes Supportteam
6. Mehr Tester im Team
7. Schnellere Deployments

Jeder Einzelne im Team bewertet jetzt den Effekt und den Aufwand für alle Vorschläge. In der Grafik kann man während der Abstimmung beobachten, wie die Vorschläge, die als Punkte grafisch repräsentiert sind, sich verschieben. Nachdem vierzig Stimmen eingegangen sind, zeichnet sich das nachfolgend dargestellte Bild ab. Die besseren Testfälle und das getrennte Supportteam setzten sich deutlich von den anderen Vorschlägen ab.

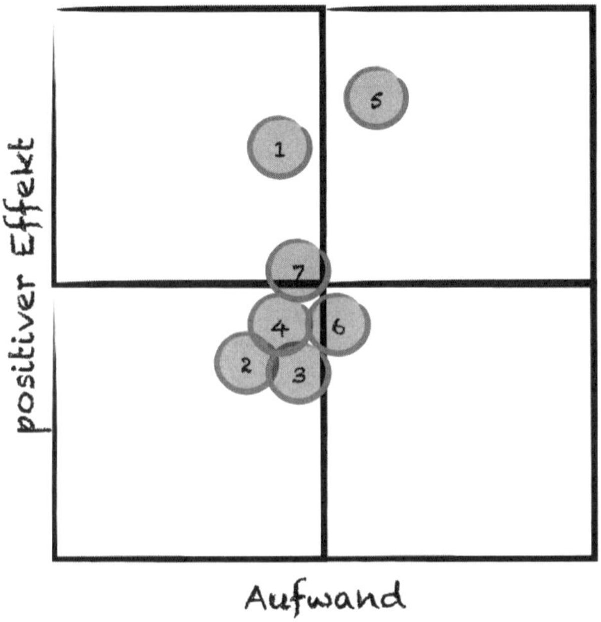

Abbildung 3.7: Bewertung der Vorschläge durch das Team

Die bestehenden Testfälle (Punkt 1) zu verbessern, übernimmt der Testmanager gerne. Das separate Testteam (Punkt 5) ist schon schwieriger umzusetzen. Man ist sich einig, dass dafür vier Mitarbeiter benötigt werden. Weiter kommt das Team in der vorgegebenen Zeit nicht. Walter fragt, ob es möglich ist, dass die beiden beteiligten Teams jeweils zwei Mitarbeiter in das neu aufzusetzende Supportteam entsenden. Er schlägt vor, sich für die Auswahl und Benennung der Support-Team-Mitglieder einen Sprint als Zeiteinheit vorzunehmen. Der Vorschlag erscheint allen realistisch. Walter dankt dem Team für die gute Beteiligung an der Retrospektive.

Das Beispiel illustriert Walters Ansatz, Probleme nicht allein zu lösen, sondern sie in das Team zu spiegeln, um dort die geeigneten Antworten zu finden.

Idealerweise passt das Team den Rahmen der Zusammenarbeit, also die gemeinsam festgelegte Vorgehensweise, an. Der Scrum-Master sorgt im Anschluss dafür, dass der angepasste Rahmen auch eingehalten wird. Der Rahmen dominiert den Prozess und das Team. Dafür ist er da. So braucht Walter sein Team nicht zu dominieren und kann sich meistens darauf beschränken, es zu unterstützen. Nur am Ende des Meetings hat er direkt Einfluss genommen und den letzten Punkt selbst gesetzt. Das Team ist ihm mit seinem Vorschlag gefolgt und nur deshalb konnte er umgesetzt werden. Das Supportteam konnte im Folgesprint benannt werden und hat die gewünschte Qualitätsverbesserung herbeigeführt.

Aufgabe: Neue Autorität

In dieser Übung geht es darum, die dominante Rolle anders auszuleben und neue Erfahrungen zu machen. Dazu füllst du erst einmal den unten angefügten Test aus. Wie ist deine eigene Haltung zu den Extrempunkten? Antworte am besten ganz spontan.

Elemente	Alte Autorität (Null)	Deine Bewertung	Neue Autorität (Zehn)
Höchster Wert	Gehorsam	<—0........10—>	Kooperation
Beziehung	Distanz	<—0........10—>	Nähe
Information	sich bedeckt halten	<—0........10—>	Transparenz
Zeitverständnis	Ungeduld	<—0........10—>	Beharrlichkeit
Reflexion	Schwäche	<—0........10—>	Professionalität
Wiedergutmachung	Sanktion	<—0........10—>	Integration
Koalition	Wettbewerb	<—0........10—>	Kooperation

Berechne den Mittelwert (die Summe der von dir gewählten Werte geteilt durch die Anzahl der sieben Spalten.)

Mein Mittelwert ist __________

Für welche Elemente ist meine Antwort niedriger als mein Mittelwert?

1.) ______________________________

2.) ______________________________

3.) ______________________________

Was möchtest du tun, um dich den Attributen für die Neue Autorität anzunähern?

____

____

____

____

Definiere ein persönliches Projekt zu mehr Stärke statt Macht:

____

____

____

____

3.3 Ergänzung für die Wächter- und Raubtierrolle

»*Den Frieden erhält man, indem man wachsam bleibt.*« – Peter Tremayne

Die Rolle des Wachenden und die Raubtier-Rolle sind hier zusammengefasst, weil sie gemeinsam dem Konzept der Unternehmens-Selbst-Steuerung sehr nahe sind. Dieses Konzept beinhaltet zwei verschiedene Rollen eines Managers, die sehr unterschiedlich ausgeprägt sind. Die eine Rolle entspricht der des Beobachters, die andere der des Raubtiers. Die Raubtierrolle wird in diesem Konzept von einer Managementkoalition eingenommen.

Die Rolle des Wächters lässt sich mit der beobachtenden Rolle im Konzept der Unternehmens-Selbst-Steuerung »evolutionäre Führung« vergleichen.[2] In den Phasen, in denen das Unternehmen gut funktioniert, werden Ziele vorgegeben und vom Unternehmen ungesetzt. Es werden nur inkrementelle Verbesserungen und Optimierungen vorgenommen. Hier werden Werte und Normen gelebt und gemeinsame Erfolge erzielt. Die Rolle des Managers ist es, das Unternehmen zu beobachten.

Er sollte das tun, um die Muster, die das Unternehmen erfolgreich machen, besser zu verstehen und ohne zu werten.

Die Beobachtung erfolgt mit einer geeigneten Distanz zum Unternehmen. Die Entwicklung des Unternehmens wird als Lebensweg bezeichnet. Dazu gehört alles, was das Unternehmen erfolgreich gemacht hat, einschließlich der Umbrüche und Misserfolge. Die sich ergebenden Charakteristika und Wiederholungen ergeben

---

2 Selbststeuerung von Unternehmen: Ein Handbuch für Manager und Führungskräfte, Februar 2009 von Alexander Exner, Hella Exner, Gerhard Hochreiter

ein Muster, das nachzeichnet, wie das Unternehmen funktioniert. Das Bild des Unternehmens als Biotop (Abschnitt 3.2) ist eine zentrale Perspektivverschiebung, die der Steuerbarkeit des Unternehmens zugrunde liegt. Wenn ein Unternehmen eine triviale Maschine wäre, hätte es einen klaren Bauplan und eine Bedienungsanleitung. Man müsste nur auf den richtigen Knopf drücken und alles Weitere wäre vorprogrammiert. Wenn dem so wäre, gäbe es keine Notwendigkeit, zu beobachten. Das Biotop hingegen hat seine eigenen Regeln und einen Ablaufplan, nach dem es funktioniert.

Das ist die Grundidee von selbstorganisierten Teams. Sie haben die Freiheit, sich so zu steuern, wie es für sie am besten ist.

Das Beobachten ist eine Art forschender Blick. Aus der Perspektive der Beobachtung ergeben sich eventuell andere Fragen oder Möglichkeiten, die gemeinsam reflektiert oder ausprobiert werden können. Das Team von Führungskräften beobachtet und reflektiert gemeinsam. Die Beobachtung bezieht sich selbstverständlich nicht nur auf das Unternehmen selbst, sondern auch auf den Markt und die Wettbewerber. Für den Fall, dass sich daraus eine existenzielle Bedrohung für das Unternehmen ergibt, wird die »evolutionäre Selbststeuerung« durch die »revolutionäre Selbststeuerung« ersetzt.

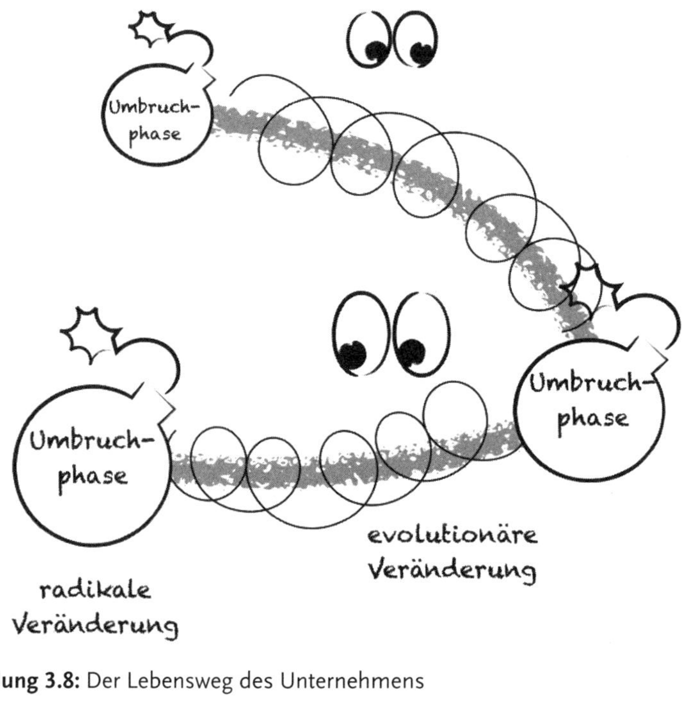

Abbildung 3.8: Der Lebensweg des Unternehmens

Die Veränderung des Führungsstils sollte nicht im stillen Kämmerlein vollzogen werden. Die Beobachtung eventueller Bedrohungen und deren Bewertung werden im Management-Team gemeinsam vorgenommen. Wenn sie gemeinsam als relevant und bedrohlich erachtet werden, wird der Führungsstil gewechselt. Die »revolutionäre Selbststeuerung« entspricht dabei der Raubtier-Rolle. Der Unterschied ist jedoch, dass kein direkter Eingriff nach dem Ursache-Wirkungs-Prinzip vorgenommen wird. Wenn das Unternehmen eine Maschine wäre und sie nicht richtig funktionieren würde, müsste man sie in diesem Fall einem Experten übergeben, der sie verändern kann, damit sie besser und schneller arbeitet. Unternehmen sind in der Regel komplexe Systeme und das Handlungsprinzip für erfolgreiche Steuerungsimpulse in komplexen Systemen ist »Probieren – Erkennen – Reagieren«. Es wird gemeinsam ein Experiment entworfen, mit dem Ziel, die Muster des Systems zu ändern. Erfolglose oder veraltete Muster sollen durch bessere, passendere oder zeitgemäßere ersetzt werden. Das System steuert sich selbst, und die Frage, wie man die Muster wechseln kann, ist nicht einfach zu beantworten. Das Experiment hat die Aufgabe, das System zu irritieren, damit es so, wie es bisher funktioniert hat, nicht einfach weiterarbeiten kann. Diese Irritation leitet den Musterwechsel ein. Das Unternehmen verliert bisher orientierungsgebende Steuerungsmuster und muss sich neu sortieren und andere Wege erfinden.

Dieser gewünschte Musterwechsel kann funktionieren, muss es aber nicht. Deshalb wird das Experiment ausgewertet und immer wieder entsprechend angepasst. Eine ganz wichtige Quelle für die erfolgreiche Durchführung von Musterveränderungen ist es, die bestehenden Muster des Unternehmens gut zu kennen. Hier schließt sich der Kreis zum Beobachten. Je klarer das Bild der Unternehmensmuster ist, desto besser lassen sich Experimente entwerfen, mit denen man erfolgreich die Muster wechseln kann. Die Experten für diese Musterwechsel sind Manager und keine externen Berater, die so etwas schon viele Male gemacht haben. Jedes Unternehmen ist in seiner Selbststeuerung einmalig und jede Situation ist einzigartig. Die besten Experten für das Unternehmen finden sich im Unternehmen selbst.

In der Komplexität gibt es keine Patentrezepte.

Externe Experten können möglicherweise Teil von Experimenten sein und andere hilfreiche Perspektiven zur Verfügung stellen. Sie können mit zusätzlicher Energie die Irritation erhöhen und den Musterwechsel unterstützen. Wenn das Experiment erfolgreich verlaufen ist, wird wieder zurück zur evolutionären Steuerung gewechselt.

3.3.1 Fortsetzung Beispiel 4.1

Um das eben Beschriebene zu illustrieren, setzen wir das Beispiel aus Abschnitt 3.1 fort, die Ausgangssituation ist nur dort beschrieben und wird hier nicht wiederholt.

Neben dem Programm-Manager sind an dem Digitalisierungsvorhaben noch eine Changemanagerin und eine Portfoliomanagerin, die für die Steuerung und das Controlling der Projekte verantwortlich sind, beteiligt. Anlässlich des wöchentlichen Treffens stellte der Programm-Manager das Maßnahmenbündel zur Umstellung des Programms auf den Krisenmodus vor. Er betrachtete die von ihm als sinnvoll erachteten Maßnahmen als alternativlos und hielt daher die Zustimmung der beiden anderen Manager für eine reine Formalie. Dem war jedoch nicht so. Nach dem Abschluss seiner Präsentation schüttelte die Portfoliomanagerin lange den Kopf, während sie nachdachte. Nach langem Schweigen sagte sie endlich: »Das darf doch nicht wahr sein, wir haben fast 25% des Budgets für Qualitätssicherung ausgegeben und jetzt das.« Ja, er sei auch sehr enttäuscht von den Mitarbeitern in der Qualitätssicherungsabteilung, pflichtet der Programm-Manager bei. Die Changemanagerin entgegnet, dass nicht die Personen für diese Situation verantwortlich sind, sie haben ihr Bestes gegeben und machen seit Monaten Überstunden. Qualität beginnt nach ihrem Verständnis nicht bei der Qualitätssicherung, sondern auf einer ganz anderen Ebene, die im Kern des Produkts und in der Konzeption liegt.

Sie sieht im Setup des Programms die Ursache des Problems.

Diese Bemerkung sei rückwärtsgewandt und nicht lösungsorientiert, bemerkt der Programm-Manager.

Er hat das Programmdesign maßgeblich beeinflusst und großen Anteil an der Konzeption genommen und fühlt sich durch diese Bemerkung persönlich angegriffen. Die Changemanagerin kann die Bemerkung sehr wohl einordnen. Es kann jetzt nicht um persönliche Eitelkeiten gehen. Nur eine schonungslose Analyse der Situation kann jetzt dabei helfen, die richtigen Maßnahmen zu finden.

Die vorgestellten Ansätze sind möglicherweise geeignet, um einzelne Brandherde zu löschen, sie sind jedoch keinesfalls geeignet, um den bevorstehenden Flächenbrand zu verhindern.

Die Portfoliomanagerin pflichtet dem bei und fordert ebenfalls ein wirksameres Vorgehen. Es ist jetzt wichtig, die richtigen Hebel zu finden. Der Programm-Manager stimmt genervt dem Hinzuziehen eines externen Moderators sowie eines Vorstandsmitglieds und des Unternehmensarchitekten zu. Alle sollen für einen gemeinsamen Workshop versammelt werden, auch wenn er das als Zeitverschwendung empfindet.

Bereits am nächsten Tag findet der Workshop statt. Der Moderator stellt nach einer kurzen Einleitung die erste Frage. Wie konnte es dem Team gelingen, so aufwendig zu scheitern?

Er bittet alle Beteiligten, ihre Gedanken auf Moderationskarten zu notieren und im Anschluss zu präsentieren.

Der Unternehmensarchitekt beginnt mit der Präsentation:

- Zu viele und zu spät angefragte Change-Requests bezogen auf die Master-Daten.
- Zu viele und zu spät vorgenommene Anpassungen an den Schnittstellen.

Der Vorstand ist überrascht und wirft ein, dass sie doch einen Prozess für Change-Requests und für Master-Daten und Schnittstellen eingeführt haben. Das hat nichts gebracht, entgegnet der Unternehmensarchitekt, die Änderungen waren ja alle gut und richtig und deshalb habe man sie gar nicht ablehnen können. Das Problem war der Zeitpunkt. Die Änderungen hätten so viele Folgeänderungen nach sich gezogen und diese haben zum Teil weitere Änderungen ausgelöst. Das ist immer so, wenn man zu spät die Systeme integriert, wirft er trocken hinterher. Der Programm-Manager setzt gerade an, wortreich zu erklären, wie gut der Integrationsprozess geplant gewesen sei, als er vom Vorstand unterbrochen wird.

Wie man denn eine späte Integration verhindern kann, will er vom Unternehmensarchitekten wissen. Man muss mindestens gemeinsame Zwischenreleases planen oder diese sogar kontinuierlich integrieren. Dann würden die Systeme und Projekte automatisch zu einer besseren Abstimmung der Daten und Schnittstellen geleitet werden.

Das führt ja zu weiteren, noch schnelleren Veränderungen, entgegnet der Vorstand und beruhigt den Progamm-Manager damit wieder etwas.

Das muss nicht so sein, fährt der Unternehmensarchitekt fort. Es sind üblicherweise viele kleine Änderungen, die sich um eine stabile Basis herumbewegen. Diese stabile Basis hat es im aktuellen Programm leider nicht oder erst viel zu spät gegeben.

Nachvollziehbar stellt sich nun die Frage, ob denn die vorgeschlagenen Notfallmaßnahmen des Programm-Managers geeignet sind, diesen stabilen Kern zu erzeugen.

Das ist wahrscheinlich nicht der Fall. Bestenfalls entsteht ein erstes Zwischenrelease für einen Systemteil. Die negativen Auswirkungen auf die anderen Bereiche sind noch nicht absehbar. Der Moderator fragt, ob die Idee, ein stabiles Kernsystem zu entwickeln, nicht eine gute Stoßrichtung für die gemeinsame Strategie sein kann. Dieser Ansatz findet große Zustimmung. Dazu wäre es einerseits notwendig, die Sofortmaßnahmen vor diesem Hintergrund noch einmal zu überarbeiten.

Zusätzlich müsste man sich parallel das ganze System noch einmal ansehen. Viel weiter kommen sie bei ihrem ersten Treffen nicht. Sie passen noch gemeinsam die Sofortmaßnahmen an und verabschieden diese, damit sie zügig umgesetzt werden können. Gleichzeitig wird die Changemanagerin beauftragt, zeitnah einen »Open Space« mit allen Experten durchzuführen. Ein Open Space ist eine selbstorganisierte Methode der Großgruppenmoderation zur Strukturierung von Konferenzen. Dieser Open Space soll unter der Überschrift »stabiles Kernrelease« stehen. Der

Programm-Manager ist noch nicht wirklich davon überzeugt, dass diese Art der Konzeption zum richtigen Ergebnis führt, hat jedoch keine schwerwiegenden Einwände, es auszuprobieren. Die Changemanagerin sieht in dieser Art der Umsetzung eine Chance, die Teams als Berater zu nutzen und ehrlich und auf Augenhöhe zu kommunizieren.

Sie glaubt, dass dieses Vorgehen zu mehr Commitment (»Verpflichtungserklärung«) bezüglich des Erreichens der Ergebnisse führen wird.

Der Open Space ist von einer guten konstruktiven Stimmung getragen. Die Mitarbeiter haben sehr wohl die Ernsthaftigkeit der Lage verstanden und sind hochmotiviert, gemeinsam eine gute Lösung zu finden. Am Ende der Ideenfindungsphase sollen die besten drei Maßnahmen zur Lösung prämiert werden. Folgende Maßnahmen setzen sich durch:

- Das Portfolio soll vollständig agil sein.
- Es soll weniger, aber dafür stabile Masterdaten geben, die Change-Prozesse sollten deutlich formaler sein.
- Alle zwei Wochen soll ein lauffähiges Release entstehen.

So richtig glücklich ist der Programm-Manager immer noch nicht mit dem Ergebnis. Er hat in dem Workshop die Energie und die Ernsthaftigkeit der Mitarbeiter gespürt und sieht hier die wichtigste Veränderung. Sie verabreden, nach einem halben Jahr wieder einen gemeinsamen Open Space durchzuführen, um den Erfolg der Maßnahmen kritisch zu hinterfragen und gegebenenfalls nachzusteuern. In diesem Open Space werden noch weitere Details gefunden, um das Konzept zu verbessern. Der grundlegende Wandel hingegen wird von allen Beteiligten als erfolgreich und nachhaltig bewertet.

Aufgabe: Beobachtung und Umbrüche

In dieser Übung geht es darum, die Rollen der Beobachtung und des Raubtiers besser zu nutzen. Üblicherweise handelt es sich bei diesen beiden Rollen um Rollen, die wenig genutzt werden. Besonders die Raubtierrolle ist sozial wenig akzeptiert und verbreitet bei übermäßiger Nutzung Angst und Schrecken und die damit verbundenen Kollateralschäden. Deshalb ist es für diese Rolle besonders wichtig, alternative Handlungskonzepte zu entwickeln. Da es um Handlungskonzepte im Team geht, ist es besonders hilfreich, die Übung im Team durchzuführen, wenn die Möglichkeit dazu besteht. Die Übung kann auch genauso gut individuell durchgeführt werden.

Wie kann ich loslassen und dem Team mehr Vertrauen schenken?

____

____

Wie kann ich weniger werten und öfter einfach nur beobachten?

Was löst den Rollenwechsel vom Beobachter zum Raubtier aus?

Wie kann ich im Team verstärkt Koalitionen bilden?

Wie können wir gemeinsam wirkungsvoll experimentieren?

3.4 Ergänzung für die Rolle des Visionärs

»*Eine Idee gehört einem. Eine Vision eher allen.*« – Erhard Blanck

Der Visionär als Führungskraft hat natürlich eine persönliche Vision für sich selbst, für das eigene Leben. Diese Vision hat eine Beziehung zu der Vision des Unternehmens. Auf diese Weise kann die Führungskraft ehrlich überzeugen, weil sie selbst ebenfalls überzeugt von dem ist, was sie macht. Diese Rolle könnte man auch mit Sinnstifter übersetzen, da sie anderen Menschen die Verbindung von dem, was sie machen, zu etwas Größerem erklären und ihnen helfen, gemeinsam in diese Richtung zu gehen. Es genügt jedoch nicht, allen im Unternehmen kontinuierlich zu vermitteln, worauf es ankommt. Visionen sind ganz konkrete Arbeit. Sie müssen erstellt und entwickelt werden. Für die Implementierung dieser Vision und die erfolgreiche Steuerung eines Unternehmens in Richtung dieser Vision gibt es Tools, die wir kurz vorstellen möchten. Diese Tools sind ausgewählt worden, weil sie sich im agilen Umfeld besonders gut eignen. Sie lassen sich problemlos durch andere mit gleicher Funktionalität ersetzen. Wichtiger ist es, dass die Prozesse transparent und Kennzahlen verbindlich vereinbart sind. Denn auch für die Vision hat Transparenz einen großen Stellenwert. Sie darf nicht nur von einer »bestimmten Clique« erstellt und getragen werden. Die Idee der gemeinsamen Vision und dem Unternehmenszweck laden alle zum Gestalten ein.

3.4.1 Vision und Purpose (Unternehmenszweck)

Es gibt nichts Schlimmeres, als seine Visionen zu erreichen, weil sie dann alle Strahlkraft verliert und Orientierungslosigkeit die Folge ist. Eine gute Vision kann folglich zu klein sein, aber nicht ohne Weiteres zu groß. Im Design Thinking versucht man, Produkte zu entwickeln, die in der Mitte der Schnittstelle zwischen Kundenwunsch, Machbarkeit und Wirtschaftlichkeit liegen. Für gute Visionen gilt das nicht. Sie sollten auf jeden Fall wünschenswert sein, das steht sicher außer Frage. Sie müssen aber auch unbedingt wirtschaftlich sein, weil zukünftige Gewinne alle Innovationen bezahlen müssen, in deren Realisierung investiert wird.

Im deutschen Sprachraum tun wir uns mit dieser Erwartung manchmal etwas schwer, weil es in bestimmten Bereichen als unethisch angesehen wird, Geld zu verdienen. Im amerikanischen Sprachraum tut man sich da deutlich leichter. Sehr viel Geld zu verdienen gilt als clever. Das wirtschaftliche Potenzial einer Idee wird hier möglicherweise sogar überbewertet. Die Machbarkeit ist für Visionen nur bedingt relevant. Eine Vision muss nicht erreichbar sein. Sie soll Schritte in die richtige Richtung aufzeigen.

Als ein Beispiel für eine gute Vision kann diejenige von IKEA dienen: »Einen besseren Alltag für die vielen Menschen schaffen.« Der bessere Alltag ist relativ und wird deshalb niemals erreicht werden. Der bestehende Status quo lässt sich immer weiter verbessern und viele Menschen als Adressat befördern indirekt die Wirtschaftlichkeit, weil der Produktionspreis sinkt, wenn eine große Stückzahl gefertigt wird. Die Abgrenzung zwischen Vision und Purpose (Zweck) einer Organisation ist schwierig.

Der Purpose beschäftigt sich mit der Wirkung in der Welt, insofern beschreibt er, was wir gemeinsam in die Welt tragen wollen.

Durch den Purpose wird oft mehr das Herz als der Verstand des Menschen angesprochen. Aus diesem Grund gewinnt der Unternehmenszweck an Bedeutung, er vermittelt den Mitarbeitern Sinn. Da gute Mitarbeiter der Schlüssel zu guten Produkten und Innovationen sind, ist die Stahlkraft der Vision nach innen in die Organisation ein nicht zu unterschätzender Wettbewerbsvorteil.

Agile Unternehmen zeichnen sich nicht nur durch die Tatsache aus, dass sie eine attraktive handlungsleitende Vision haben, sondern auch dadurch, dass sie in mutigen Schritten auf diese Vision zugehen. Sie experimentieren unablässig, um besser zu werden und den Kunden noch zufriedener zu machen. Agile Unternehmen möchten etwas Neues entwickeln und lassen alt oder unrentabel gewordene Produkte wieder los.

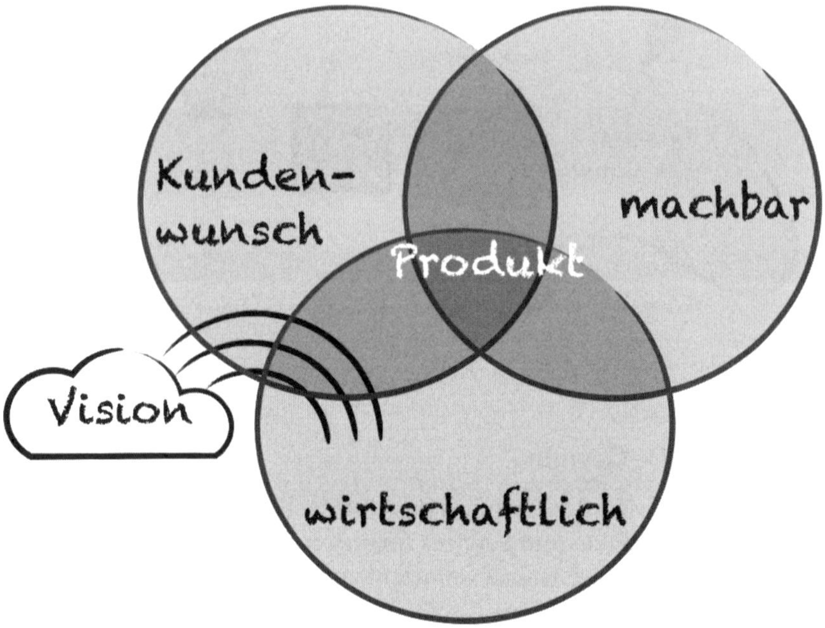

Abbildung 3.9: Gute Visionen

Sie generieren ihr Geschäft mithilfe von Produkten, die noch nicht lange am Markt sind. Aus diesem Grund müssen sie sich die Frage stellen, auf welche Weise Innovationen gemanagt werden können.

Das Modell der drei Horizonte[3] bietet sich an, um ein Portfolio von Innovationen zu managen. Für dieses Portfolio ist die Verbindung zwischen Kundenwunsch und

3 Lean Enterprise: Mit agilen Methoden zum innovativen Unternehmen, Januar 2017 von Jez Humble und Joanne Molesky

Wirtschaftlichkeit zentral. Es geht darum, das Einkommen von morgen zu sichern und die notwendigen Experimente zu finanzieren.

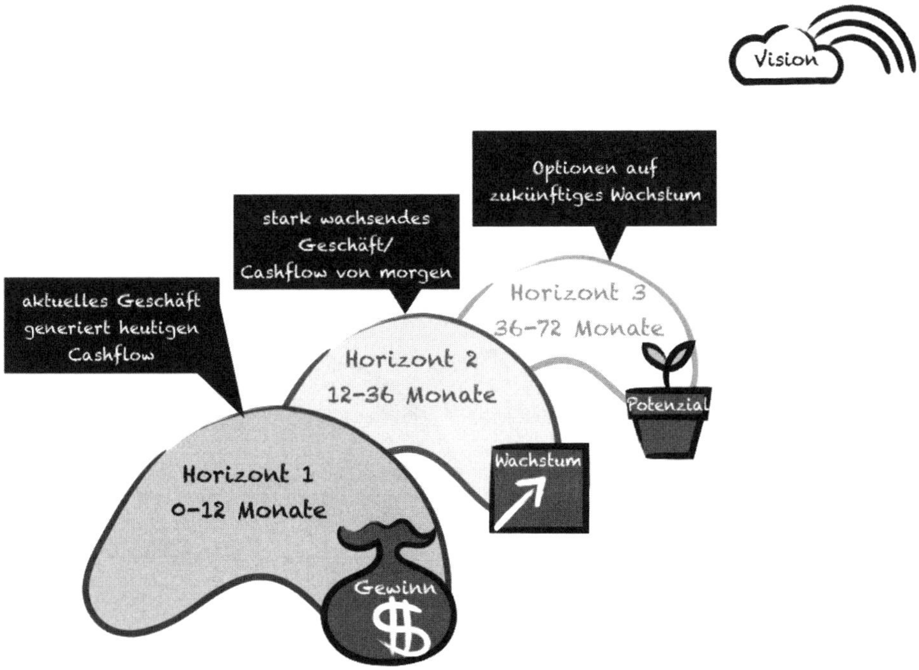

Abbildung 3.10: Das Modell der drei Horizonte

3.4.2 Horizont 1 – Gewinn

Dieses Geschäft generiert den Cashflow des Unternehmens. Hier wird der Gewinn erzeugt, der neue Produkte und Services finanziert. Das Management dieser Produkte ist über Gewinn und Umsatzkennzahlen gesteuert. Klassisches Marketing und Werbung unterstützen dieses Geschäft. Agilität lässt sich in diesem Bereich über OKRs implementieren.

OKR wurde in den 80er Jahren bei Intel durch Andy Grove erfunden und von Google zu dem gemacht, was es heute ist – der Standard für Zielvorgaben in einem agilen, schnelllebigen Umfeld. OKR teilt die klassischen Ziele in Objectives und Key Results (Ziele und Ergebnisse) auf. Objectives geben ein Ziel in ähnlichem Wege wie eine Vision vor – abstrakt, polarisierend und motivierend. Sie holen den Mitarbeiter auf der emotionalen Ebene ab und sichern sein Commitment zum Ziel. Key Results haben die Aufgabe, das Objective messbar zu machen und zu zeigen, wie das Objective erreicht werden kann.

Selbstorganisierte Teams entscheiden viele Themen selbst und sie werden durch eine Vision synchronisiert. Diese Vision hat jedoch nicht ohne Weiteres Bezug zum Tagesgeschäft. Die Teams können auf diese Weise sehr unterschiedliche, auch langfristige Themen priorisieren.

Die Herausforderung, vor der agile Organisationen stehen, ist, ihr Tagesgeschäft mit der Selbststeuerung zu verbinden und die aktuellen Aktionen am Markt zu synchronisieren.

In klassischen Organisationen war bzw. ist das die Aufgabe der Manager, die für ihre Teams Entscheidungen getroffen haben.

Aufgrund der sich dadurch ergebenden Einschränkung der Autonomie des Teams ist das in einem agilen Kontext nicht mehr ohne Weiteres möglich. Aus diesem Grund arbeitet man hier mit OKRs.

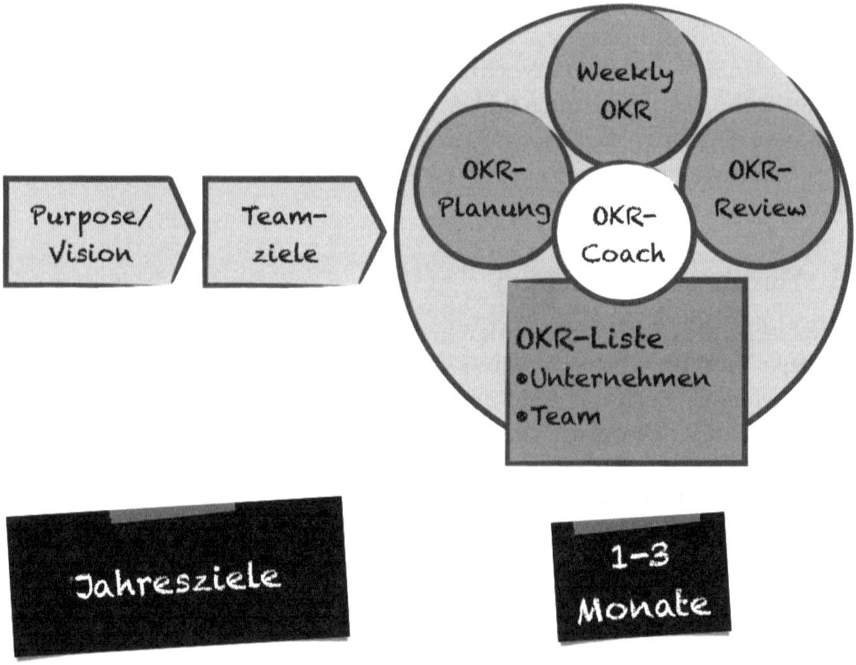

Abbildung 3.11: OKR-Modell

Der Ausgangspunkt von OKRs sind die Vision und der Purpose des Unternehmens. Aus ihnen werden die Ziele für die Teams abgeleitet. Sie sind ein wichtiger Input für die OKRs. Die Laufzeit für die OKRs ist in der Regel deutlich kürzer, meist drei Monate. Es gibt auch Unternehmen, die mit einem noch kürzeren Turnus – zum Beispiel einem Monat – arbeiten.

Neben den Zielen werden die zur Erreichung der Ziele notwendigen Ergebnisse benannt. Diese konkretisieren die Ziele und ermöglichen die Messung der Zielerreichung. Die OKRs werden von der Unternehmensleitung vorgegeben – also Top-down. Die Ziele können dabei auch herausfordernder Natur sein. Sie unterscheiden sich hier deutlich von den klassischen Zielvereinbarungen und deren Bonifizierung durch die Manager und der Weitergabe an die Mitarbeiter. In diesem Prozess führt die Notwendigkeit, die Ziele sicher erreichen zu können, oft dazu, dass weniger anspruchsvolle Vorhaben ausgewählt werden. OKRs haben üblicherweise keine Verbindung zu Bonuszahlung, auf diese Weise werden die Auswahl der Ziele und der Gedanke an die Bonuszahlung entkoppelt.

Im OKR-Planning, dem Planungsmeeting zur Festlegung der Ziele und Ergebnisse durch das Team, ermitteln die Teams, welchen Beitrag sie zu diesen Zielen leisten können – Bottom-up. Ein OKR-Coach vermittelt dabei im Dialog zwischen der Unternehmensführung und den Teams. Er sorgt auch dafür, dass die OKRs im Tagesgeschäft ausreichend Beachtung finden. In einem Weekly OKR kann z.B. über die konkreten Fortschritte und weitere notwendige Maßnahmen diskutiert werden. Am Ende der drei Monate wird die Zielerreichung gemessen und präsentiert. Auf Teamebene wird ein Review moderiert, um aus dem Prozess für die Zukunft zu lernen.

3.4.3 Horizont 2 – Wachstum

Auf dieser Ebene betrachten wir einen bereits existierenden Geschäftsbereich. Das betreffende Produkt wird vom Kunden bereits genutzt. Möglicherweise ist das Geschäftsfeld aber noch nicht einträglich. In einem solchen Falle ist eine andere Kennzahl wichtiger als der Gewinn. Die Steuerung erfolgt über Wachstumsraten. Ein Geschäftsfeld, das stark wächst, kommt offenbar bei unseren Kunden gut an, also lohnt es sich, hier zu investieren.

Die Steuerung eines Portfolios solcher Produkte anhand von Wachstumskennzahlen ermöglicht die Kostenreduzierung durch zukünftige Skaleneffekte.

Der Grundidee eines Portfolios folgend, muss es viele Produktideen in der Pipeline geben, die gleichzeitig verfolgt werden, sonst gäbe es keine Wahlmöglichkeit und dann bräuchte man auch keine Kennzahlen, um die Konzepte zu vergleichen.

Ein agiler Visionär setzt nicht alles auf eine Karte, sondern er steuert ein Portfolio mit vielfältigen Ideen, damit er die besten auswählen kann. In einer komplexen Umgebung ist es nicht ohne Weiteres möglich, gute Vorhersagen über die Entwicklung und die Akzeptanz eines Produkts auf Kundenseite zu machen. Deshalb ist es so wichtig, diese Ideen konkret am Kunden auszuprobieren und anhand der Kundenakzeptanz weitere Maßnahmen abzuleiten. Der Kunde entscheidet über Erfolg und Misserfolg, nur was er als Mehrwert erkennt, hat Potenzial.

3.4.4 Horizont 3 – Potenzial

Das Potenzial wird durch Prototypen und frühe Phasen von Experimenten nachgewiesen.

Die Anzahl an umsetzbaren Produktideen muss im Bereich »Horizont 3« noch größer sein als für Horizont 2.

Zwischen den verschiedenen Ebenen muss eine Auswahl der geeigneten Produktideen erfolgen.

Für die Produktideen, die dem Horizont 3 zugeordnet sind, ist nicht wichtig, dass sie perfekt umgesetzt oder technisch völlig ausgereift sind. Vielmehr gilt das Motto: »Fail cheap and fast«, schnelles zyklisches Lernen steht im Vordergrund. Radikale Innovationen sind interessanter als inkrementelle.

Die Vorgehensweise und mögliche Fragestellungen bei der Bearbeitung eines solchen Portfolios sind vom möglichen Potenzial für das Unternehmen geleitet, nicht so sehr von der konkreten Umsetzbarkeit. Dieser Bereich ist von großer Unsicherheit geprägt und lässt sich nur schwer durch Kennzahlen steuern.

Wir sind stärker auf die Orientierung an der Vision angewiesen als in anderen Bereichen des Portfolios.

3.4.5 Beispiel: Visionen entwickeln

Frank ist neu im Unternehmen. Er ist Product Owner für ein Online-Portal.

Die Übergabe von seinem Vorgänger war nicht besonders detailliert. Er hat aber mitgenommen, dass für die Vision Usability eine Rolle spielt. Das heißt, dass das Portal einfach und intuitiv bedienbar sein sollte.

So richtig etwas damit anfragen kann er aber nicht und auch die anderen im Team scheinen sich dafür nicht besonders zu interessieren. Auf der Mitgliederversammlung des Kundenvereins soll Frank als neuer Mitarbeiter vom Geschäftsführer vorgestellt werden. Bei dieser Gelegenheit lernt Frank erstmals Kunden kennen und er versucht, die Vision an die Kunden zu kommunizieren, die Reaktion fällt aber nicht wie erwartet aus. Als Antwort erhält er die Einschätzung, dass es »einfach nicht hilft, wenn eure Daten falsch sind«.

Idealerweise soll auf dem Portal keine Dateneingabe erfolgen, »die soll sich der Dienstleister mal schön selbst holen, Quellen gibt es ja genug«.

Frank ist irritiert. Er sammelt fleißig Namen, Meinungen und Visitenkarten ein. Zurück im Unternehmen spricht er in seiner Abteilungsrunde an, dass er den Eindruck hat, dass der technische Produktschnitt nicht sehr hilfreich ist, um für den Kunden einen Mehrwert zu schaffen. Der Kunde stellt sich offenbar eine weiterführende Funktionalität vor.

Die anderen Product Owner zeigen kein besonderes Interesse an dem Thema. Es wird Frank aber zugebilligt, die Vision im Zuge eines gemeinsamen Workshops zu hinterfragen. Sieben Vertreter des Kunden haben zugesagt.

Frank hat sein Team überzeugen können, Design-Thinking-Sequenzen vorzubereiten. Sie haben Papierprototypen vom idealen Tool gebaut.

Die Gruppe hat sich in drei verschiedene Teams aufgeteilt und jeweils Kundeninterviews durchgeführt und die Ideen visualisiert.

Als Abschluss des Tages präsentieren sie das Ergebnis dem Abteilungsleiter. Frank ist sehr froh, dass die drei Lösungen sehr dicht beieinanderliegen. So wird das Idealbild klarer. Der Abteilungsleiter ist sehr überrascht von den detaillierten Vorstellungen der Kunden. Frank arbeitet das Idealtool in der Folgewoche auf und versucht, daraus eine Vision zu formulieren.

Er fasst die Vision mit dem Satz zusammen »Ihr Persönlicher Assistent findet alles«. Die anderen Produkt Owner können den Kundenanspruch an das perfekte Tool nachvollziehen, stellen aber ebenfalls fest, dass der aktuelle Produktschnitt dazu nicht passt.

Die Diskussion hat zum großen Teil operative Probleme zum Inhalt. Es taucht die Frage auf, »wieso man nicht einfach alles zusammenlegen« kann.

Der Abteilungsleiter wird langsam unruhig und beschließt, dass die Produkt Owner für CRM, Daten und die beiden Portale die von Frank beschriebene Vision gemeinsam als Zielbild haben sollten. Sie sollen sich als Team aufstellen und sich an ihn wenden, wenn es Probleme gibt.

Übergreifende Anforderungen sollen sie untereinander abstimmen, ein wöchentliches Meeting soll zusätzlich durchgeführt werden »und fertig sei die Laube«.

Frank ist von der Ruppigkeit sichtlich überrascht, die anderen, die schon länger da sind, offensichtlich weniger. Irgendwie funktioniert es dann auch.

Mit der Verfolgung der gemeinsamen Vision kommt das Team zunächst nicht so richtig schnell voran, zu viele andere Funktionen wurden im Vorfeld schon versprochen. Der gemeinsame Auftakt hat sie aber darin bestärkt, dass es sinnvoll ist, gemeinsam die vom Kunden beschriebene Richtung weiter zu verfolgen.

Aufgabe: Der Visionär

In dieser Übung geht es darum, die Rolle des Visionärs zu stärken. Dabei geht es eher um die eigene Einstellung zur Vision und die Aufgabe, andere mit auf die Reise zur Vision zu nehmen.

Was ist die Vision von meinen Unternehmen und dem Bereich, in dem wir arbeiten?

Welchen Mehrwert liefert die Vision für den Kunden?

Was inspiriert mich persönlich an dieser Vision?

Wie kann ich für mehr Inspiration sorgen?

Was kann mein Team noch mehr inspirieren?

3.5 Ergänzung für die begleitende Rolle

»Die Ältesten werden Mut unterstützen, wo Angst ist, Einigungen beflügeln, wo Konflikt ist, Hoffnung bringen, wo Verzweiflung ist.« – Nelson Mandela

Die begleitende Rolle ist eine Rolle, die Beziehungen eingeht. Dazu muss die Person, die die Rolle ausfüllt, anwesend und greifbar sein. Beziehungen eingehen, bedeutet auch, gemeinsame Zeit zu verbringen und idealerweise am selben Ort zu sein. Drei Elemente sind in dieser Beziehung besonders wichtig:

3.5.1 Wertschätzung

Die Beziehung sollte von gegenseitiger Wertschätzung geprägt sein. Wertschätzung für die Person und für den von ihr geleisteten Einsatz.

Diese Wertschätzung muss sich nicht notwendigerweise auf alles, was eine Person macht, beziehen. Es bleibt weiter möglich und nützlich, Kontroversen in der Sache auszutragen und Diskussionen zu führen.

3.5.2 Zuhören

Der Manager hört den Menschen zu, er möchte mehr über ihre Sorgen erfahren und ihre Anregungen aufnehmen. Das klingt banal, ist jedoch in einem hektischen Alltag nicht immer selbstverständlich. Das ehrliche Interesse an einem Menschen kommt durch das Zuhören zum Ausdruck.

3.5.3 Vertrauen

Vertrauen ist die wichtigste Grundlage für gute Beziehungen. Vertrauen zu haben macht uns angreifbar und verletzlich. Es gibt ein Grundvertrauen, einen Vertrauensvorschuss in die Menschen. Dahinter steht ein positives und ressourcenorientiertes Menschenbild, das davon ausgeht, dass jeder Mensch alle Ressourcen in sich trägt, um seine Probleme selber zu lösen.

Wenn man sich Vertrauen erst über Leistung und über Erfolge verdienen muss, wie das in den meisten Organisationen der Fall ist, verbergen sich dahinter zwei indirekte Botschaften: »Du bist nur etwas wert, wenn du etwas leistest.« Die Person hinter der Leistung ist folglich wertlos und wird wieder in diese Wertlosigkeit zurückgestoßen, wenn die Leistung fehlt. Die andere Botschaft ist die »Grundannahme von Misstrauen – der Mensch will nicht leisten«: Solange nicht das Gegenteil bewiesen wird, ist Misstrauen die Basis der Zusammenarbeit.

Diese Einstellung befördert das Entstehen von Seilschaften und anderen Cliquen der Macht, die viele Personen ausgrenzen.

Sofern aber Vertrauen die Basis von Beziehungen bildet, stellt es kein Problem dar, Mitarbeiter wirklich loszulassen und daran zu glauben, dass sie gute Ergebnisse erzielen können und wollen.

Eine vertrauensvolle Beziehung zu Mitarbeitern kann um das Angebot von Unterstützung oder Coaching ergänzt werden. Das direkte Coaching durch Führungskräfte ist in der Regel problematisch und die Wahrscheinlichkeit von Überlagerung der Rollen des Coach, der überparteilich sein sollte, und der Führungskraft, die möglicherweise parteilich ist, führt oft zu problematischen Situationen.

Ein Coaching sollte von einer neutralen Person, die nicht in die Hierarchie der Organisation eingebunden ist, durchgeführt werden.

Mitarbeiter kann man am besten unterstützen, indem man Hindernisse beseitigt.

Dafür gibt es unzählige einfache Beispiele: einen Trainer und einen passenden Raum finden, um eine Wissenslücke zu füllen; einen internen oder externen Experten in das Team holen, wenn eine Ressource fehlt; im Konfliktfall vermitteln.

Diese Art der »Hands-on-Unterstützung« ist ein wichtiger Bestandteil des im Scrum formulierten Serving-Leadership-Konzepts. Dazu gehört es, auf Basis einer guten Beziehung präsent zu sein, möglicherweise Feedback aus einer anderen Perspektive zu geben und zu unterstützen, wenn notwendig. Führung als Dienstleistung am Team und an den Menschen zu verstehen, passt hervorragend zur hier vorgestellten Rolle des Begleiters. In guten Zeiten gibt es viel Raum für die Führungskraft, diese Rolle einzunehmen. Je weiter die Mitarbeiter entwickelt sind und je erfolgreicher das Unternehmen am Markt agiert, desto mehr Zeit steht der Führungskraft zur Gestaltung dieser Rolle zur Verfügung. Sie stellt in gewisser Weise den Idealzustand von Führung dar. Wenn alles andere gut funktioniert, kann sich die Führungskraft ganz der dienenden Rolle gegenüber den Teams und Mitarbeitern widmen. Für den Mitarbeiter ist die Führungskraft als Orientierungshilfe wichtig und eine gute Führungsbeziehung ist ein wichtiger Bestandteil für die Mitarbeiterzufriedenheit. Eine gute Beziehung zur Führungskraft sorgt für die Bindung von Mitarbeitern, wogegen eine problematische Beziehung zu ihr ein häufiger Kündigungsgrund ist.

3.5.4 Zielvereinbarungen und Mitarbeitergespräche

Das Ritual von jährlichen Zielbonusvereinbarungen und Mitarbeitergesprächen, in denen die Zielerreichung von der Führungskraft bewertet wird, ist in vielen Unternehmen gängige Praxis.

Das ist so, obwohl diese Praxis längst als kontraproduktiv belegt worden ist.

Im agilen Umfeld ist diese Praxis besonders schädlich. Ziele zu haben und darüber zu reden, ist völlig in Ordnung. Das Problem ist, dass die Ziele mit einem Bonus verknüpft werden. Die Botschaft ist: »Nur wenn ich dir Geld gebe, dann strengst du dich an, sonst nicht.« Dahinter verbirgt sich ein Menschenbild, das unterstellt, dass Menschen ohne Belohnung oder Druck nichts leisten wollen. Dieses Menschenbild würde die Notwendigkeit von Anweisungen, Druck und Kontrolle rechtfertigen. Es führt zurück zur alten Autorität.

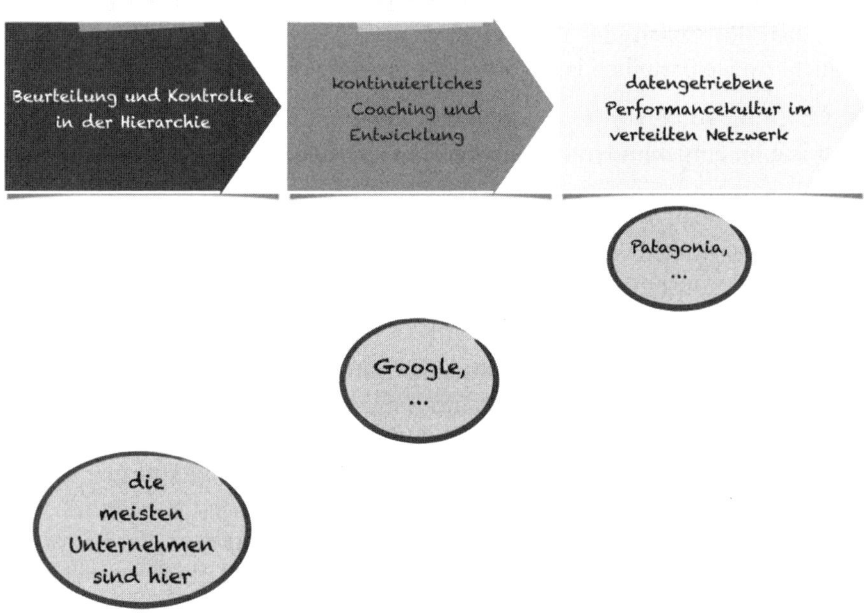

Abbildung 3.12: Mitarbeiter beurteilen

Für die meisten Unternehmen ist die Beurteilung und Kontrolle der Mitarbeiter aus der Hierarchie heraus gängige Praxis. An dieser Praxis wird daher oft auch festgehalten, wenn erste Teile des Unternehmens agil arbeiten. Dies löst bei den Führungskräften und Mitarbeitern Irritationen aus.

3.5.5 Karriere-Coach

Google beschreitet einen anderen Weg. Hier ist die Führungskraft eher eine Art Karriere-Coach für den Mitarbeiter. Der Mitarbeiter setzt sich für seine eigene Karriere Ziele. Die Führungskraft ist daher eher Coach oder Berater. Am Ende entscheidet die Führungskraft auf dieser Stufe immer noch über den Bonus. Die Entscheidung wird durch Fakten und Kennzahlen gestützt, birgt aber immer noch ein Potenzial für Frustration. Diese kann erst auf dem nächsten Level vermieden werden.

3.5.6 Performance-Netzwerk

Noch einen Schritt weiter ist die Firma Patagonia gegangen. Hier gibt es nur noch die Bewertung durch die Peers in den Projekten und Fachbereichen. Jeder bewertet jeden. Auf diese Weise entsteht eine umfassende Performance-Kultur. Diese drückt das Vertrauen in die Mitarbeiter aus, dass sie etwas leisten wollen und können.

Mit dem Schritt zum Performance-Netzwerk ist auch die Führungskraft davon befreit, Ziele zu vereinbaren und zu messen, und kann sich noch besser, ehrlicher und glaubwürdiger den Menschen widmen.

3.5.7 Rollenwechsel

Die Rolle des Begleiters ist so etwas wie die Basisrolle der Führungskraft. Für alle anderen Rollen braucht es einen Anlass, für diese nicht.

Diese Rollen nimmt die Führungskraft ein, wenn es keine besonderen Vorkommnisse gibt. Wenn wir noch einmal zum ursprünglichen Bild – der Pferdeherde – zurückkehren, dann ist dieser Status vergleichbar mit einem ungestörten Tag auf der Weide.

Das Leitpferd ist Teil der Herde und grast mit den anderen. Die Rolle des Beobachters ist dabei ein konstanter Begleiter. Die Führungskraft ist aufmerksam und nimmt neben den Details das Ganze war.

Diese Perspektive macht einen Teil der Wahrnehmung aus und muss nicht extra eingenommen werden. Die Rolle ist Ausdruck der Verantwortung für das Ganze. Der Beobachter ist es auch, der mögliche Gründe für einen Rollenwechsel findet.

Die Notwendigkeit für einen Rollenwechsel wird dabei oft intuitiv bemerkt.

Die dominante Rolle wird eingenommen, um Ergebnisse zu erzielen und Probleme oder Konflikte zu lösen. Die Raubtierrolle ist erst dann relevant, wenn das Unternehmen als Ganzes gefährdet ist. Der Visionär vermittelt Sinn und Zuversicht, wenn es nötig ist. Die verbleibenden Rollen dienen der Gesamtheit des Unternehmens, weniger dem einzelnen Menschen. Letztlich benötigt ein erfolgreiches Unternehmen das Zusammenspiel aller Rollen. Auf diese indirekte Weise kommt die Wirkung der anderen Rollen den Mitarbeitern zugute, auch wenn das direkt nicht offensichtlich ist. Die Beweglichkeit innerhalb der Rollen, die Fähigkeit, sie situativ passend zu wählen und sie alle authentisch mit der eigenen Persönlichkeit zu verbinden, ist wohl die größte Herausforderung, vor die uns agile Führung stellt.

3.5.8 Beispiel: Begleiten statt dirigieren

Der Abteilungsleiter für alle Produktmanager, unter dem auch Frank arbeitet, mischt sich wenig in die inhaltliche Arbeit seiner Produktmanager ein. Sein Interesse gilt mehr der Entwicklung von Menschen. Er verkündet immer, dass es ihm am liebsten ist, wenn alles ohne ihn läuft. Er delegiert gerne und viel. Er gibt einen großen Vertrauensvorschuss. Er schaut immer mal wieder bei den Scrum-Reviews der Teams herein und gibt gerne Feedback aus Unternehmensperspektive. Oft ergänzt er auch, wie stolz er auf seine »Jungs und Mädels« ist, die alles so gut ohne ihn vorantreiben. Zum Abteilungsmeeting bringt er manchmal Kuchen mit. Bei solchen Gelegenheiten wird dann aus dem Treffen eher ein »Kaffeekränzchen«, die Agenda verliert dann an Bedeutung.

Er interessiert sich wirklich für die Menschen und hört ihnen gerne zu. Sein persönliches Ziel ist es, sie auf ihrem Weg mit ihren persönlichen Stärken weiterzubringen.

Wenn Probleme mit anderen Bereichen auftreten, unterstützt er sein Team in der Lösungsfindung. Im Unternehmen selber hat seine Stimme alleine schon deshalb Gewicht, weil er zwanzig Jahre im Unternehmen ist. Wenn es Erfolge zu feiern gibt, lobt er immer andere für ihren Einsatz. Für Ärger übernimmt er gerne die Verantwortung. Er bekomme dafür ja Schmerzensgeld, fügt er dann immer lachend hinzu. Auch wenn er sich sehr viel in der Rolle des Begleiters aufhält und gute Beziehungen pflegt, kann er die Rolle auch wechseln. Er ist nicht nur Begleiter. Im Unternehmen werden Geschichten erzählt, wie er so richtig dominant auf den Tisch gehauen hat. Bei einer Restrukturierung hatte er einmal sehr große Teile seines Bereichs gekündigt. Dies führt zu einer gewissen Ambivalenz in der Beziehung. Er ist meistens ein guter Begleiter, aber eben nicht immer.

Aufgabe: Begleitung

In dieser Übung geht es darum, die Rolle des Begleiters zu stärken. Grundlage dafür ist Vertrauen in das Team. Das Team ist in der Lage, Großes zu leisten. Es hat alle Fähigkeiten, die es benötigt, um aufkommende Probleme zu lösen.

Wie wohl fühle ich mich selbst in dieser Rolle?

____

____

____

____

Wie kann ich Wertschätzung besser ausdrücken?

____

____

____

____

Was brauche ich selbst, um dem Team vertrauen zu können?

Wie kann ich den Mitarbeitern und dem Team insgesamt noch besser und aufmerksamer zuhören?

Was kann den Wechsel in andere Rollen auslösen?

3.6 Sie werden beobachtet

»Beobachten ist ein elementar dichterischer Vorgang. Auch die Wirklichkeit muss geformt werden, will man sie zum Sprechen bringen.« – Friedrich Dürrenmatt

Führung und Selbstorganisation sind nicht aufzulösende Widersprüche. Die Führung versucht sich dabei idealerweise abzuschaffen und in die Rolle des Begleiters zu gehen, dies ist jedoch nicht immer möglich. Die Stärke der Führung kommt aus der Beziehung. Wichtig ist das Vertrauen in und die Beziehung zur Führungskraft.

Das überrascht wenig, es sind zwei Seiten einer Medaille und wir haben uns diesem Thema aus der Perspektive der Führungskraft bereits genähert.

Mitarbeiter beobachten ihre Führungskraft, und zwar ständig. Diese Aufmerksamkeit, die einer Führungskraft gewidmet wird, ermöglicht etwas, was sich der ausschließlich rationalen Betrachtung entzieht: symbolische Führung. Diese symbolische Führung ist da, auch wenn man sie nicht nutzt.

Wie sitzt die Führungskraft auf dem Stuhl? Wirkt sie niedergeschlagen, gestresst? Vermutlich steht es nicht gut um den Jahresabschluss?

Auf diese Weise können relativ schnell Eindrücke entstehen, die sich in Form von Gerüchten manifestieren und unser Zusammenleben beeinflussen.

Mitarbeiter mögen starke positive Führungskräfte. Sie dürfen gerne auch ein wenig kantig sein. Mentale Stärke und Präsenz sind besonders wichtig. Die Haltung, und hier ist die physische Haltung gemeint, hilft bei der Vermittlung dieses Eindrucks und spricht oft mehr als Worte.

Eine Form der symbolischen Führung könnte es auch sein, jedem Mitarbeiter morgens beim Betreten der Werkhalle die Hand zu geben und ein, zwei Sätze zu wechseln und dabei guter Stimmung zu sein. Die symbolische Aussage ist, ihr seid mir wichtig und ich bin bei euch, wenn ihr mich braucht.

Weil Mitarbeiter Führungskräfte beobachten und ggf. Empathie für sie entwickeln, überträgt sich die Stimmung »des Chefs« stärker auf ein Team als die Emotionen anderer Teammitglieder.

Ohne in den Bereich des Esoterischen abzugleiten, wollen wir uns kurz den Spiegelneuronen zuwenden.

Wir haben Spiegelneuronen in unserem Gehirn, sie sind für unsere Empathiefähigkeit verantwortlich. Mitfühlen ist im wahrsten Sinne des Wortes mit-fühlen. Wenn der Vorgesetzte sehr gestresst ist und glaubt, indem er noch härter und länger auf Kosten seiner Gesundheit arbeitet, wird er doch noch Berge versetzen, wirkt sich das auch auf seine Mitarbeiter aus. Die negative Stimmung, die von ihm ausgeht, vergrößert das Frustpotenzial des Teams und ebnet möglicherweise den Weg in den Burn-out für viele Beteiligte.

Die klassischen Symbole der Macht, teure Uhren, teure Anzüge, teure Autos, große Büros, Besuche von Konferenzen an exotischen Orten und ein voller Terminkalender, schaffen Distanz. Sie schüchtern ein und machen den anderen klein. Vorgesetzte im Silicon Valley tragen T-Shirts und haben ihren Arbeitsplatz auf der gleichen Bürofläche wie alle anderen. Die Meetings finden in den gleichen Meetingräumen statt und an der Kaffeemaschine trifft man sich. Der glaubhafte Wechsel der Symbole ist notwendig, um eine Beziehung auf Augenhöhe zu ermöglichen. Agile Führung funktioniert aus der Nähe und aus der Beziehung heraus. Diese muss an vielen Orten erst einmal ermöglicht werden.

Die Handlungen der Führungskraft und das Leben von Werten wird durch die Beobachtung immer zur symbolischen Handlung, vermittelt diese Werte und verbreitet sie im Unternehmen.

Die agilen Werte wie Transparenz und Offenheit zu leben, ist wichtiger als die Publikation von Texten dazu im Intranet. Lernen durch Vorbilder funktioniert. Vorbilder führen die Mitarbeiter.

Die Beförderung eines Teammitglieds zur Führungskraft ist auch eine symbolische Geste.

Das Verhalten, das es an den Tag gelegt hat, die Werte, die es gelebt hat, werden damit bestätigt und gefördert. Es entstehen Heldengeschichten (Kapitel 1). Eine sehr wirkungsvolle symbolische Geste ist ein ehrlich gemeintes Lob oder ein Dank. Dies drückt Wertschätzung aus. Es vermittelt neben der positiven Anerkennung für die Person noch einen symbolischen Anteil. Wofür wird gelobt? Welche Werte stehen dahinter? Das soll jetzt nicht dazu verleiten, die Symbolik zu überdehnen und zum Schauspiel verkommen zu lassen. Es braucht einen ehrlichen Kern. Mitarbeiter können ein ehrliches Lob von einer leeren Geste unterscheiden. Deshalb ist die ehrliche Wertschätzung für die Menschen so wichtig für agile Führung. Sie ist die Basis für die Beziehung. Eine Führungskraft, vor der die Menschen Angst haben, wird in agilen Kontexten nicht erfolgreich agieren können. Sie verbreitet eine Kultur der Angst, der Vorsicht und der Absicherung.

Einer Mauer der Angst verhindert den unmittelbaren Kontakt. Gerade der direkte Dialog und das Feedback der Mitarbeiter helfen auch der Führungskraft dabei, sich selbst zu entwickeln.

Für eine Führungskraft ist es wünschenswert, mit ihrer emotionalen Entwicklung auf dem Level 5 (Abschnitt 1.6) angekommen zu sein.

Sie ist dann in der Lage, ihre eigene Erlebnis- und Gedankenwelt auf eine geeignete Weise zu beeinflussen. So wie sie sich selbst gut steuern und verändern kann, kann sie auch gute glaubhafte Veränderungen in anderen anstoßen. Eine gereifte Führungskraft kann ihre emotionalen Impulse bewerten und situativ ausrichten. Das innere Team inklusive der eigenen Schwächen kennt die Führungskraft gut und sie geht mit sich selbst freundlich akzeptierend um. Da sie Glück und Zufriedenheit ausstrahlt, überträgt es sich auf ihre Mitarbeiter und damit das Unternehmen.

Direktes Feedback von Mitarbeitern an Führungskräfte ist in vielen Unternehmen bisher nicht selbstverständlich. Das wird sich auch nicht schlagartig ändern, insbesondere dann nicht, wenn agiles Vorgehen sich auf einige Unternehmensbereiche beschränkt.

Die Führungskraft kann jedoch um direktes Feedback bitten, um eine unmittelbare Rückmeldung zu bekommen. Das ist auf der einen Seite sehr wichtig für die Führungskraft, hat auf der anderen Seite auch wieder eine stake symbolische Geste.

Aufgabe: Beobachter beobachten

In dieser Übung geht es darum, das Beobachten zu beobachten. Es geht darum, ein Experiment aufzusetzen, das einen starken symbolischen Anteil hat, und es zu beobachten. Das Experiment wird mit Kudo Cards durchgeführt. Das sind kleine bunt bedruckte Karten, auf denen handschriftlich ein Dankeschön formuliert wird. Diese Karten werden der Person überreicht, der du ein Lob aussprechen möchtest. Wenn du die Menschen fragst, ob sie das wollen, finden sie es ziemlich sicher total albern oder amerikanisch. Das macht nichts, positiv gerührt sind sie wahrscheinlich trotzdem. Die Karten sehen so oder so ähnlich aus. Man kann sie einfach im Internet bestellen.

Diese Übung kommt lustig daher, hat aber einen sehr ernsten Hintergrund. Positives Feedback motiviert uns, und wenn wir gut gestimmt sind, leisten wir mehr. Auf diese Weise kann ein Team zu einer Verbesserung seiner Leistung angespornt werden, was sich wiederum motivierend auswirkt.

Bei dieser Betrachtung ist auch das Verhältnis von positiven zu negativen Aussagen relevant. Ein gutes Verhältnis ist 3:1. Drei oder sogar mehr positive Aussagen sollten einer negativen gegenüberstehen. Darunter sollte es nicht liegen. [4]

- Die Übung besteht darin, dass du diese Karten einfach ausfüllst und verteilst.
- Noch wirkungsvoller ist es, eine Kudo-Box aufzustellen und den Abteilungsleiter darum zu bitten, die Karten während des Abteilungsmeetings vorzulesen. Möglicherweise gelingt es dir, ihn davon zu überzeugen, dieses Experiment für einen Monat durchzuführen.

Was haben die Kudo-Karten ausgelöst?

___

4 *https://www.happierhuman.com/losada-ratio/*

Was habe ich selbst dabei gelernt?

____

____

____

____

Welche weiteren Experimente könnte ich aufsetzen?

____

____

____

____

3.7 Der Rahmen von Führung und Selbstorganisation

»*Kluge Egoisten denken an andere, helfen anderen, so gut sie können – mit dem Ergebnis, dass sie selbst davon profitieren.*« – Dalai Lama

Selbstorganisation braucht einen klaren Rahmen, das wurde im vorigen Kapitel gezeigt. Dabei gibt es wichtige Elemente für die Gestaltung. Dieser Teil soll hier nicht wiederholt werden. Die Selbstorganisation und deren Rahmen und Regeln sind ein Gestaltungselement, das die existierende Hierarchie ergänzt, es muss integriert werden. Zusammen bilden sie die Struktur der Organisation. In klassischen Organigrammen von Organisationen wurden nur Führungskräfte und deren Bereiche dokumentiert. So etwas reicht nicht mehr, um agile Organisationen zu beschreiben. Die Dimensionen, nach denen Organisationen aufgeteilt werden, sind sehr verschieden. Die wichtigsten Dimensionen der Unterteilung sind im folgenden Diagramm dargestellt.

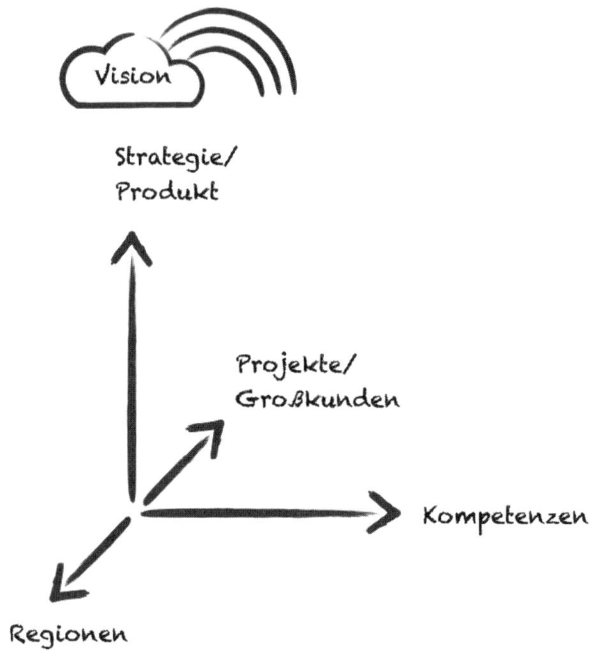

Abbildung 3.13: Dimensionen zur Bildung von Bereichen und Teams

In der Regel kommen mehrere Dimensionen nacheinander oder parallel zum Tragen. Viele Unternehmen sind heute funktional in Bereiche wie HR, Finanzen, Entwicklung, Produktion usw. aufgeteilt. In den großen Bereichen kommen oft noch Matrixstrukturen hinzu. Für agile Führung ist die Art der Aufteilung nicht besonders relevant. Führung ist Teamsport und es gibt die Erwartungshaltung, dass Führungskräfte im Team agieren können.

3.7.1 Schnitt entlang der Vision / des Produkts

Hilfreich für die Kommunikation einer klaren Vision ist es, wenn Führungskräfte für Produkte verantwortlich sind und diese Produkte eine klare Ausrichtung haben. Auch Services können dabei Produkte sein. Wichtig für Produkte ist, dass sie für den Endkunden gedacht sind. Interne Kunden sind für die Beurteilung eines Erzeugnisses die zweitbeste Wahl. Der Bezug zum Endkunden ermöglicht den Teams die Ausrichtung an dessen Bedürfnissen. Auf diese Weise können ein oder mehrere selbstorganisierte Teams für ein Produkt arbeiten und haben denselben Kunden oder dieselbe Kundengruppe vor Augen.

3.7.2 Führungsspanne wird größer

Der Tätigkeitsbereich der Führungskraft wird kleiner, wenn Teams ihre Aufgaben selbst planen, die Durchführung dokumentieren, messen und optimieren.

Das sind in der Vergangenheit alles Führungsaufgaben gewesen, die vom mittleren Management übernommen wurden. Das Management steuert heutzutage ganze Teams und nicht mehr Personen, auf diese Weise erweitert sich die Führungsspanne.

In einigen Unternehmen wie z.B. Spotify sind Führungskräfte selber Mitarbeiter in anderen Teams. Sie arbeiten selber als Fachexperte. Dadurch wird die Führungsspanne indirekt größer, weil die Zeit, die für Personalführung verwendet werden kann, reduziert wird. Führung wird hier zum Nebenjob, das ist nicht unbedingt empfehlenswert.

Eine Frage, die sich vielen Unternehmen im Zuge der Entwicklung hin zum agilen Arbeiten stellt, ist: »Wohin mit den Führungskräften?« Es ist eine Tatsache, dass in einem agilen Umfeld weniger Führungskräfte benötigt werden.

Der Übergang zurück zur Arbeit auf Augenhöhe mit den Mitarbeitern ist nicht für alle wünschenswert und unproblematisch. Gebraucht wird daher eine gute, nachhaltige und glaubhafte Lösung für alle Beteiligen.

Wenn Führungskräfte nach einer Umstellung auf neue Strukturen trotzdem noch immer de facto als Führungskräfte agieren, Aufgaben verteilen und Entscheidungen für andere treffen, ist die Transformation zur Agilität noch nicht gelungen. Solche Fälle haben wir nicht selten beobachtet und vor solchen »unsichtbaren Hierarchien« sei an dieser Stelle ausdrücklich gewarnt. Sie können ein Unternehmen »unregierbar« machen.

Eine andere möglicherweise problematische Variante ist, wenn eine Führungskraft und ihre Mitarbeiter gemeinsam ein Teil eines selbstorganisierten Teams sind. In der Selbstorganisation agieren die Mitarbeiter immer auf Augenhöhe und die Meinung eines jeden ist wertvoll und wird gehört. Dieser Grundsatz kann durch eine direkte Führungskraft ausgehebelt werden. Es zählen möglicherweise nicht die besten Argumente, vielmehr ist entscheidend, wer sie vorbringt. Das kann der Anfang von Gleicheren unter Gleichen sein, an dessen Ende Lagerbildung und politische Lösungen und Aktionen stehen könnten. Der Tendenz zu Lagerbildung ist unbedingt entgegenzuwirken. Sie ist ein Ausdruck von eskalierenden Konflikten.

3.7.3 Netzwerke können Kompetenzführung übernehmen

Gegenseitiger Austausch und Hilfestellung können in einem agilen Umfeld auch durch die Bildung von Netzwerken ermöglicht werden. Diese Netzwerke tragen in vielen Unternehmen den etwas antiquiert anmutenden Namen »Gilden«. So ganz falsch ist die Parallele zu den Handwerksorganisationen jedoch nicht.

Diese neuen Gilden beruhen nicht auf Zwangsmitgliedschaften, der Einstieg und die Teilnahme sind freiwillig.

Führungskräfte können nur zur Bildung solcher Strukturen anregen, die Rahmenbedingungen schaffen und Budgets bereitstellen.

Die Organisation solcher Netzwerke muss auf Augenhöhe erfolgen und die Initiative sollte von den Mitarbeitern ausgehen. Gilden haben ausdrücklich keinen Führungsauftrag. Sie dienen nur dem Austausch, der Inspiration und dem gemeinsamen Lernen an Erfolgen und Misserfolgen. Wenn Gilden gut funktionieren, können sie auf informelle Weise eine Ebene der Führung ergänzen. Solche und ähnliche Überlegungen stehen bei der Integration von Selbstorganisationen im Vordergrund.

3.7.4 Fortsetzung des Beispiels aus Kapitel 2

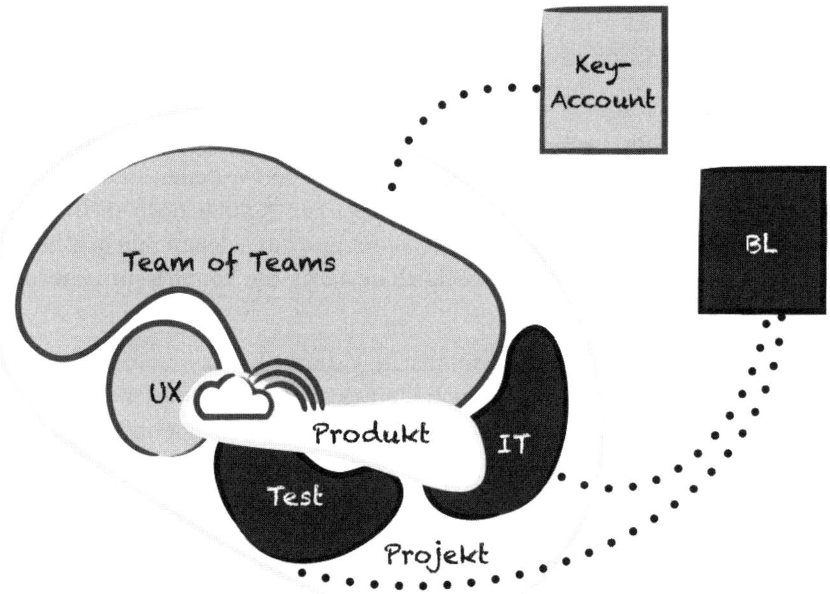

Abbildung 3.14: Hierarchische Führung und Selbstorganisation

Die Mitarbeiter gehören zu zwei verschiedenen Unternehmen und unterliegen daher unterschiedlichen hierarchischen Strukturen. Sie sind hier dunkelgrau und hellgrau gekennzeichnet. Die IT, das Testteam, der Produkt Owner und der Projektmanager sind über mehrere Ebenen an einem Bereichsleiter aufgehängt. Dieser Bereichsleiter hat die Gesamtverantwortung für den Erfolg des Produkts und des Projekts. Die Struktur der mittleren Ebenen wie Teamleiter und Abteilungsleiter variiert sehr stark und ist daher für die verschiedenen Mitarbeiter zum Teil sehr unterschiedlich.

Ein sehr ähnliches Bild zeigt sich beim Dienstleister. In der Dienstleistungsorganisation ist der Key-Account-Manager, der für den ganzen Auftrag Verantwortung trägt, der Vorgesetzte der Teamleiter und aller Mitarbeiter.

Die Verantwortung für das Produkt trägt der Product Owner. Er wird von einem interdisziplinären Team aus Experten unterstützt. Das Produktmanagement ist mit mehreren Mitarbeitern aus verschiedenen Teams übergreifend besetzt. Sie haben gemeinsam die Aufgabe, der Vision folgend das Produkt und den Mehrwert für das Unternehmen zu liefern. Der Product Owner tritt wiederum gemeinsam mit dem Projektmanager als Team auf. Persönliche Spannungen würden Gefahr laufen, als Konflikt in das Projekt getragen zu werden.

Sofern über Konflikte entschieden werden müsste, wäre der Bereichsleiter die nächste entscheidungsbefugte Ebene, die idealerweise nicht hinzugezogen werden sollte. Die Erwartung an selbstorganisierte Teams ist, dass sie selber Entscheidungen treffen und Konflikte klären können. Eine Eskalation sollte nicht nötig sein.

Aufgabe: Struktur der Selbstorganisation

In dieser Übung geht es darum, ein klareres Bild von Selbstorganisation und Hierarchie zu bekommen, indem du alleine oder im Team versuchst, die Strukturen darzustellen.

- Zur Vorbereitung benötigst du ein großes Flipchart, Stifte in zwei Farben und Klebezettel.
- Eine Frage bezieht sich auf die hierarchische Struktur, die andere auf die Selbstorganisation.
- Die Klebezettel sollen die Abteilungen und Bereiche repräsentieren. Sie sind die Kästchen im Organigramm. Die Erfahrung hat gezeigt, dass es hilft, sie öfter neu positionieren zu können.
- Stelle zunächst die Struktur zusammen.
- Führe mithilfe der folgenden Fragen eine Auswertung durch.

Was hast du / habt ihr beim Anfertigen der Struktur gelernt?

____

____

____

____

Nach welchen Kriterien sind die selbstorganisierten Teams strukturiert? Nach Produkten, nach Ländern?

____

____

Was würdest du dir / würdet ihr euch wünschen?

Wem kannst du diesen Wunsch übermitteln, um etwas zu erreichen?

3.8 Besonderheiten agiler Innovationen

»Innovation beginnt im Kopf mit der kühnen Idee und dem Mut zum Risiko.« – Björn Engholm

Es ist sinnvoll, Innovationen erst einmal in radikale und inkrementelle Innovationen aufzuteilen. Inkrementelle Innovationen sind Verbesserungen bestehender Produkte und Services in kleinen Schritten. Sie werden umgesetzt und dann getestet und entsprechend nachjustiert. Etwas anders ist es bei radikalen Innovationen. Sie haben das Ziel, ein bestehendes Produkt revolutionär zu verändern, neu zu erschaffen oder zu ersetzen. Radikale Innovationen haben das Potenzial, Märkte in Bewegung zu bringen. Die Erfindung des Smartphones von Apple ist eine solche radikale Innovation des Mobiltelefons. Radikale Innovationen erfordern ein anderes Denken und einige Anpassungen im Setup.

Das normale Denken, das wir täglich betreiben, wenn wir arbeiten oder einkaufen gehen, ist das konvergente Denken. Wir fokussieren dabei auf ein Ziel und blenden alle anderen störenden Impulse aus. Dieses Denken ist von logischen Schlüssen und von Effizienz geprägt. Divergentes Denken unterscheidet sich davon grundlegend. Es erforscht spielerisch verschiedene Möglichkeiten. Es ist wenig bis gar nicht zielgerichtet und spielt assoziativ forschend. Dieses Denken braucht Raum und Zeit. Da es nicht effizient ist, geht es geradezu verschwenderisch mit Ressourcen um.

Das wichtigste Element der erfolgreichen Steuerung innovativer Prozesse ist die Steuerung des Denkens. Die beiden vorgestellten Denkstile treten wechselseitig auf. Erst entwickelt man viele Ideen assoziativ und danach bewertet man sie. Die Denkarten zu mischen oder gleichzeitig anwenden zu wollen, ist dabei am wenigsten hilfreich. Den Fokus immer wieder zu öffnen und zu schließen, führt zu radikal neuen Möglichkeiten. Der DesignThinking-Prozess gibt diese Denkwechsel über den Prozess vor.

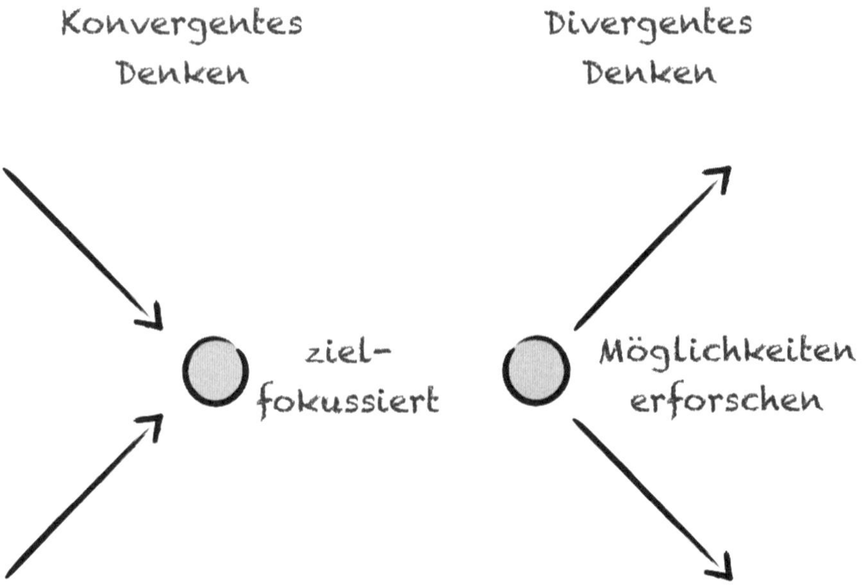

Abbildung 3.15: Formen des Denkens bei Innovationen

Während des Prozesses ist es notwendig, Regeln zu brechen und Dinge völlig anders zu machen, als man es bisher gemacht hat.

Innovationen lassen sich nicht nur aus Erfahrungen ableiten. Das Hinterfragen des Status quo und aller Grundannahmen ist Teil des Innovationsprozesses.

Wenn man fünf verschiedenen Teams dieselbe Aufgabe stellt, werden vermutlich fünf verschiedene Lösungen entstehen. Für radikale Innovationen ist das schnellere und effiziente Vorgehen, mehrere Teams gleichzeitig auf dieselbe Reise zu schicken. Mehrere Teams arbeiten an einer Problemlösung. In bestimmten Phasen kann man die Teams zusammenbringen und Erfahrung und Ideen austauschen lassen, aber die eigentliche Arbeit findet vollkommen getrennt statt. Wenn eines dieser Teams eine gute Lösung gefunden hat, wird diese ausgewählt. Der Vorteil dieses Vorgehens ist, dass es Zeit spart. Je komplexer ein Kontext ist, desto notwendiger ist dieses Vorgehen.

3.8.1 Open Innovation

Eine weitere Möglichkeit, mit anderem Denken ein Problem anzugehen, nennt sich Open Innovation. Hier wird im Netz offen über Lösungen gesprochen. Zum Teil über das Internet und für jeden zugänglich werden Menschen außerhalb des Unternehmens an Innovationsprozessen beteiligt. Dieser Schritt erfordert ein erhebliches Umdenken, was die Geheimhaltung und den Schutz von Innovationen z.B. durch Patente angeht.

3.8.2 Hackathons oder Innovation Days

Bei Hackathons arbeiten alle Beteiligten an innovativen Problemstellungen. In der Regel handelt es sich dabei um Software. Es wird nur das Problem vorgegeben. Die Lösungen und die Organisation der Teams werden den Teilnehmern überlassen. Am Ende werden Ergebnisse präsentiert. Innovation Days funktionieren nach einem ähnlichen Muster. Der Unterschied ist, dass hier nicht das Thema, sondern nur die Dauer der Bearbeitung vorgegeben wird. Beide Ansätze arbeiten mit parallelen Teams.

3.8.3 20% for Free

Google lässt Mitarbeiter einen Tag die Woche an eigenen Produkten in eigenen Projekten arbeiten. Wie sie sich dazu koordinieren und woran sie arbeiten, bestimmen die Mitarbeiter selbst.

Es gibt zugewiesene Mittel, die Mitarbeiter für diese eigenen Unterfangen beantragen können. Die Vorhaben werden dem Management präsentiert, und wenn sie überzeugend sind, werden sie umgesetzt und als Produkt in die Produktpalette aufgenommen. Dieser Schritt ist nicht zu unterschätzen. Viele Innovationen scheitern nicht am Mangel an guten Ideen oder Prototypen, sondern am fehlenden Mut des Managements, das Produkt weiter zu entwickeln. Dieser Schritt ist in der Regel mit deutlich höheren Investitionen verbunden.

3.8.4 Innovationsbörsen

Auf Innovationsbörsen bewerten die Mitarbeiter, nicht das Management, die Ideen. Sie können zum Beispiel mit einer eigens dafür geschaffenen Währung Aktien von Innovationen kaufen und verkaufen. Die beste Innovation hat dann den höchsten Kurs.

3.8.5 Terminbörsen

Microsoft hatte das Problem, dass die Entwicklung der Produkte immer länger dauerte als gedacht.

Die Schaltung von Marketingkampagnen war aber an einen genauen Termin geknüpft.

Die vom Management benannten Termine waren immer falsch, weil sie zu optimistisch waren. Daher ist man dazu übergegangen, die Projektmitarbeiter spielerisch auf den von ihnen vermuteten Termin für den vermuteten Go-live wetten zu lassen. Die im Rahmen dieser Terminbörsen ermittelten Mittelwerte wurden für das Schalten der Kampagnen verwendet und waren deutlich realistischer.

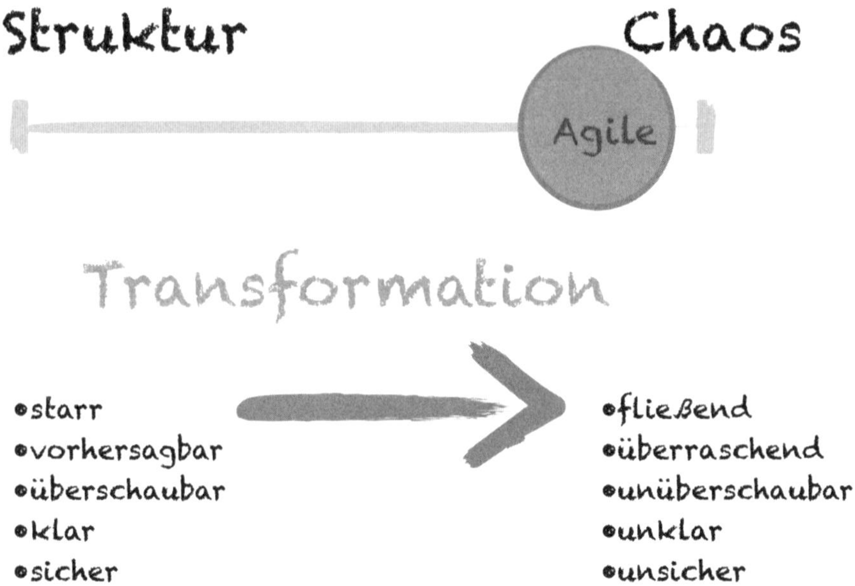

Abbildung 3.16: Für Innovationen wird es noch agiler.

Um radikale Innovationen aufzusetzen, benötigt man einen anderen Rahmen als für inkrementelle.

Der Prozess selbst ist noch weniger nachvollziehbar gesteuert. Für das Management bedeutet das, dass es deutlich mehr loslassen und den Mitarbeitern vertrauen muss.

Während der Durchführung übernimmt das Management erneut die Rolle des Begleiters. Gesteuert wird der Prozess nur noch durch den gesetzten Rahmen und die Vision. Die Prozesse sind noch chaotischer und weniger vorhersagbar. Spaß und Freude am Machen stehen im Vordergrund.

Aufgabe: Innovationsbedarf

In dieser Übung geht es darum, den Innovationsbedarf in deinem Unternehmen besser zu verstehen. Dazu bestimmst du den Status der Produkte im Lebenszyklus.

Genesis ist dabei eine sehr frühe Phase, in der unklar ist, ob das Produkt vom Kunden auf breiter Front akzeptiert werden wird. Es existieren üblicherweise wenige oder gar keine direkten Wettbewerber.

Custom Build sind Einzelanfertigungen. Kein Produkt gleicht dem anderen. Das Grundgerüst kann dabei schon über wiederverwertbare Elemente abgebildet sein. Diese werden jedoch für den Kunden individuell nachbearbeitet.

Retail sind Produkte von der Stange. Diese können möglicherweise aus einem bestehenden Katalog an Alternativen konfiguriert werden. Die Prozesse dahinter laufen hochautomatisiert ab. Der Katalog ist nicht für den einzelnen Kunden erweiterbar.

Ein Standardprodukt ist austauschbar. Es ist überall in vergleichbarer Qualität verfügbar und kann sich im Wesentlichen nur noch über den Preis differenzieren.

Welche Produkte gibt es in deinem Unternehmen?

____

____

____

____

Bitte trage sie in diesem Lebenszyklus ein:

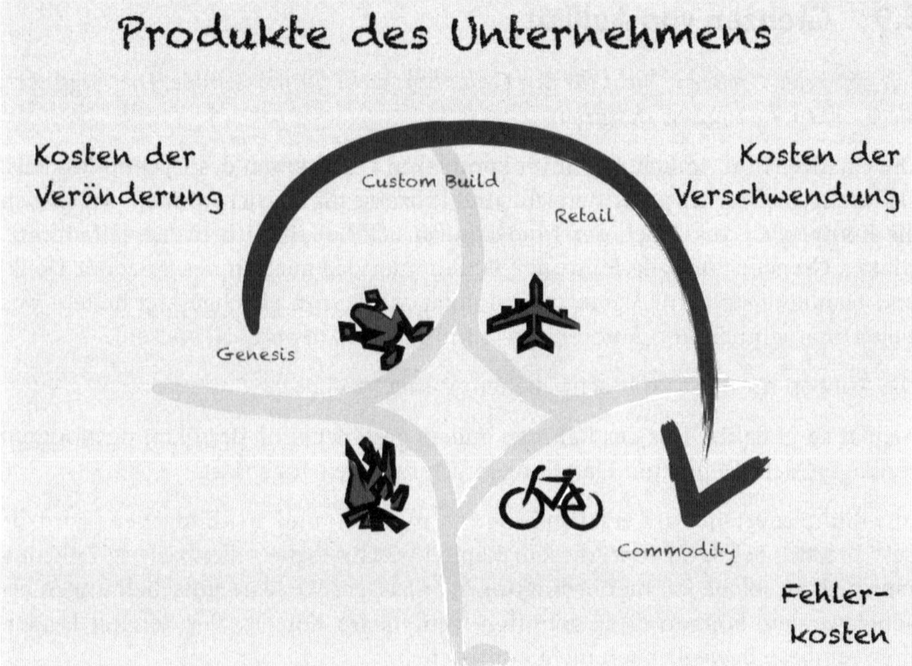

In welchem Cynefin-Quadranten liegt der Schwerpunkt?
Welches Handlungsmuster ist vor diesem Hintergrund für Unternehmen sinnvoll?

____

____

____

____

Was sagt die Grafik über den Innovationsbedarf des Unternehmens aus?

____

____

____

____

3.9 Grenzen von Agilität

»Es gibt keine Grenzen. Nicht für den Gedanken, nicht für die Gefühle. Die Angst setzt die Grenzen.« – Ingmar Bergman

Die Chancen von Agilität liegen im komplexen Quadranten des Cynefin-Modells. Dadurch, dass immer mehr Bereiche und Prozesse digitalisiert werden, weitet sich die Komplexität aus. Auch der Innovationsdruck bewegt sich in diese Richtung. Gibt es Grenzen für agile Führung? Funktioniert sie auch in den anderen Denk- und Handlungsfeldern? Wenn man Agilität mit Scrum gleichgesetzt hätte – was viele Unternehmen und Autoren tun –, müsste die Antwort »Nein« sein.

Die Antwort für den hier beschriebenen Ansatz ist »Ja«.

Agilität sorgt dafür, dass der Rahmen anders gestaltet wird, der Planungshorizont verlängert sich, Denk- und Handlungsmuster werden angepasst.

Im »Komplizierten« wird erst von Experten analysiert und im »Einfachen« wird die Best Practice befolgt. Die in diesem Kapitel beschriebene rollenbasierte Führung kann sich an solche Rahmenbedingungen anpassen. Wo klare Entscheidungen benötigt werden, können diese getroffen werden. Im Konzept des Serving Leaderships ist diese Beweglichkeit nicht enthalten.

Die folgende Grafik in Abbildung 3.17 integriert den Produktlebenszyklus nach Simon Warney und das Cynefin-Modell. Die Entstehung eines Produkts beginnt im komplexen Bereich.

Die erste Phase der Ideenentwicklung nennt sich Genesis (Konzeptphase). Sie ist von vielen parallelen Experimenten gekennzeichnet. Scheitern und Frustration beim Anwender sind typisch für diese Phase. Die Kunden sind »Early Adopter«, sie finden es z.B. chic, den ersten MP3-Player zu haben, auch wenn dieser noch nicht besonders viele Vorteile bieten kann. Wenn sich eine bestimmte Richtung für die Produkte etabliert, beginnt die Phase des »Custom Build« (Individualfertigung). Hier werden Einzelstücke oder kleine Serien aufgelegt. Diese können noch auf spezielle Kundenwünsche angepasst werden. In dieser ersten Phase ist die wichtigste Optimierungsgröße »Cost of Change« (Änderungskosten). Die Entwicklung ist von so vielen kleinen Veränderungen und Anpassungen geprägt, dass die Änderungskosten den größten Teil ausmachen. Agile Prozesse und selbstorganisierte Teams verursachen die geringsten Änderungskosten, sie reagieren flexibel auf Änderungswünsche und setzen diese zeitnah um. Wenn Produkte in ihrem Lebenszyklus weiter fortschreiten und zu »retail« (Serienprodukten) werden, wird die Produktion der bestimmende Faktor für die Optimierung »Cost of Waste« (Kosten der Verschwendung). In diesem Bereich ist Lean Management entstanden und optimiert die werthaltigen Tätigkeiten und Prozesse.

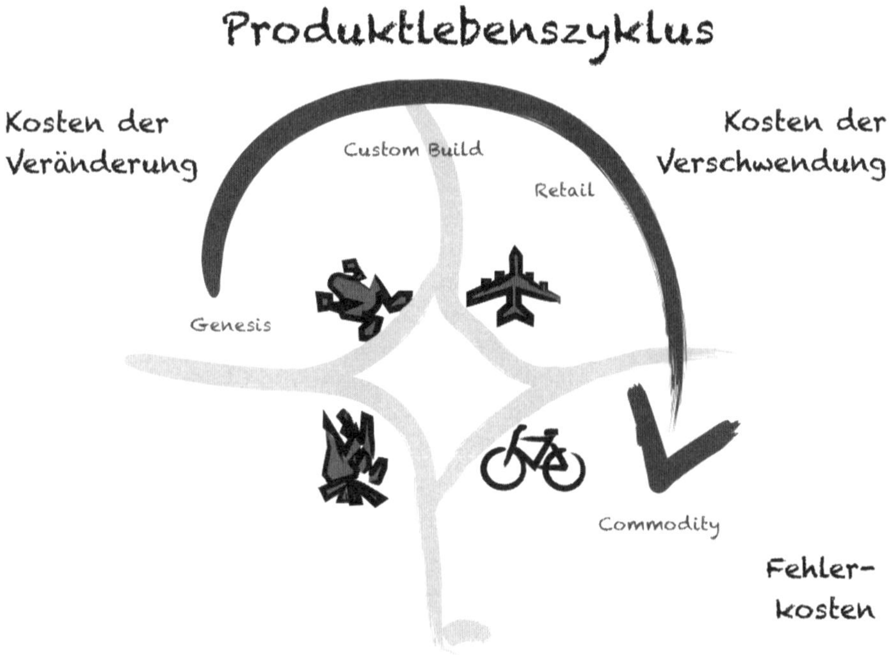

Abbildung 3.17: Produktlebenszyklus und Cynefin-Modell integriert

Die Rolle des Projektmanagers taucht möglicherweise wieder auf, er gibt den Rahmen vor, innerhalb dessen sich ein Team bewegt.

Schreitet der Produktlebenszyklus weiter voran, wird das Produkt zur Commodity (Allgemeingut). Die Fehlerkosten werden hier zum Treiber für die Optimierung. Six-Sigma ist in diesem Kontext entstanden, um die Kosten für die Fehlerbeseitigung in den Griff zu bekommen.

Theoretisch ist das also alles ganz einfach, die offene Frage ist nur: Wie weit kommen wir Menschen mit?

Die Beweglichkeit der Menschen im Kopf und die Identität des Unternehmens setzen die Grenzen für Agilität.

Als Mitarbeiter, der in einem von Six-Sigma geprägten Kontext Details optimiert und dessen höchster Wert die Effizienz ist, habe ich unter Umständen wenig Verständnis für die Entwicklungsteams, die sich im Verlauf des DesignThinking-Prozesses auf Sofas »rumlümmeln« und ihrer Kreativität freien Lauf lassen. Die gemeinsame Wertebasis über die Quadranten des Cynefin-Modells hinweg muss erkennbar bleiben.

Outsourcing kann ein Ansatzpunkt sein, wenn wir die Wertebasis spezifischer – unter Berücksichtigung des Entwicklungsstands eines Produkts – gestalten wollen. Bestimmte Bereiche bewegen sich dann in einer anderen Organisationskultur.

Aufgabe: Grenzen verschieben

In dieser Übung geht es darum, zu reflektieren, welche Grenzen der Selbstorganisation verschoben werden müssen, um zu mehr Innovation zu gelangen. Diese Aufgabe ist von der Hoffnung getragen, dass sich in der Übung im vorherigen Abschnitt ein Innovationsbedarf ergeben hat. Dieser soll jetzt einen Schritt weiter zur Umsetzung hin konkretisiert werden. Neue Produkte liegen im komplexen Quadranten (Frosch). Das Handlungsmuster in diesem Quadranten ist: Probiere – Erkenne – Reagiere. Der erste Schritt ist also immer, ein Experiment zu gestalten. Dieses Experiment wird beobachtet und ausgewertet. Danach wird erst der nächste Schritt geplant.

Wie gut lassen sich Experimente mit unsicherem Ausgang in meinem Unternehmen rechtfertigen und durchführen?

Wie können wir das zugehörige Denk- und Handlungsmuster besser im Management etablieren?

Wie können wir selbstorganisierte Teams stärken und ihnen Vertrauen schenken?

Was ist mein persönlicher nächster Schritt?

Was noch?

3.10 Literaturempfehlungen zum Kapitel

- Die Intelligenz der Herde: Ein revolutionäres Modell für sozial intelligentes Führungsverhalten, März 2018 von Linda Kohanov
- OKR: Objectives & Key Results: Wie Sie Ziele, auf die es wirklich ankommt, entwickeln, messen und umsetzen, August 2018 von John Doerr
- Selbststeuerung von Unternehmen: Ein Handbuch für Manager und Führungskräfte, Februar 2009 von Alexander Exner, Hella Exner, Gerhard Hochreiter
- Mit neuer Autorität in Führung: Die Führungshaltung für das 21. Jahrhundert, Mai 2017 von Frank H. Baumann-Habersack
- Führen mit Neuer Autorität: Stärke entwickeln für sich und das Team, März 2018 von Wilhelm Geisbauer
- Tough Love: Führen ist Beziehungsarbeit. Ständig. 2016 von Rainer Molzahn
- Zündstoff für Andersdenker, Juli 2017 von Anja Förster, Peter Kreuz
- Lean Enterprise: Mit agilen Methoden zum innovativen Unternehmen, Januar 2017 von Jez Humble und Joanne Molesky
- Wardey Map *https://vimeo.com/243638361*

Kapitel 4

Organisationsentwicklung und Agilität

In einer VUCA-Welt, die agiles Arbeiten zur Folge hat, sind Marktbegleiter oft in einem anderen Bereich und Ausmaß erfolgreicher als in einem vorhersagbaren und überschaubaren Kontext.

Zugleich wird die Strategie von Unternehmen durch die Agilität flexibler.

Natürlich wirkt sich agiles Vorgehen nicht nur auf der strategischen Ebene aus.

Agilität hat Einfluss auf viele verbundene Unternehmensbereiche. Nur wenn alle Elemente zusammenpassen, erzeugt das im Ergebnis mehr Beweglichkeit und Schnelligkeit. Dieser Zusammenhang der Elemente lässt sich gut über Organisationsmodelle beschreiben. Wichtig für den Weg in die Agilität ist es, eine für das Unternehmen passende Balance zu finden.

Jedes Unternehmen muss eine individuelle Lösung finden – »One size fits all« ist dabei nicht ratsam.

Dabei ist es wichtiger, dass die Lösung in sich stimmig und von den Menschen akzeptiert ist, als dass sie perfekt ist.

4.1 Elemente der agilen Organisation

»In jeder Organisation gibt es eine Person, die Bescheid weiß. Diese Person muss entdeckt und gefeuert werden, sonst kann die Organisation nicht funktionieren.« – Cyril Northcote Parkinson

Eine Führungskraft dient nicht nur den Mitarbeitern, sie dient auch der ganzen Organisation. In Japan ist das eine Selbstverständlichkeit, die Menschen sind stolz darauf, für eine Organisation zu arbeiten.

Leider findet sich diese Sichtweise nicht überall.

In dynamischen Zeiten und geprägt von den Strukturen in börsenorientierten Unternehmen gibt es häufiger Manager, die eher ihre eigene Karriere im Blick haben als das jeweilige Unternehmen. Schnelle und sichtbare Erfolge sind dann wichtiger als Nachhaltigkeit. Das in diesem Kapitel vorgestellte Modell soll helfen, Organisationen ganzheitlich und nachhaltig entwickeln zu können. Es soll helfen, die Funktionsweise von Organisationen und die zugrunde liegenden Zusammenhänge besser zu verstehen. Es dient der langfristigen nachhaltigen Ausrichtung und Entwicklung von Organisationen.

Das Modell der sieben Elemente stammt von Friedrich Glasl und wird in der Beratung genutzt. Es unterteilt die Organisation in drei Subsysteme auf: das Kulturelle, das Soziale und das Technische. Diesen drei Systemen sind die folgenden Elemente zugeordnet:

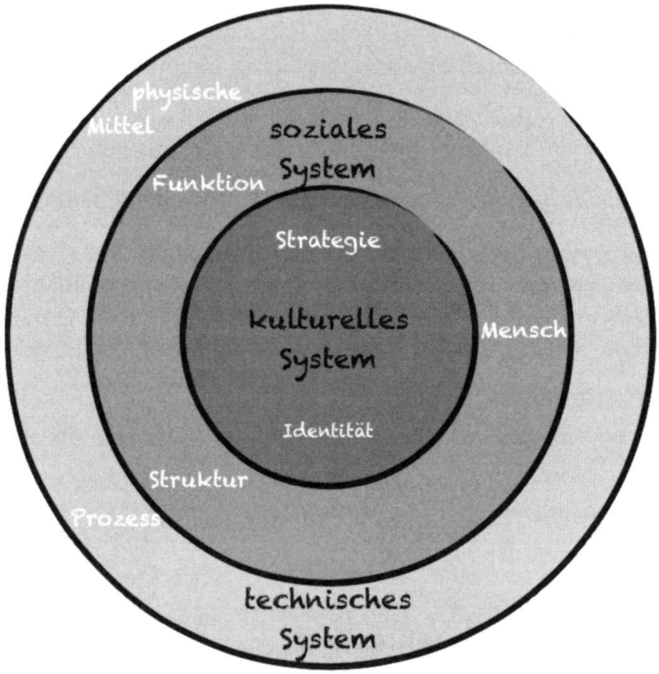

Abbildung 4.1: Die sieben Elemente einer Organisation

4.1.1 Das kulturelle Subsystem

Die Strategie und die Identität bilden das kulturelle Subsystem. Oft wird es auch mit dem Begriff Organisationskultur zusammengefasst. In diesem System gibt es ein dynamisierendes Element, die Strategie, und ein stabilisierendes Element, die Identität. Das bedeutet, dass Veränderungen bezogen auf die Strategie einfacher umgesetzt werden können als diejenigen, die die Identität beeinflussen. Die Identität hat für die Mitarbeiter etwas Stabilisierendes. Wenn sie geändert wird, sind stärkere emotionale Reaktionen zu erwarten als bei einer Anpassung der Strategie.

Das liegt daran, dass die Strategie eher von rationalen Erwägungen geprägt ist, die Identität eher von emotionalen.

Sie beeinflussen sich gegenseitig und sind wechselseitig mit allen anderen Elementen des Systems verbunden. Das System ist ein Netzwerk. Die Veränderung an einem Element des Systems hat Auswirkungen auf alle anderen Elemente. Das Modell soll helfen, die Auswirkungen besser zu verstehen und Veränderungen an einzelnen Elementen in den Kontext der gesamten Organisation zu stellen. In diesem Sinne unterstützt es die ganzheitliche Perspektive auf das Unternehmen.

4.1.2 Das soziale Subsystem

Das soziale Subsystem besteht aus den Elementen: Mensch, Struktur und Funktionen. Mit dem Menschen sind sowohl Mitarbeiter als auch Führungskräfte gemeint. Das Mindset der Menschen, ihre Fähigkeiten, ihre Emotionen, Visionen und Hoffnungen sind Teil dieses Systems. Die Funktionen und die Struktur hängen sehr stark zusammen. HR ist ein Beispiel für eine Funktion. Der Aufbau innerhalb von HR und die Beziehungen zu anderen Funktionen bilden die Struktur. Es ist nicht immer leicht, Funktion und Struktur voneinander zu trennen. Diese beiden Elemente sind entsprechend stark gekoppelt.

4.1.3 Das physische Subsystem

Dieses System besteht aus den physischen Mitteln der Organisation und den Prozessen. Die Prozesse sind hier das dynamisierende Element und die physischen Mittel wie Gebäude und Produktionsanlagen das stabilisierende.

Um sich die Organisationskultur besser vorstellen zu können, setzen wir unser Beispiel aus den Abschnitten 3.1 und 3.3 fort.

Dem Vorstand war nicht ganz klar, wie sich die Etablierung eines agilen Portfolios auf die Finanzplanung auswirken würde. Daher beauftragte er die Changemanagerin damit, externe Beratung zu diesem Thema in Auftrag zu geben.

Zwei Wochen später findet ein entsprechender Workshop in der Ausgangsbesetzung statt: Vorstand, Programm-Manager, Portfoliomanagerin und die Changemanagerin sind präsent. Der Vorstand erklärt seinen Konflikt mit einem agilen Portfolio: Er kann Gelder aus dem Jahresbudget nur für definierte Projekte mit einem klaren Scope genehmigen lassen. Ein agiles Portfolio wäre diesem Scope nur bedingt verpflichtet.

Der Berater hatte zu Beginn ein Poster von einer Art »Zielscheibe« aufgehängt, diese aber noch nicht kommentiert. Während der Problembeschreibung malt er zusätzliche Begriffe in das Bild. Der Vorstand fühlt sich insofern verstanden, als dass sein Anliegen aufgenommen wird. Von der Darstellung ist er allerdings irritiert. Der Berater bemerkt das und beginnt, das Modell und sein Verständnis von diesem Problem zu erklären. Es ist die Funktion des Portfolios und der Prozesse in diesem Bereich betroffen. Das hat möglicherweise negative Auswirkungen auf einen anderen Prozess, den der Budgetfreigabe. Er stellt die Frage in den Raum, ob das ein Strategieprozess ist.

Der Vorstand bestätigt diese Vermutung. Zur Strategie gehören sowohl die Ergebnisse also auch der Scope. Was wäre, wenn dieser Prozess auch angepasst würde?, fragt der Berater. Der Vorstand sieht die Eigentümer des Unternehmens und die Vertreter der Kunden sowie den Betriebsrat bildlich vor sich und ihm graut davor, in dieser schwierigen Zeit noch eine weitere Baustelle aufzumachen.

Der Programm-Manager wirft ein, dass er ohnehin aufgrund der aktuell schwierigen Lage aufgefordert worden ist, langfristige Maßnahmen detailliert zu präsentieren. Er könne sich gut vorstellen, die Strategie und die Prioritäten entsprechend anzupassen. Nach langem Hin und Her lässt sich der Vorstand überzeugen, dass es auf eine weitere Baustelle mehr oder weniger nicht ankommt. Die Bereitschaft zur Veränderung ist noch nie so groß gewesen wie gerade jetzt. Das überzeugt auch ihn.

Als Nächstes fragt der Berater, welche Auswirkungen die Änderung innerhalb der Funktion hat.

Die Portfoliomanagerin muss lange überlegen, so konkret ist die Umsetzung noch nicht, leitet sie ein. Ihr Team ist von den Kompetenzen her noch nicht passend zusammengestellt und wird wohl externe Unterstützung für das Aufsetzen der neuen Prozesse benötigen. Sie vermutet auch, dass zukünftig eine größere Nähe zum Business und zur Architektur und weniger zu den externen Dienstleistern entsteht. Sie muss deren Ergebnisse und Qualität zukünftig besser bewerten können.

Während sie redet, malt der Berater weitere Pfeile in das Bild. Als sie fertig ist, fasst er zusammen.

Die strukturelle Verbindung mit anderen Funktionen wie Architektur und Business ist voraussichtlich auch betroffen. Von der Veränderung am stärksten betroffen sind wahrscheinlich die Kollegen innerhalb der Portfoliofunktion.

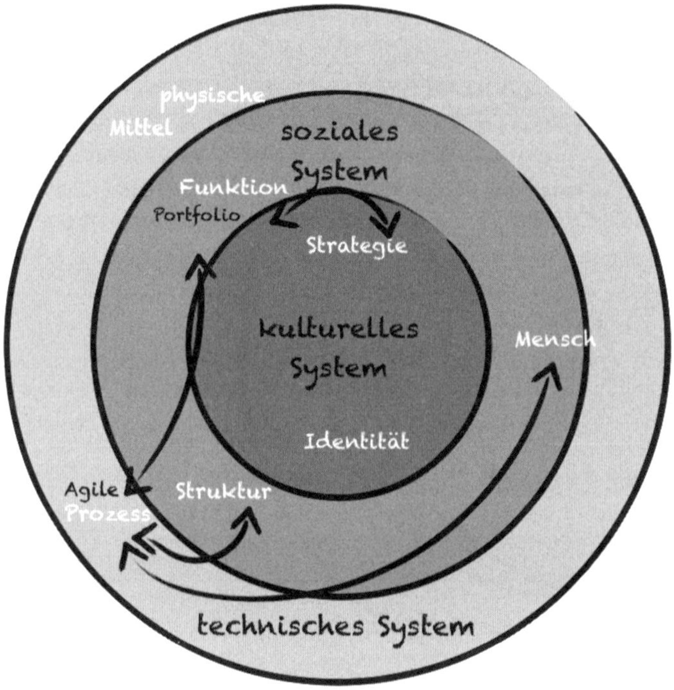

Ob das Einfluss auf die Identität dieser Mitarbeiter hat, möchte er als Nächstes wissen. Sie nickt, während sie über die Antwort nachdenkt, und der Berater malt die nächste Verbindung. Die Changemanagerin möchte an dieser Stelle gerne unterstützen und das Team während der Veränderung begleiten. Es sei zukünftig weniger eine steuernde, sondern eher eine bewertende Rolle. Das ist mit einem gefühlten Machtverlust verbunden. Hinzu kommen das fehlende Fachwissen und die Irritation durch die Veränderung. Man muss aufpassen, dass das Team nicht abspringt. Die Lage in der Abteilung ist bereits sehr angespannt.

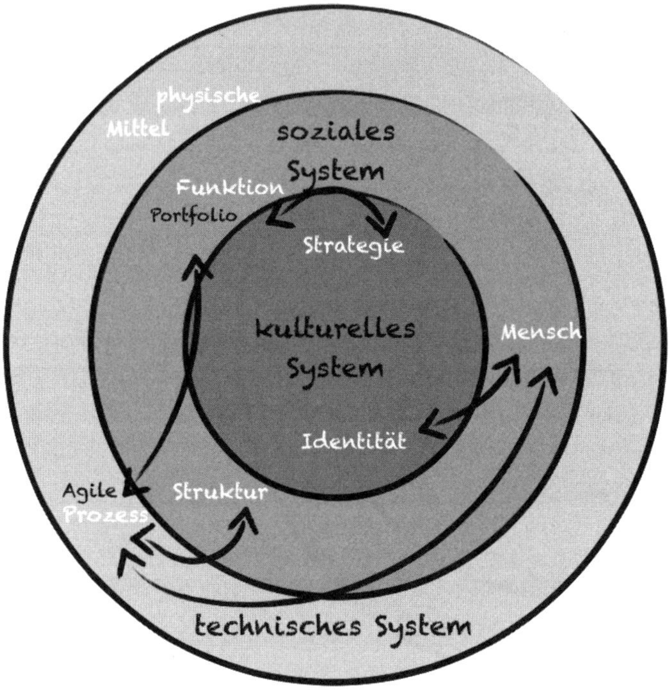

In der abschließenden Feedbackrunde beginnt der Vorstand mit der Bemerkung, dass er nicht glücklich darüber ist, noch weitere Baustellen entdeckt zu haben.

Auf der anderen Seite hat er jetzt bezogen auf die Umsetzung ein besseres Gefühl und kann sich besser vorstellen, dass sie das gemeinsam schaffen werden. Immerhin warten jetzt wohl keine Überraschungen mehr auf ihn. Das verleitet alle anderen zu einem kurzen Lachen.

Aufgabe: Sieben Wesenselemente

In dieser Übung geht es darum, Agilität ganzheitlich zu verstehen. Das Unternehmen ist wie ein Netz zu verstehen, in dem alle Elemente miteinander verbunden sind. Wenn man an einer Stelle etwas ändert, hat das Einfluss auf viele andere Elemente des Systems. Um Agilität wirklich erfolgreich im Unternehmen zu praktizieren, ist es notwendig, alle relevanten Stellen zu finden und anzupassen. Dieser Lernprozess begleitet die Einführung von Agilität stetig. Es werden immer neue Elemente entdeckt, die miteinander verbunden sind. Das Modell der Wesenselemente hilft dabei, diese Einflüsse zu diskutieren und zu strukturieren. Zum Aufzeigen der Beziehungen ist die folgende Darstellung besser geeignet. Die Elemente Identität, Struktur und physische Mittel sind schwer veränderbar. Sie wirken deshalb stabilisierend auf das Unternehmen. Die Elemente Strategie,

Funktion und Prozesse lassen sich leichter verändern und können deshalb dynamisierend eingesetzt werden. Zum Element Mensch gehören auch noch das Team und die Führung.

Auf welche Elemente haben Agilität und Selbstorganisation Einfluss?

Ergänze bitte die Grafik um deine Gedanken:

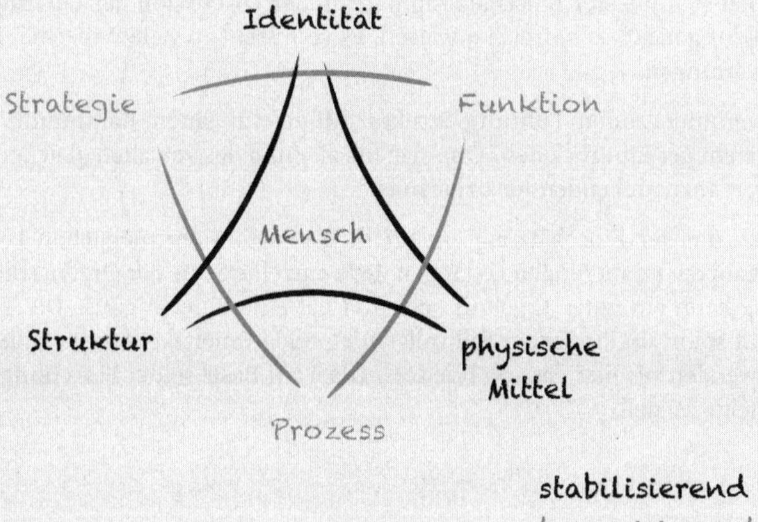

7 Wesenselemente (Glasl)

Welche Elemente müssen noch angepasst werden, um Agilität in der Zukunft erfolgreicher zu gestalten?

Was genau wäre dazu nötig?

4.2 Entwicklungsphasen agiler Organisationen

»*Jede innere Entwicklung braucht ihre Zeit.*« – Dalai Lama

Der Bestseller »Reinventing Organization« hat das enthaltene Modell zur Messung der Reife einer Organisation populär gemacht.

Es hat sich unserer Einschätzung nach in der Diskussion der Unternehmensentwicklung nicht als hilfreich erwiesen. Es vermischt zu viele Wünsche, Ebenen und Erwartungen.

Es verbindet zudem Führung, Struktur, Mindset zu einem Kontinuum. Im Zielbild entsteht der Eindruck des »One size fits all« und des von allen gleichermaßen und sofort anzustrebenden Idealzustands.

Nach unserer Einschätzung entspricht die Anzahl der möglichen Lösungen der Anzahl der existierenden Lösungen. Jede einzelne Stufe der Organisationsentwicklung kann ein gutes Ergebnis sein und hat eine Berechtigung. Die Treppe muss nicht sofort und in jedem Fall vollständig erklommen werden. Aus diesem Grund verwenden wir hier das von Friedrich Glasl auf Basis seiner Forschungsergebnisse erstellte Modell.

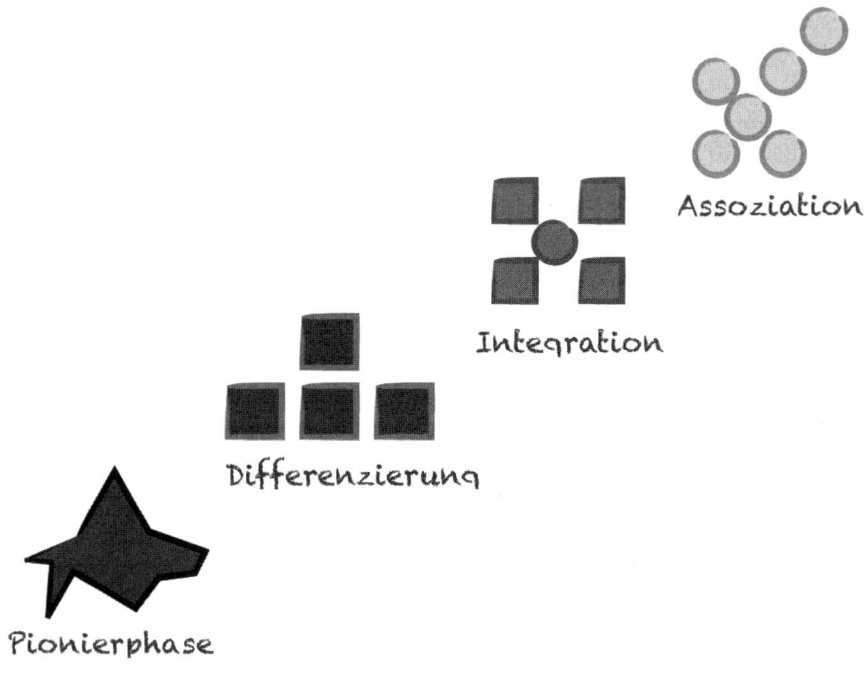

Abbildung 4.2: Entwicklungsphasen von Organisationen nach Glasl

4.2.1 Pionierphase

Das Unternehmen als verschworene Gemeinschaft, eine große Familie.

Die ganze Unternehmung wird durch die Pionierpersönlichkeiten geprägt. Alles ist rund um Personen und persönliche Eigenschaften arrangiert. Die Pionierpersönlichkeiten geben Vision und Purpose (Zweck) vor. Sie leben diese Auffassungen als Vorbild. Die anderen Führungskräfte und auch die Mitarbeiterinnen und Mitarbeiter identifizieren sich mit diesen Vorbildpersonen sehr stark und bemühen sich, in ihrem Geiste zu handeln. Sie haben oft eine gute persönliche Beziehung zu der Führungsfigur. Gesinnung und Verbundenheit ist ein wichtiges Kriterium für die Auswahl von Führungskräften. Typisch ist ein intensiver und direkter Kontakt sowohl zu den Kunden als auch zu den eigenen Mitarbeitern. Jeder kennt mehr oder weniger die unterschiedlichen Kundenbedürfnisse. Man geht auf alle Sonderwünsche ein und ist den Kunden treu verbunden. Die Führung ist charismatisch-autokratisch. Das heißt, es wird sehr direktiv geführt, dies ist vollkommen von den Menschen im Unternehmen akzeptiert. Im Grunde kennt jeder jeden und weiß, welche Bedeutung die Person für das Unternehmen hat. Es wird wenig geplant, sondern viel improvisiert. Dadurch ist das Pionierunternehmen sehr flexibel und effizient.

Dass die Grundausrichtung der Führung autokratisch ist, bedeutet, dass von Führungskräften klare Entscheidungen getroffen und von den Mitarbeitern exekutiert werden. Diese werden weder diskutiert noch öffentlich hinterfragt. Selbstorganisation ist in dieser Phase grundsätzlich möglich, jedoch nur mit starken Einschränkungen und frustrierenden Auswirkungen. Selbstorganisation braucht einen klaren Rahmen und Regeln. Diesen Rahmen aufzubauen, ist der Organisation mit diesem Status nicht möglich. Das liegt auch an den Führungskräften selbst, die sich nicht an Regeln gebunden fühlen. Sie behalten es sich vor, gegen alle Regeln verstoßen zu dürfen. Das beschädigt das Vertrauen in die Rollen und den Rahmen.

Daher ist Selbstorganisation zwar grundsätzlich möglich, aber nicht auf eine systematische und gesteuerte Weise.

Agile Führung und gesteuerte Selbstorganisation können hier wichtige Aspekte einer Organisationsentwicklung sein. Sie können eine Art Katalysator für die Entwicklung auf anderen Ebenen sein. Ohne die konsequente Einführung und Einhaltung von Regeln, Prozessen und Standards ist eine Differenzierungsphase nicht zu erreichen. Der verbreitete Wunsch, aus der Pionierphase direkt in die Integration zu »springen«, ist nachvollziehbar. Stellt die Differenzierung doch einen Verlust von Menschlichkeit dar. Eine Differenzierung kann unterschiedlich gestaltet, aber nicht ausgelassen werden.

Das Ende der Pionierphase ist geprägt von Machtkämpfen, Willkür, Chaos und nicht durchschaubaren Strukturen, das Verhalten der Mitarbeiter wirkt abhängig und unselbstständig.

4.2.2 Differenzierungsphase

Das Unternehmen wird steuerbar und planbar gemacht.

In dieser Phase ist das Unternehmen mit einer gut funktionierenden Maschine vergleichbar.

Funktionen im Unternehmen werden systematisiert, standardisiert und in Stellenbeschreibungen festgeschrieben. Planende, ausführende und kontrollierende Funktionen werden logisch getrennt und verschiedenen Abteilungen zugewiesen. In der Organisation entstehen Stabstellen und Linienfunktionen. Wenn möglich, werden häufig vorkommende Abläufe analysiert und in formellen Anweisungen und Prozessabläufen verbindlich festgelegt.

Willkür und Improvisation werden bekämpft. Die Führungskräfte konzentrieren sich auf die technischen und wirtschaftlichen Notwendigkeiten.

Der Führungsstil ist stark rational geprägt und auf die Einhaltung von Prozessen und Regeln fixiert. Das geht mit einer eingeschränkten Flexibilität einher.

Auf der Teamebene ist Selbstorganisation möglich, sie ist dann aber eingebettet in das strenge Korsett der getroffenen Regelungen.

Selbstorganisierte Teams haben nicht die Möglichkeit, wirklich kundenorientiert zu arbeiten, wenn Unternehmensregeln dabei verletzt werden. Oft sind die Prozesse nicht so gestaltet, dass Teams erfolgreich und dauerhaft agil arbeiten können.

Selbstorganisation und agile Führung haben das Potenzial, zur Weiterentwicklung von Unternehmen beizutragen – sie auf die nächste Ebene der Entwicklung zu heben.

Dabei ist jedoch darauf zu achten, dass die Organisation nicht zurück in die Pionierphase fällt. Agilität in Verbindung mit stark autokratisch interpretierter Führung kann diesen Rücksprung auslösen. Besonders der Blick auf Vorbilder aus dem Hochtechnologiebereich des Silicon Valleys ist hier eher problematisch als hilfreich.

Das Ende der Differenzierungsphase ist durch die folgenden Begleiterscheinungen geprägt: Die verschiedenen Abteilungen und Führungsebenen entwickeln eigene Denk- und Vorgehensweisen und haben Probleme in der Kommunikation. Es wird mehr geregelt, organisiert und geplant als nötig. Die Planung gerät zum Selbstzweck und entfernt sich von den eigentlichen Zielen und der tatsächlichen Notwendigkeit. Die Organisation wird bürokratisch und starr. Das Gemeinsame im Erleben der Mitarbeiter geht verloren. Das Unternehmen wird als kalt und unmenschlich wahrgenommen.

4.2.3 Integrationsphase

Das Unternehmen wandelt sich zu einem offeneren, dynamischeren und ganzheitlicheren Organismus. Es wird wieder beweglicher. Die Qualitäten der Pionierphase und der Differenzierungsphase werden integriert. Das Verbindende im Unternehmen wird nicht mehr in Koordinationsmechanismen gesucht, sondern in der gemeinsamen Ausrichtung auf Sinn und Zweck.

In Gespräche zur Klärung der gemeinsamen Ziele wird viel investiert.

Alles wird auf die Kundenbedürfnisse ausgerichtet. Diese sind wieder ein verbindendes Element. Die Organisation wird in überschaubare Einheiten gegliedert, die sich stark auf eigene Produktgruppen oder Marktsegmente ausrichten und möglichst viel selbstständig entscheiden können. Die Abläufe und Prozesse der Leistungserbringung stehen im Zentrum der Strukturierung. Alle Funktionen und Strukturen sollen eine zügige Prozessorganisation unterstützen.

Die Organisation wird somit flexibel und kundenbezogen gestaltet. Die kleineren, organisatorischen Einheiten übernehmen umfassende Verantwortung für ihre Aufgaben und können selbst planen und organisieren. Zentrale Stabsstellen steuern und reglementieren nicht alles, sondern bieten Dienstleistungen unterstützend an. Das ermöglicht den dezentralen Stellen, ihre Eigenverantwortung bei der Gestaltung der Arbeitsabläufe besser zu erbringen. Der Führungsstil wird situativ angepasst und begünstigt Teamarbeit sowie hohe Mitarbeiterbeteiligung. Durch Schulungs- und Entwicklungsmaßnahmen wird die Entfaltung der Mitarbeiter und somit die Entwicklung des Unternehmens ermöglicht. Mensch und Arbeit stehen nicht im Gegensatz zueinander, sondern befruchten sich gegenseitig. Es werden wieder ganze Menschen benötigt. In dieser Phase können sich Selbstorganisation und Kundenorientierung entfalten. Der stabile Rahmen für die Teams kann gesetzt werden. Diese können dauerhaft Verantwortung übernehmen und kontinuierlich lernen. Der agile Führungsstil passt sehr gut in diesen Kontext. In dieser Phase braucht es einen beweglichen Standard für die Führung des Unternehmens.

In der Endphase der Differenzierung kann es vorkommen, dass sich das Unternehmen zu sehr auf die eigene Welt konzentriert. Es beginnt, eine Parallelwelt zu erschaffen und verliert den Bezug zur Außenwelt.

4.2.4 Assoziationsphase

Das Unternehmen entspricht einem Biotop. Es ist eine Art Schicksalsgemeinschaft. Im Übergang zur Integrationsphase werden Führung und Organisation ganzheitlich gestaltet.

Die Grenzen der Organisation werden für die Kooperation mit Partnern geöffnet.

Das Bewusstsein für prozessuale Abhängigkeiten nimmt zu: Mit Lieferanten und Vorlieferanten werden intensive, langjährige Vertrauensbeziehungen aufgebaut.

Man tauscht offen Erfahrungen zu Produkten und Fertigungsmethoden aus. Produkte und Verfahren werden partnerschaftlich weiterentwickelt. Auch Vertriebspartner können in das Management und die Organisation integriert werden. Die Selbstorganisation wird gestärkt, um möglichst autonome Arbeitsgruppen zu bilden. Die permanente Verbesserung der Produkte und Verfahren sind ein täglich verfolgtes Ziel. Die Entwicklung des Personals wird als Voraussetzung für eine lernende Organisation gefördert. Das Handeln aller ist auf die durchgängige Wertschöpfung ausgerichtet. Selbstorganisation und agile Führung sind hier Teil der DNA des Unternehmens.

Führungskräfte können immer stärker eine begleitende Rolle übernehmen.

Die Bildung von Machtblöcken stellt in dieser Phase eine mögliche Gefahr dar. Solche Blöcke streben eine Monopolstellung an und werden so zum Staat im Staate.

Es kann durchaus vorkommen, dass verschiedene Bereiche eines Unternehmens verschiedenen Levels der Organisationsentwicklung zuzuordnen sind.

Agile Führung kann auf allen Levels der Organisationsentwicklung funktionieren. Sie kann deshalb schon sehr früh eingeführt werden und die Entwicklung vorantreiben. Durch die verschiedenen Rollen, aus denen heraus die Führungskraft agiert, ist sie in der Lage, auf die Herausforderungen des jeweiligen Kontextes einzugehen. In der Pionierphase ist eher Dominanz gefordert.

Es bietet sich für die Führungskraft jedoch bereits an, zu beobachten, ob die Möglichkeit besteht, sich zurückzuziehen und in die begleitende Rolle zu wechseln. Auf diese Weise lernen andere, die Verantwortung zu übernehmen. Die Führungskraft beginnt, Regeln aufzustellen, und muss sich selbst daran halten. Damit ebnet sie den Weg in die Differenzierungsphase und schafft Transparenz.

4.2.5 Fallbeispiel: MANZ

Die Firma MANZ ist ein Familienunternehmen, das seit 160 Jahren besteht. Es ist ein Verlagshaus für Juristen. Im Rahmen der Digitalisierung hat sich für den Verlag die Frage ergeben, wie das Geschäft der Zukunft aussehen kann.

Nachfolgend beschreiben wir in Form eines Überblicks die Maßnahmen des aktuellen Veränderungsprozesses.

Das Verlagshaus befindet sich in der Integrationsphase. Es gibt klare Regeln und Prozesse. Diese können von den Führungskräften und Mitarbeitern situativ ausgelegt werden. Die Unternehmensgröße – etwa 150 Mitarbeiter – unterstützt ein menschenbezogenes und persönliches Betriebsklima. Diese Größe stellt für die Digitalisierung durchaus eine Herausforderung dar.

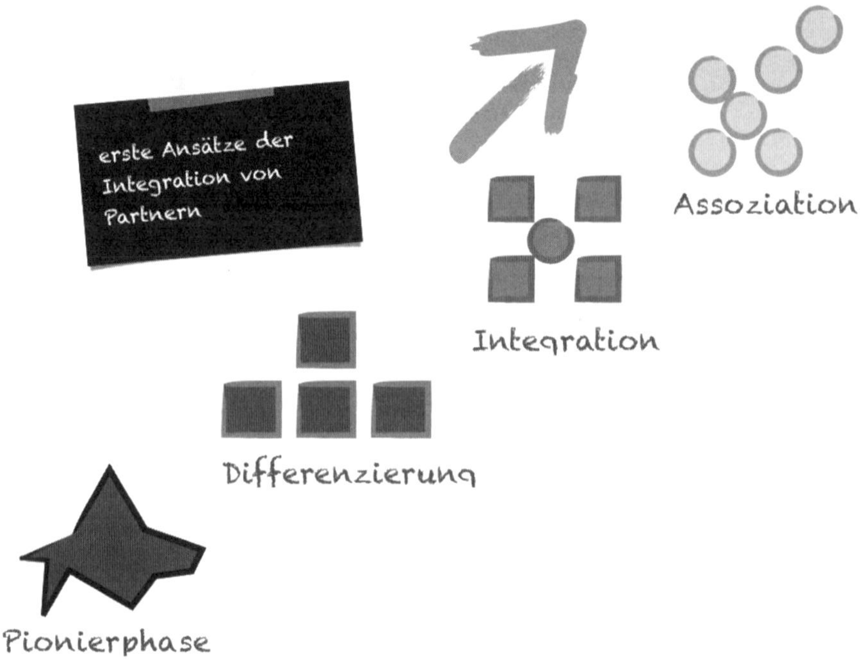

Abbildung 4.3: Entwicklungsphase MANZ

Durch die Kooperation mit Partnern wie Hochschulen und Start-ups, mit denen gemeinsam an Innovationen gearbeitet wird, kann man bezüglich neuer Produkte erste Schritte in Richtung Assoziationsphase erkennen. Viele weitere Maßnahmen hin zur Agilität unterstützen die Integration.

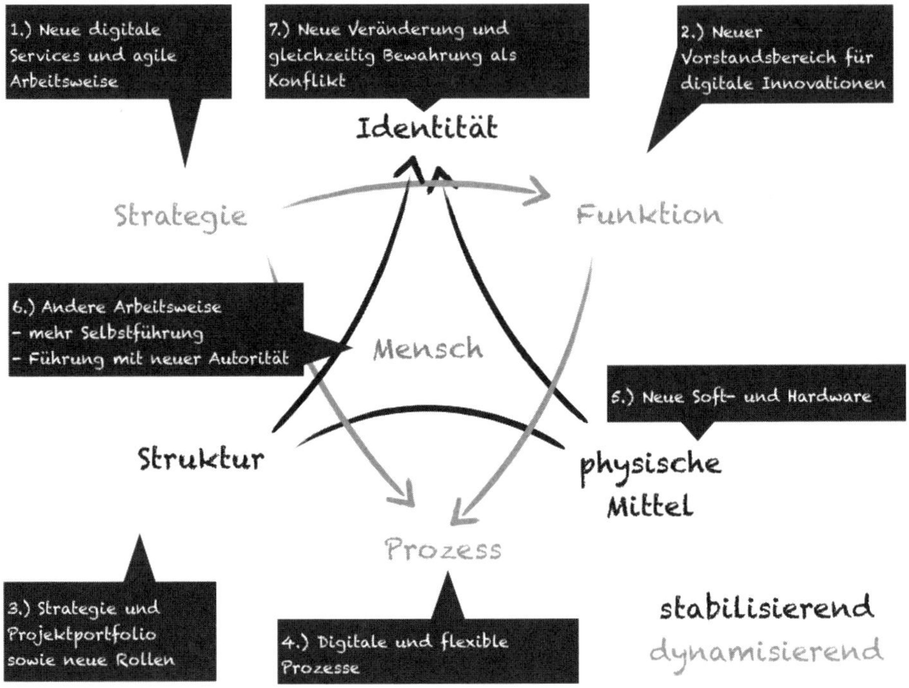

Abbildung 4.4: Wesenselemente MANZ

In der Darstellung der sieben Wesenselemente einer Organisation erkennt man gut, wie umfassend die Veränderungen zur Digitalisierung angegangen wurden. Ausgangspunkt für die Veränderungen war die Strategie.

zu 1. Strategie:

Die strategische Änderung bestand darin, neben den bestehenden Druck-Erzeugnissen für Juristen zusätzlich digitale Services anzubieten.

Die Produkte sollen eine hohe Integrationsfähigkeit aufweisen. Diese Änderung beruht auf der Erfahrung, dass die Kunden vermehrt online Produkte nachfragen und diese in ihre eigenen digitalen Workflows integrieren möchten. Dies betrifft vor allem zukünftige Lösungen zur Effizienzsteigerung durch KI-gestützte Services zur Aufbereitung von Inhalten und Entscheidungen. Hier entstehen Lösungen, die mit dem fallbezogenen Content des Kunden interagieren und Regeln darin direkt anwenden. Diese technologische Interaktion und Integration machen eine andere Arbeitsweise notwendig.

Der Qualitätsanspruch an alle MANZ-Produkte ist sehr hoch. Auf diese Weise soll der Markenkern für den Kunden erkennbar bleiben.

Parallel zur Digitalisierung wird Agilität in das Unternehmen eingeführt, um für die neuen Produkte eine adäquate Arbeitsweise zu etablieren.

zu 2. Funktion:

Für Innovationen im Unternehmen wurde ein zweiter Horizont geschaffen – das »Neugeschäft«. Das Tagesgeschäft hat einen Horizont von bis zu 36 Monaten, Innovationen dagegen haben einen Horizont von 60 Monaten.

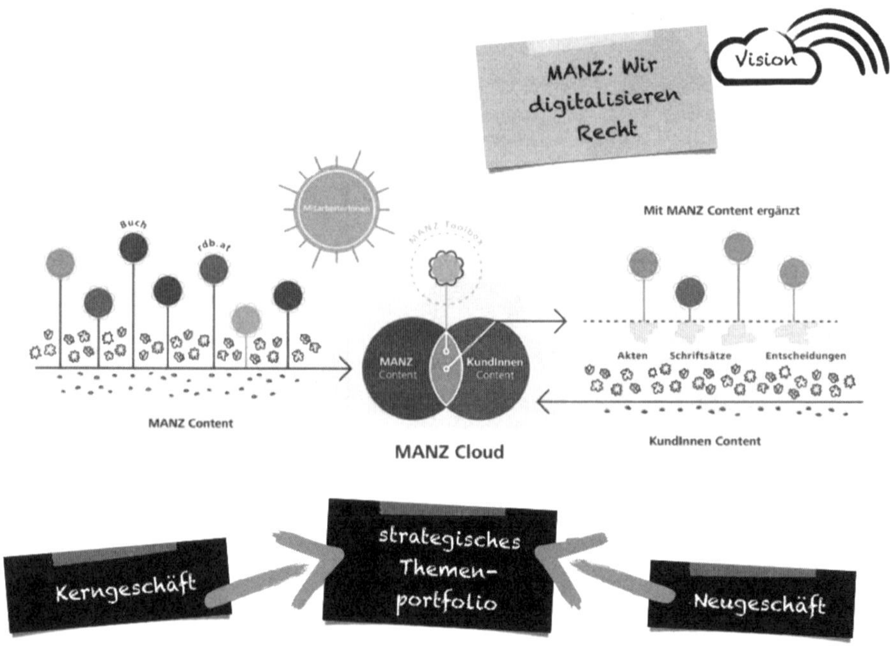

Abbildung 4.5: Horizonte MANZ

Für das Neugeschäftsportfolio – die Innovationen – wurde ein neuer Geschäftsführer eingestellt.

Um eine gute Integration in das bestehende Produkt- und Kundenportfolio sicherzustellen, wurde ein interner Mitarbeiter für diese Position ausgewählt. Er hat die Aufgabe, die Innovationen voranzutreiben und die Partnerschaften mit externen Partnern zu steuern. Auch die Akquisition von Start-ups fällt in diesen neuen Bereich. Der Aufbau von strategisch relevantem Know-how für die zukünftige Wertschöpfung ist neben der Produktentwicklung das Ziel dieses Bereichs.

zu 3. Struktur:

Neben der bestehenden Hierarchie wurde eine hierarchieübergreifende Kanban-Portfoliosteuerung eingeführt. Das oberste Portfolio ist ein strategisches Themenportfolio.

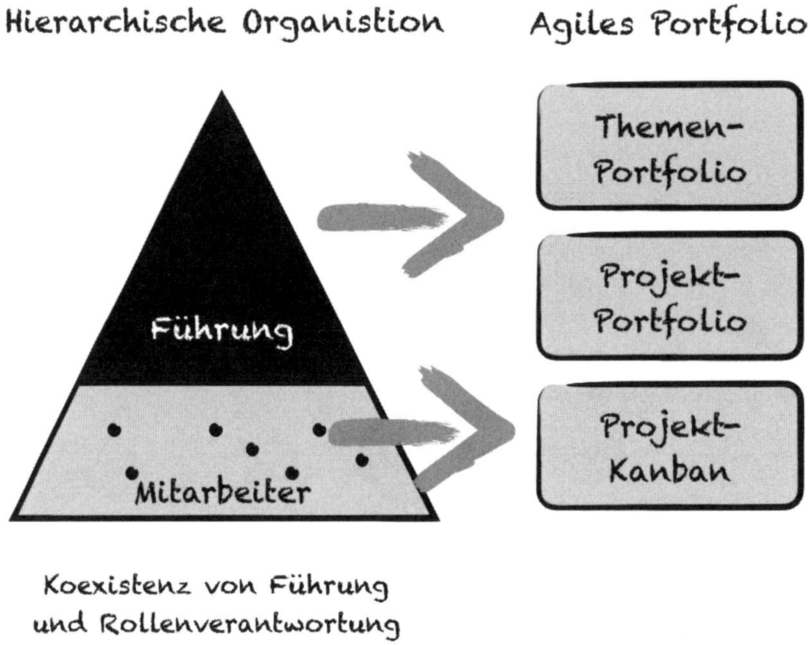

Abbildung 4.6: Portfolio MANZ

Dieses Portfolio beinhaltet alle relevanten strategischen Themen pro Geschäftsjahr. Ein Beispiel für ein strategisches Thema ist die MANZ-Cloud. Im monatlichen Portfoliomeeting wird der Fortschritt der Themen verfolgt und die Prioritäten für die nächsten Schritte werden festgelegt.

Dieses Portfolio hat die Aufgabe, alle Themen inhaltlich zu steuern und zu synchronisieren. Innovationsthemen und operative Themen werden im selben Portfolio gesteuert. Die Prioritäten werden auf dieser Ebene abgewogen und gesetzt. Für das Gesamtportfolio ist die Geschäftsführung gemeinsam zuständig.

An diesem regelmäßigen Meeting können Gäste teilnehmen: Jeder im Unternehmen hat die Möglichkeit, sich für einen der zwei Gästeplätze zu registrieren. Dadurch werden Transparenz und Einbeziehung der Mitarbeiter möglich. Das Portfolio wird im Unternehmen kommuniziert.

Anfangs erfolgte diese Kommunikation in Form eines schriftlich verfassten Statusberichts.

Dabei hat sich gezeigt, dass eine Aufbereitung den Bericht verständlicher macht.

Heute wird der Bericht erst für das Vertriebsmeeting aufbereitet und kommentiert. Erst danach erfolgt die Kommunikation in der Breite. Solche Verbesserungsmaßnahmen werden in den halbjährigen Retrospektiven beschlossen. Hier erfolgt das Feedback bezogen auf den Prozess und die Kommunikation.

Aus dem strategischen Portfolio wird ein Projektportfolio abgeleitet. Hier werden die Ressourcen für die Projekte gesteuert und der Projektfortschritt aufgezeigt. Das Projektportfolio-Meeting findet wöchentlich statt. Auch in diesem Meeting sind Gäste willkommen. Sie dürfen auch hier Fragen stellen und sich an der Diskussion beteiligen.

Die Projekte haben ihr eigenes Kanban-Board, auf dem sie ihre Tasks steuern. Auf der operativen Ebene sind neue Rollen eingeführt worden.

Es gibt Product Owner und Scrum-Master für die Durchführung der Projekte. Die Product Owner steuern die Produktentwicklung und die Scrum-Master moderieren die Teams und die Prozesse. Die Teams arbeiten selbstorganisiert und können auch den Prozess, nach dem sie arbeiten, selbst bestimmen und an ihre Bedürfnisse anpassen.

Die inhaltlichen Ziele werden über das strategische Portfolio gesteuert. Direkter Kundenkontakt ist nicht in allen Stadien der Produktentwicklung ohne Weiteres möglich. Der interne Qualitätsanspruch bremst die Möglichkeit, dem Kunden frühe Produktversionen vorzustellen.

Stattdessen übernehmen interne Experten aus dem kundennahen Bereich die Rolle, in den frühen Phasen Feedback zu geben.

Perspektivisch sollen Kunden noch früher und direkter einbezogen werden. Die Produkte im Portfolio sind nicht nur die Endprodukte des Kunden, sondern auch die eigenen Prozesse und Tools des Unternehmens. Diese treiben die interne Digitalisierung voran.

zu 4. Prozess:

Die Digitalisierung der operativen Prozesse wird über das bereits erwähnte Portfolio umgesetzt. Für die Digitalisierung der Prozesse ist die Flexibilisierung ein wichtiges Kriterium.

Die Teams sollen möglichst viele Entscheidungen darüber, wie sie arbeiten, selbst treffen können.

Dazu benötigen sie flexible Prozesse. Die Bereiche im Unternehmen können selbst entscheiden, in welchem Maße sie Selbstorganisation im Team zulassen. Ein Großteil der Teams arbeitet bereits selbstorganisiert und steuert auch über Kanban-Boards die operative Arbeit.

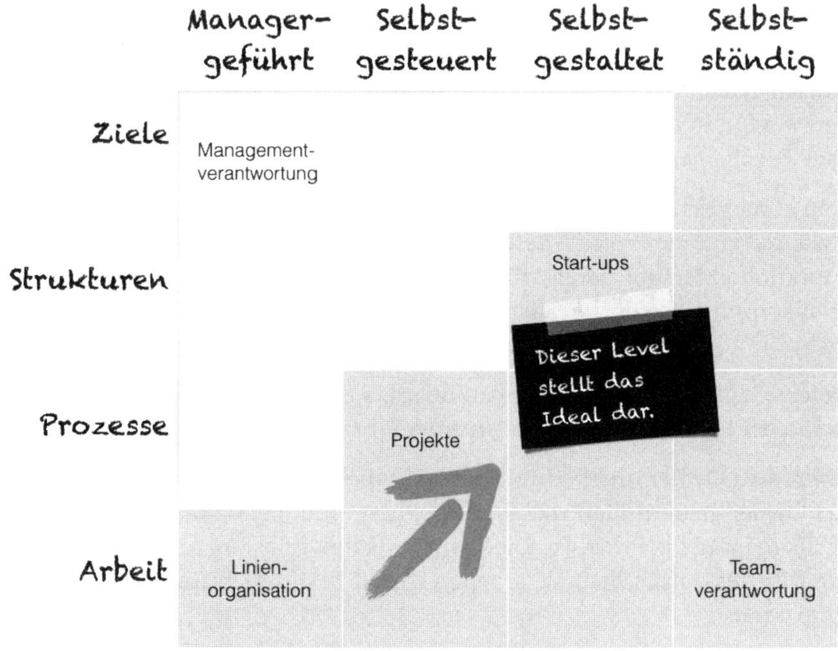

Abbildung 4.7: Selbstorganisation MANZ

Für das ganze Unternehmen ist es gewünscht, möglichst viel Verantwortung an die Teams und die Mitarbeiter zu übergeben.

Die Ausrichtung soll zu flächendeckender Selbstorganisation führen. Start-ups, die in das Unternehmen integriert werden, bewegen sich zum Teil in eine andere Richtung. Die Budget- und Abrechnungsprozesse werden in den Organisationsstandard integriert, hier verlieren die Teams die Möglichkeit der Selbstorganisation. Bezogen auf die inhaltlichen und produktbezogenen Ziele behalten die Teams weitestgehend ihre Entscheidungsfreiheit. Der Budget- und Ressourcenrahmen wird vom Unternehmen vorgegeben.

zu 5. Physische Mittel:

Die physischen Mittel werden erweitert. Durch die neuen digitalen Produkte und internen Prozesse werden neue Software- und Hardwarelösungen benötigt. Die Produkte werden direkt über KPIs wie Verfügbarkeit oder Fehlerrate der Lösungen gesteuert. Innerhalb der Projekte gibt es keine KPIs, diese werden nur über die Inhalte gesteuert.

zu 6 & 7. Mensch und Identität:

Das Kern-Know-how für die zugrunde liegenden Technologien muss im Unternehmen vorhanden sein. Das stellt eine große Herausforderung für die Mitarbeiter und Führungskräfte dar. Auch die neue Arbeitsweise, die Anwendung von Kanban und die Selbstorganisation der Teams ändern bestehende Abläufe und Gewohnheiten. Auch die Identität der Mitarbeiter ist von der Digitalisierung betroffen. Der Konflikt zwischen Verändern und Bewahren ist in einem Unternehmen mit einer 160-jährigen Tradition, das sich auf den Weg in die Digitalisierung macht, ausgeprägter als in einem Start-up. Dieser Konflikt ist an vielen Stellen im Unternehmen spürbar und begleitet die Transformation.

Die Führungskräfte sind ebenfalls stark von dem sich aktuell vollziehenden Wandel betroffen. Die bestehende Hierarchie ist nach wie vor vorhanden und wird auf absehbarer Zeit auch nicht infrage gestellt. Die Haltung der Führungskräfte ändert sich. Die alte Autorität wird zur neuen Autorität. Diese Veränderung wird durch Schulungen und Workshops begleitet. Die neue Rolle der Führungskraft ist die eines Enablers und des Coach. Die Führungskräfte führen jährliche Zielgespräche mit den Mitarbeitern durch. In diesen geht es um inhaltliche wie auch um persönliche Entwicklungsziele. Das Bonussystem wurde abgeschafft, es hat keinen Einfluss mehr auf diesen Dialog.

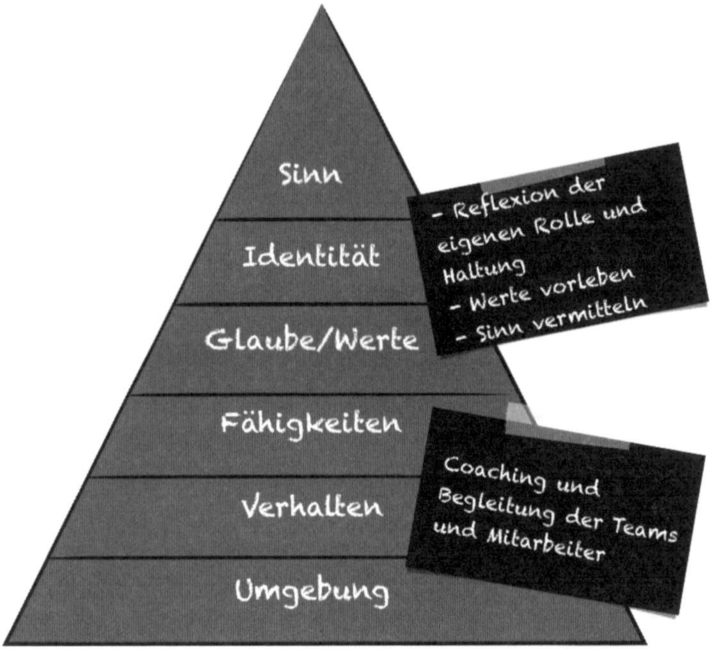

Abbildung 4.8: Logical-Level-Führung MANZ

Die Teams lernen, sich selbst stärker zu organisieren. Junge Mitarbeiter, die neu ins Unternehmen kommen, haben hier eine klare Erwartungshaltung. Sie wollen etwas bewegen und sich ausprobieren. Auf der anderen Seite wünschen sie sich klares Feedback. Sie sind durch das zum Teil noch sehr stark auf die alte Autorität ausgerichtete Schulsystem geprägt und nicht in allen Bereichen gut vorbereitet.

Hier unterstützt die Führungskraft und trifft, wenn das Team mit dem Treffen einer geeigneten Entscheidung zu einem bestimmten Zeitpunkt überfordert ist, Entscheidungen. Besonders unter Stress neigen Mitarbeiter zum Rückfall in die Arbeitsweise der alten Autorität, hier sind die Führungskräfte besonders gefordert. Für die Mitarbeiter, die schon lange im Unternehmen sind, begleiten die Führungskräfte den Transformationsprozess zu mehr Selbstführung.

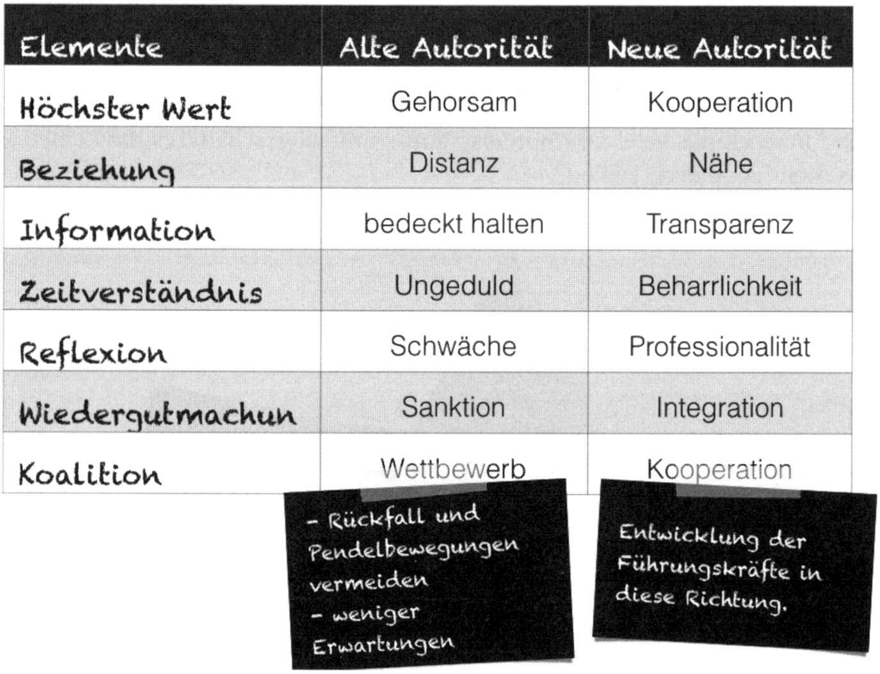

Elemente	Alte Autorität	Neue Autorität
Höchster Wert	Gehorsam	Kooperation
Beziehung	Distanz	Nähe
Information	bedeckt halten	Transparenz
Zeitverständnis	Ungeduld	Beharrlichkeit
Reflexion	Schwäche	Professionalität
Wiedergutmachun	Sanktion	Integration
Koalition	Wettbewerb	Kooperation

Abbildung 4.9: Haltung der Führung MANZ

Die Parallelität von tendenziell klassischer Führung und Selbstführung und die Arbeit mit Kanban einerseits und einem steuernden Portfolio andererseits sind Gegensätze, die immer wieder zu Konflikten führen.

Die entstehenden Probleme konnten bisher im Dialog gut gelöst werden.

Seitens der Unternehmensleitung wurde festgestellt, dass seitens der Mitarbeiter der Wunsch nach Präsenz und der Etablierung einer direkten Beziehung erkennbar geworden ist.

Die Unternehmensleitung wird von den Mitarbeitern stärker beobachtet und auch symbolische Führung wird wichtig. Eine Art Galionsfigur zur Orientierung wird sowohl von den Märkten als auch von den Mitarbeitern eingefordert. Dies gilt besonders in unsicheren Zeiten der Transformation und des strategischen Wandels. Ob und wann dieser Wandel endet, ist bisher nicht absehbar.

Aufgabe: Entwicklungsphasen

In dieser Übung geht es darum, die Entwicklungsphase, in der sich dein Unternehmen befindet, zu bestimmen. Dazu gehen wir gemeinsam die Elemente der Organisation durch und du bewertest jeweils, in welchem Level sich das Unternehmen befindet. Bitte Zutreffendes ankreuzen ...

A- Wie ist die Unternehmensstrategie formuliert?

1- Die Geschäftsleitung hat eine klare Vision.

2- Die Strategie wird jährlich aktualisiert und in Mitarbeiterziele heruntergebrochen.

3- Die Strategie ist gut dokumentiert und inspiriert die Mitarbeiter.

4- Die Strategie inspiriert auch Kunden und Zulieferer.

B- Wie ist die Identität der Mitarbeiter?

1- Wir sind eine eingeschworene Gemeinschaft, wir gleichen einer Räuberbande.

2- Wir haben klare Stellenbeschreibungen und Arbeitsverträge, diese regeln Rechte und Pflichten.

3- Wir fühlen uns als Teil einer großen gut geregelten Gemeinschaft.

4- Wir sehen uns als Teil einer Bewegung.

C- Welche Rolle spielt der Mensch?

1- Der Mensch steht im Mittelpunkt, jeder kann sich hier frei ausleben.

2- Der Mensch ist eine Ressource.

3- Menschen können sich hier ganz einbringen, solange sie sich an die Regeln halten.

4- Wertschätzung für den Menschen ist die Basis unserer Zusammenarbeit.

D- Wie sind die Strukturen aufgesetzt?

1- Wir haben eine ganz klare Hierarchie - oben sticht unten, das reicht uns.

2- Wir haben klar geregelte Zuständigkeiten und Verantwortlichkeiten.

3- Wir haben eine gute Struktur, in der wir uns gegenseitig abstimmen.

4- Unsere Strukturen sind offen für Kunden und Lieferanten.

E- Wie sind die Funktionen aufgesetzt?

1- Für uns ist die Person wichtiger als die Funktion.

2- Die Funktionen sind klar voneinander getrennt.

3- Die Funktionen sind gut integriert, nur gemeinsam sind wir erfolgreich.

4- Die Funktionen sind für Kunden und Lieferanten transparent gestaltet.

F- Wie sind die Prozesse gestaltet?

1- Prozesse haben wir hier nur wenige, sie beschränken zu sehr unsere Freiheit.

2- Die Prozesse sind gut dokumentiert und detailliert beschrieben. Jeder muss sich daran halten.

3- Die wesentlichen Prozesse und der Spielraum des Einzelnen sind definiert.

4- Die Prozesse und Ermessensspielräume werden gelebt. Sie sind offen für Kunden und Zulieferer gestaltet.

G- Wie werden die physischen Mittel gestaltet?

1- Dafür sind nur die Chefs verantwortlich, das Budget ist uns heilig.

2- Es gibt klare Regeln für die Anschaffung und Wartung von Arbeitsgeräten.

3- Es gibt klare Regeln, aber einen gewissen Ermessensspielraum für die Anschaffung und Wartung von Arbeitsmitteln.

4- Die physischen Mittel werden mit Dienstleistern und Zulieferern gemeinsam eingesetzt.

Zur Auswertung trage bitte die Zahlen in die Spalte *Bewertung* dieser Tabelle und errechne den Mittelwert.

Elemente	Deine Bewertung	Maximum-Minimum
A-Strategie		
B-Identität		
C-Mensch		
D-Stuktur		
E-Funktion		
F-Prozesse		
G-physische Mittel		
Summe		max:
Mittelwert		min:

In das Feld *max* trägst du den höchsten Wert ein, den du vergeben hast. Im *min* den niedrigsten Wert.

Auswertung:

Mittelwert zwischen 1 und 1,7: Das Unternehmen ist in der Pionierphase.

Mittelwert zwischen 1,8 und 2,5: Das Unternehmen ist in der Differenzierungsphase.

Mittelwert zwischen 2,6 und 3,3: Das Unternehmen ist in der Integrationsphase.

Mittelwert zwischen 3,3 und 4: Das Unternehmen ist in der Assoziationsphase.

Differenz Min – Max ist 1: Die Zuordnung zu einer Phase ist sehr eindeutig.

Differenz Min – Max ist 2: Das Unternehmen befindet sich in der Entwicklung, diese ist noch nicht abgeschlossen.

Differenz Min – Max ist 3: Das Unternehmen ist sehr wenig homogen, es wurde vermutlich von Turbulenzen erfasst.

4.3 Strukturen agiler Organisationen

»Bäume haben etwas Wesentliches gelernt: Nur wer einen festen Stand hat und trotzdem beweglich ist, überlebt die starken Stürme« – Anke Maggauer-Kirsche

Es gibt nicht die eine Struktur für agile Organisationen. Es lassen sich maximal Tendenzen ableiten oder hilfreiche Muster darstellen. Diese werden in dem folgenden Abschnitt angedeutet. Eines der sieben in Abschnitt 4.1 dargestellten Elemente einer Organisation ist die Struktur. Die Struktur hat Einfluss auf die Wirkungsweise der Organisation. Das Auftreten bestimmter Verhaltensmuster wird durch einschlägige Strukturen wahrscheinlicher oder unwahrscheinlicher. Wenn Unternehmen agiler werden wollen, müssen sie auch die Strukturen hinterfragen und möglicherweise anpassen.

4.3.1 Dezentral

Eine Tendenz der Verlagerung von Macht in Richtung der dezentralen Einheiten, die direkten Kundenkontakt haben, ist in vielen Unternehmen erkennbar, die agiler und selbstorganisierter werden. Das überrascht wenig. Kundenorientierung und Empowerment der Mitarbeiter sind zentrale Elemente der Selbstorganisation. Die Nähe zum Kunden in der dezentralen Einheit sorgt dafür, dass die primären Kundenprozesse stärker in den Fokus geraten. Die Experten sind in der Lage, gemeinsam gute Entscheidungen zu treffen. Für die Führungskräfte ist es eine große Herausforderung, den Lernprozess hin zum gemeinsamen Treffen guter Entscheidungen zu begleiten und zu beobachten.

4.3.2 Stabsfunktionen als Service-Center

Es ist keine Überraschung, dass die Zentrale an Macht und Bedeutung verliert, wenn wichtige Entscheidungen direkt beim Kunden vor Ort getroffen werden und die primären Produktionsprozesse an Bedeutung gewinnen.

Hinzu kommt, dass Zentralfunktionen sich wieder stärker auf ihre Kunden, also die internen Mitarbeiter, konzentrieren.

In vielen Unternehmen haben sich zentrale Bereiche sehr weit von den wirklichen Problemen der Mitarbeiter und des Unternehmens entfernt. Sie schaffen nicht selten Probleme, die sie anschließend lösen. Sie erzeugen zusätzliche Komplexität im Unternehmen, die es ohne sie nicht gäbe.

Um die Wertschöpfung wieder stärker in den Mittelpunkt zu rücken, stellen die zentralen Bereiche den dezentralen Einheiten Services zur Verfügung. Die dezentralen Bereiche können selbst entscheiden, ob die Services hilfreich sind und verwendet werden oder nicht. Unternehmen wie dm (die Drogeriemarktkette) gehen so weit, dass die zentralen Bereiche ihre geplanten neuen Services den dezentralen Märkten vorstellen müssen.

Die Zustimmung der Märkte ist die Voraussetzung für die Freigabe der Mittel für die Umsetzung durch die Zentrale.

4.3.3 Flachere Hierarchien

In agilen Organisationen gibt es eine Tendenz zu flacheren Hierarchien.

Da andere Rollen und Teams Verantwortung übernehmen, werden weniger Führungskräfte benötigt. Aus diesem Grunde erweitert sich die Führungsspanne der hierarchischen Führung.

4.3.4 Soziokratie

Dieses Organisationsmodell sei an dieser Stelle kurz vorgestellt. Die Soziokratie ist eine Organisationsform, in der die Entscheidungen von den Stakeholdern getroffen werden, die von der Entscheidung betroffen sind. Diese Entscheidungen werden im Konsens getroffen. Das bedeutet, dass alle mit der Entscheidung leben können und sie davon ausgehen, dass die Entscheidung keinen Schaden für das Unternehmen zur Folge haben wird. Das Unternehmen ist in Kreise unterteilt. Die Kreise sind hierarchisch gegliedert. Die hierarchisch höheren Kreise geben den niedrigeren Kreisen die Ziele vor.

Die Führungskräfte haben innerhalb der Kreise eine moderierende Funktion.

Wenn Entscheidungen getroffen werden, zählt ihre Stimme genauso viel wie die der anderen Kreismitglieder.

Führungspositionen sind immer doppelt besetzt und Führungskräfte werden gewählt. Sie können jederzeit wieder abgewählt werden. Wenn ein Kreis zu groß wird, kann problemlos ein neuer Kreis gegründet werden. Die Organisation wird auf diese Weise beweglicher. Die Entscheidungsfindung dauert durch die Beteiligung vieler möglicherweise länger. Der Vorteil liegt in der Umsetzung von Entscheidungen. Alle kennen die Hintergründe und stehen hinter den Entscheidungen, an denen sie beteiligt waren. Die klassische Soziokratie wird für das ganze Unternehmen eingeführt und braucht eine klare Vision.

4.3.5 Soziokratie 3.0

In der Soziokratie 3.0 wird das System um Techniken aus dem agilen IT-Management ergänzt.

Ergänzend zur Hierarchie gibt es weitere Möglichkeiten, die Kreise miteinander zu verbinden.

Die Einführung kann in einem Teilbereich des Unternehmens stattfinden. Es wird keine Vision benötigt. Die Motivation – sogenannte Treiber – für die Handlungen sind hier relevant.

4.3.6 Holokratie

Die Holokratie ist eine kommerzielle Variante der Soziokratie. Beratung, IT-Tools und Templates werden dabei zur Verfügung gestellt. Die Umstellung ist deutlich standardisierter. Die Holokratie kann nur für das ganze Unternehmen eingeführt werden.

Die in vorangestellten Kapiteln bereits erwähnten Unternehmen Buurtzorg und Morning Star sind Beispiele für die erfolgreiche Anwendung von Selbstorganisation.

4.3.7 Selbstorganisierte Teams – Buurtzorg

Buurtzorg bedeutet Nachbarschaftshilfe und ist ein Pflegedienst in den Niederlanden. Die Organisation Buurtzorg setzt fast ausschließlich auf selbstorganisierte Teams. Es gibt kein Management mehr. Innerhalb der Teams wird der Moderator für jede Sitzung neu gewählt.

Für die ca. 9.000 Mitarbeiter sind etwa 20 Mitarbeiter in der Zentrale und ca. 15 Coaches tätig. Die schlanke Zentrale ist möglich, weil die Prozesse durchgängig automatisiert sind. Die Vereinfachung der Prozesse wird dabei als entscheidender Erfolgsfaktor genannt. Das Ziel dabei war, möglichst wenig Zeit mit der Administration verbringen zu müssen, um sich der Kernaufgabe widmen zu können. Die Teams können alle Dienstleistungen für die Patienten selbst erbringen. Die Teamgröße ist auf zwölf Mitarbeiter beschränkt. Die Organisation ist gemeinnützig und steckt den Gewinn in Innovationen und die Schulung der Mitarbeiter. Das Unternehmen wurde mehrfach zum Arbeitgeber des Jahres gewählt und die Patienten sind sehr zufrieden mit dem Service. An diesem Beispiel kann man das Potenzial von Selbstorganisation gut erkennen. Der Eigentümer – Jos de Blog – agiert, soweit das von außen zu erkennen ist, als agile Führungskraft. Er hat eine klare Vision und unterstützt die Teams.

4.3.8 Netzwerk – Morning Star

Morning Star verarbeitet Tomaten zu Ketchup und anderen Nahrungsmitteln. Morning Star setzt nicht auf Teams, sondern auf ein Netzwerk. Auch Morning Star hat keine Manager. Jeder Mitarbeiter wird hier als Manager betrachtet. Das Auswahlverfahren für das Personal ist so gestaltet, dass Bewerber ihre bisherige Initiative in anderen Unternehmen klar beschreiben können müssen. Jeder Mitarbeiter schließt selbst Verträge mit anderen Mitarbeitern. Es gibt nur zwei Regeln im Unternehmen.

- Tue niemandem Gewalt an.
- Halte deine Verträge ein.

Für Konflikte gibt es einen klar geregelten Deeskalationsprozess, der dafür sorgt, dass andere Mitarbeiter im Konfliktfall vermitteln und beraten. Wenn der Konflikt durch diese Vermittlung nicht lösbar ist, gibt es am Ende der Kette den Eigentümer, der dann eine Entscheidung trifft.

Die beiden Beispiele zeigen, wie weit Selbstorganisation und agile Führung sich entwickeln und wie erfolgreich sie sein können. Erfolge lassen sich jedoch nicht unmittelbar auf andere Unternehmen übertragen. Die Umstellung eines bestehenden Unternehmens mit einer gewachsenen Unternehmensidentität und -kultur ist eine ganz andere Herausforderung, als ein solches Unternehmen von Beginn an anders aufzubauen. Die o.g. Beispiele sind hier als Inspiration aufgeführt. Es gibt zu beiden Unternehmen viel Material im Netz, mit dem es sich zu beschäftigen lohnt.

Aufgabe: Agile Strukturen

In dieser Übung geht es darum, zu reflektieren, ob agile Strukturen im Unternehmen hilfreich sein können. Bitte schaue dazu das folgende YouTube-Video an. Dieses Bild enthält den direkten Link zum Video.

Alternativ lässt sich das Video mithilfe der Stichworte »Holacracy«, »Brian Robertson«, »TEDx« finden.

Was finde ich an dem Ansatz inspirierend?

____

____

____

____

Wobei könnte dieses Vorgehen in meiner Organisation helfen?

____

____

____

____

Wie könnte man das ausprobieren?

____

____

____

____

Einzelne Elemente des Systems lassen sich besser bei der Soziokratie 3.0 entlehnen. Sie ist in ihren Grundzügen der im Video beschriebenen Holacracy sehr ähnlich. Die Materialen und Konzepte sind Open Source und können heruntergeladen werden: *https://sociocracy30.org/resources/*. Die Holacracy kann man nur ganzheitlich einführen und die Materialien werden nur von zertifizierten Beratern ausgegeben.

4.4 Agile Change – Weg und Ziel

»Wenn man das Ziel nicht kennt, ist kein Weg der richtige.« – Koran

Agilität ist eher die Art, wie man geht und seine Reise gestaltet, als das Ziel. Ein Unternehmen braucht eine Vision und einen Purpose (Zweck). Warum gibt es uns und was wollen wir in die Welt bringen? Diese Frage zu klären, ist sehr hilfreich. Wenn die Antwort gefunden ist, kann man beginnen, Fahrt in die Richtung der Vision aufzunehmen. Eine Vision zu erreichen, ist mit hoher Wahrscheinlichkeit ein Vorhaben, das im komplexen Quadranten des Cynefin-Modells zu finden ist. Das Denkmodell ist Probiere – Erkenne – Reagiere. An erster Stelle steht also das Experiment. Idealerweise ein Experiment, das in die gewünschte Richtung führt. Die Gestaltung und die Beobachtung dieser Experimente werden zur strategischen Aufgabe. Genau das ist der agile Veränderungsprozess. Er unterscheidet sich vom klassischen Veränderungsprozess hinsichtlich des Denkansatzes. Verwendet man den klassischen Veränderungsprozess, geht man davon aus, dass man sich Ziele setzen und deren Erreichung entsprechend planen kann. Dieses Denkmodell ist in komplizierten oder einfachen Kontexten erfolgreich, aber eben nicht in komplexen.

4.4.1 Agiles Portfolio an Experimenten

Ein agiles Portfolio wird benötigt, weil es sinnvoll ist, mehrere Experimente gleichzeitig durchzuführen. Sie werden nicht sequenziell eines nach dem anderen durchgeführt, das würde zu viel Zeit kosten. Es ist vielmehr sinnvoll, unterschiedliche Experimente zum selben Thema gleichzeitig durchzuführen.

Ein gutes Experiment hat die folgenden Kriterien:

- Es hat einen begrenzten Input.
- Es gibt definierte Erfolgskriterien.
- Es gibt eine Timebox/es ist festgelegt, wie lange es dauert.
- Jedes Experiment hat einen Owner.
- Es findet in einer sicheren Umgebung statt.
- Der potenzielle Schaden ist überschaubar.
- Es ist beobachtbar.
- Das Ergebnis ist messbar.

Für die Darstellung des Portfolios hat sich das folgende Kanban-Board bewährt:

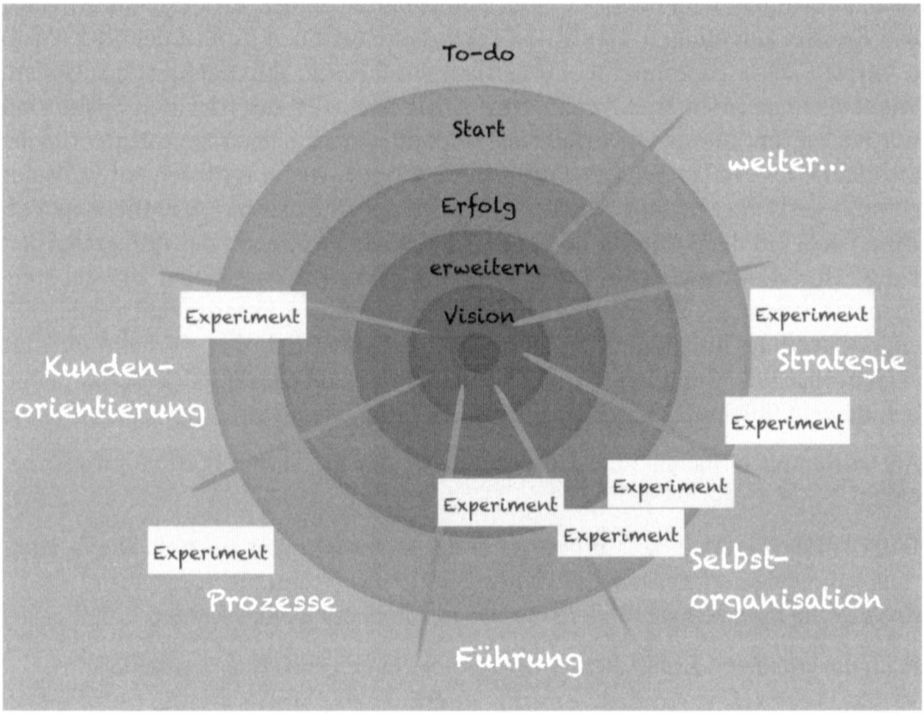

Abbildung 4.10: Agiles Portfolio-Change-Board

Die Bereiche sind dabei frei wählbar. Sie sind die Bereiche, in denen die Experimente durchgeführt werden. Dies können zum Beispiel die sieben Wesenselemente einer Organisation sein oder die funktionalen Bereiche eines Unternehmens. Das Ziel ist es, eine Übersicht über den gesamten Veränderungsprozess zu bekommen. Im Zentrum der Veränderung steht die Vision oder der Zweck des Unternehmens. Alle Experimente werden gestaltet, um diesen zu erreichen. Möglicherweise hört das Experimentieren nie auf, weil man eine Vision oft nicht erreichen kann.

Das Ziel ist die konsequente Ausrichtung des Unternehmens auf die Vision. Die Auswahl der Experimente wird zu einer strategischen Aufgabe. Welches und wie viele braucht das Unternehmen? Der Status der einzelnen Experimente wird auf den Kreisen aufgetragen. Geplante Experimente befinden sich in der To-do-Spalte (Kreis). Diese Experimente wurden ausgewählt, um durchgeführt zu werden. Wenn sie angelaufen sind, verändert sich ihr Status. In der nächsten Spalte sind nur noch Experimente, die erfolgreich verlaufen sind, eingetragen. Experimente, die nicht erfolgreich verlaufen sind, werden ausgewertet und führen auf Basis der gewonnenen Erkenntnisse möglicherweise zu neuen Experimenten. Diese werden dann wieder in der Spalte To-do eingetragen. Ein Experiment, das erfolgreich verlaufen ist, soll möglicherweise ausgeweitet werden. Im klassischen Umfeld sprechen wir von einem Rollout. Die erfolgreich verlaufenen Experimente werden auf andere Bereiche übertragen. Diese Erweiterung muss definiert werden und wird auch beobachtet. Wenn es erfolgreich verlaufen ist, hat das Experiment das Unternehmen ein Stück näher in Richtung seiner Vision gebracht.

Alle zuständigen Manager des Unternehmens sind an diesem Portfolioprozess beteiligt.

Das Portfolio benötigt das Commitment der Unternehmensführung. Die Ausführung kann delegiert werden, die Planung und Auswertung nicht. Am Prozess können externe Experten als Moderator oder Ideengeber beteiligt werden.

Auch die einzelnen Experimente werden über ein eigenes Board gesteuert:

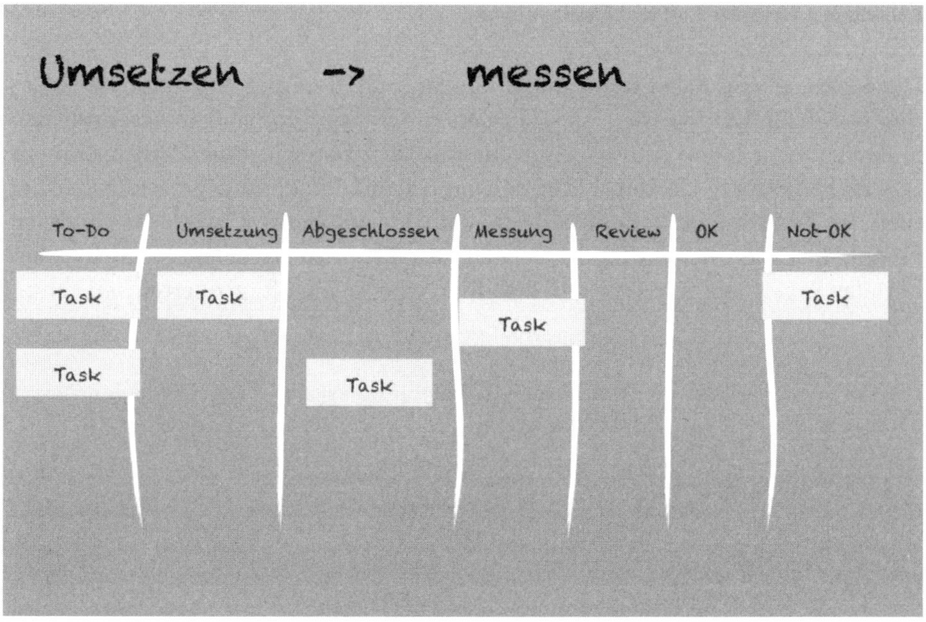

Abbildung 4.11: Durchführung eines Experiments

Dabei ist es auch möglich, mehrere Experimente auf demselben Board nachzuverfolgen. Wichtig ist es dabei, sie voneinander unterscheiden zu können. Jedes Experiment wird vor dem Start in Tasks zerlegt. Diese Tasks bilden die Aufgaben ab, die erledigt werden müssen, um das Experiment durchzuführen. Es können später noch weitere Aufgaben hinzugefügt werden. Der Owner des Experiments hat dafür Sorge zu tragen, dass es diese Planung gibt und sie von einem Team umgesetzt wird. Dazu trifft sich das Team regelmäßig vor dem Board und ändert den Status.

Es kann sinnvoll sein, dieses Treffen täglich durchzuführen.

Das unterstützt den Fokus und die Energie, mit der an den Themen gearbeitet wird. Für die meisten Experimente ist es wichtig, dass sie schnell durchgeführt werden. Weil der Ausgang unsicher ist, gewinnt die Geschwindigkeit an Bedeutung. Es ist durchaus möglich, dass mehrere Tasks durchgeführt werden müssen, bis ein Endergebnis vorliegt.

Die parallele Durchführung ist auch hier hilfreich.

Der Ablauf der Tasks ist dabei der Folgende:

Alle Aufgaben, die begonnen sind, werden in die Spalte »Umsetzung« gezogen. Es ist sinnvoll, das Board zu erweitern und noch andere Spalten entlang des Prozesses zu ergänzen. Wenn die Tasks abgeschlossen sind, werden sie der Spalte »Abgeschlossen« zugeordnet. Idealerweise können die Tasks dann gemessen werden. Ihr Einfluss auf die Erfolgskriterien des Experiments wird durch die Messung deutlich. Nach der Messung erfolgt ein auf den Task bezogener Review.

Abhängig davon, ob er erfolgreich war, wird er den entsprechenden Spalten zugeordnet.

Für Tasks, die nicht erfolgreich waren, stellt sich die Frage, was getan werden kann, um einen Erfolg zu erzielen. Möglicherweise wird ein neuer Task erstellt, der wieder in die Spalte »To-do« gehängt wird. Am Ende der Timebox wird das ganze Experiment ausgewertet und das Ergebnis in das Portfolio übertragen. Die an der Ausführung des Experiments beteiligen Personen müssen in einem der Priorität des Experiments entsprechenden Umfang Zeit zur Ausführung zur Verfügung haben. Die betroffenen Bereiche führen die Experimente optimalerweise selbst durch. Auf diese Weise ist sichergestellt, dass die besten Experten einbezogen werden können.

Aufgabe: Agile Change

In dieser Übung geht es darum, agile Veränderungsprozesse besser kennenzulernen. Idealerweise kann das Ergebnis der letzten Übung zu agilen Strukturen genutzt werden. Die Einführung von agilen Strukturen kann man sehr gut über agile Veränderung planen und durchführen. Die Einführung von agilen Strukturen hat sehr große Auswirkungen auf viele andere Elemente.

Dabei ist zunächst die Frage zu klären, wie das Vorhaben am besten zu strukturieren ist, um einen guten Überblick zu erhalten.

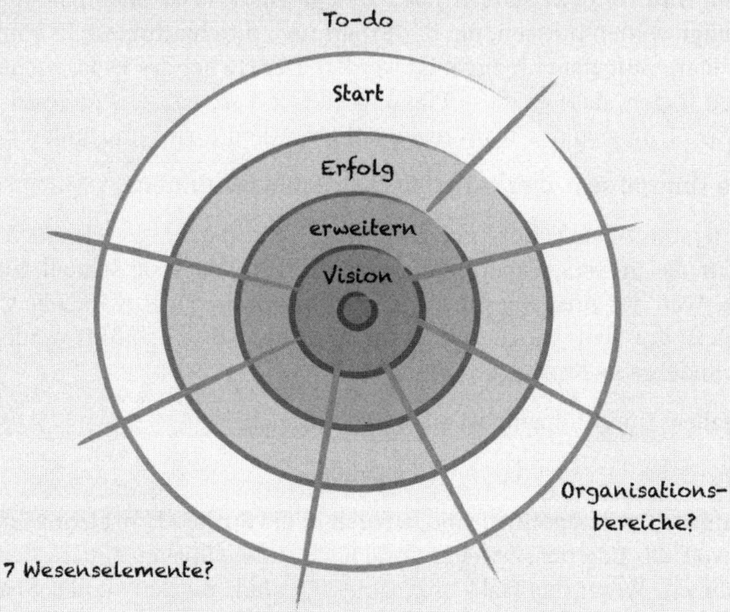

Was ist die Vision für die agile Struktur?

____

____

____

____

Viele agile Veränderungen werden nicht von Anfang bis Ende durchgeplant. Es werden Experimente geplant, die den Weg zur Vision Schritt für Schritt aufzeigen. Geplant wird also nicht der gesamte Entwicklungspfad, sondern zunächst das Experiment in Richtung der Vision.

Was sind gute erste Experimente?

____

____

____

____

Woran erkennt man, dass die Experimente erfolgreich verlaufen sind?

____

____

____

4.5 Organisationale Fitness und Resilience

»Das Gehirn ist der einzige Körperteil, der nicht altert, wenn man ihn fit hält.« – Jean Pütz

In einem klassischen Umfeld wird die »Fitness« einer Organisation mithilfe weniger Kennzahlen ermittelt.

Der Status des Geschäfts wird anhand von Umsatz und Gewinn beschrieben.

Im Modell der drei Horizonte entspricht das Geschäft Horizont 1. Er repräsentiert das profitable Tagesgeschäft. Effizienz ist der Treiber in diesem Bereich. In globalen Märkten steigt jedoch die Unsicherheit.

Attraktive Märkte ziehen auch Wettbewerber an.

Die Digitalisierung verringert die Eintrittsbarrieren für Neueinsteiger. Es ist einfacher möglich, mit kleinen Teams und hochautomatisierten Prozessen große Verschiebungen in der Preis- und Kundenstruktur zu bewirken. Ein guter Gewinn heute hat immer weniger Wert für den Gewinn von morgen, weil die Märkte dynamischer werden.

Ein stärkerer Fokus auf die Horizonte 2 und 3 soll dabei helfen, die Abhängigkeit des Unternehmens von diesem Geschäft zu reduzieren, indem neue Geschäftsoptionen entwickelt und erfolgreich an den Markt gebracht werden. Dabei ist es durchaus denkbar, dass diese Geschäftsideen das bestehende Geschäftsmodell aus Horizont 1 angreifen.

Die zugrunde liegende Überlegung ist, dass es besser ist, selbst ein Geschäftsmodell zu zerstören, als dass es andere tun.

Die neuen Geschäftsmodelle sind Optionen auf eine erfolgreiche Zukunft. Das Tagesgeschäft finanziert die Investitionen in diese Zukunft. Je profitabler das Tagesgeschäft ist, desto mehr Optionen können ausprobiert werden. Der Nachteil von hohen Investitionen in die Zukunft ist, dass sie den operativen Gewinn senken. Das erfreut Investoren nur bedingt.

Daher wird versucht, die Investitionen auch in diesem Bereich niedrig zu halten.

Das gilt besonders für den Horizont 3. Hier gibt es nur vage Ideen, die noch nicht erprobt sind. »Fail cheap and fast« ist hier die Devise. Ein kleines Budget kann die Kreativität anregen. Eine Kultur des schnellen Scheiterns, des Immer-wieder-Aufstehens-und-Weitergehens wird hier benötigt. Kreativität ist eine wichtige Komponente, um Neues zu finden. Die Verbindung von kreativen Prozessen mit Kundenwünschen und wirtschaftlicher und technischer Machbarkeit in der Praxis ist notwendig, um diese Ideen erfolgreich umzusetzen, da nur sie das Überleben eines Unternehmens in der Zukunft sichern können.

4.5.1 Fachkompetenz

Experten auf einem ganz bestimmten Gebiet werden gebraucht, um die Machbarkeit einer Lösung einschätzen zu können und immer wieder neue Experimente zu gestalten, die die richtigen Erkenntnisse hervorbringen. Diese Kompetenz ist in vielen Unternehmen vorhanden.

4.5.2 Kreativität

Kreativität steht für querdenken, anders denken und insbesondere auch dafür, Dinge anders zu machen.

Kreativität bringt es mit sich, dass Bestehendes zerstört wird, um etwas Neues zu schaffen. Kreative Menschen sind in der Produktion nicht besonders beliebt, sie halten sich nicht an Regeln und probieren Neues und Unkonventionelles aus. In vielen auf die Produktion fokussierten Unternehmen gibt es schlicht und ergreifend keine kreativen Querdenker mehr. Sie sind vor der Kultur der Effizienz und der Fehlervermeidung davongelaufen.

Die Fähigkeit zum kreativen Querdenken und spielerischen Experimentierens müssen viele Unternehmen aufbauen.

Es müssen Räume geschaffen werden, in denen man spielen und ausprobieren kann.

4.5.3 Empathie

Empathie mit dem Kunden und im eigenen Team sorgt für Verbundenheit. Sich in den Kunden hineinversetzen zu können und sein Problem zu verstehen, um in seinem Sinne eine gute Lösung zu finden, ist die Basis guter Produktentwicklung. Sich im Team gegenseitig zu unterstützen und eine gute Stimmung zu erzeugen, ist wichtig, um als Team erfolgreich zu sein. Diese Ressource ist in vielen Unternehmen reichlich vorhanden, sie wird nur oft wenig wertgeschätzt. Üblicherweise werden individuelle Ziele gesetzt und wer »nur« andere unterstützt und »selbst nichts vorzuweisen hat«, wird sehr wahrscheinlich von der nächsten Kündigungswelle erfasst. Hier ist ein Umdenken notwendig.

4.5.4 Simplicity

Es ist einfach, immer mehr Funktionen anzuhäufen. Neue Funktionen werden oft auch als Innovation gesehen. Allerdings werden Produkte dadurch oft schwerer bedienbar, komplizierter und fehleranfälliger. Simplicity ist nicht nur bezogen auf ein Produkt vorteilhafter. Es gilt für alle internen Prozesse der Produktion und der Dokumentation. Einfache Lösungen lassen sich viel schneller verändern als komplizierte, weil die Nebenwirkungen schneller zu verstehen sind. Der Fokus auf das Wesentliche und das Hinterfragen von allem ist wichtig, um Dinge weglassen zu können. Einfache Dinge sind oft viel schwieriger zu entwickeln als komplizierte. Das Potenzial von Simplicity ist in vielen Unternehmen noch nicht erkannt.

Für die Zukunftshorizonte 2 und 3 sind Kompetenzen jenseits von Fachwissen und Effizienz gefragt. Neben Kreativität und Teamfähigkeit wird Forschergeist benötigt. Durch agile Führung sind Führungskräfte in der Lage, die Experten und Teams bei der Entwicklung dieser Fähigkeiten zu unterstützen. Sie gestalten einen Rahmen, in dem die Teams sicher experimentieren können. Sie sorgen dafür, dass Vertrauen und Wertschätzung entstehen.

Wenn es notwendig wird, unterstützen sie das Team oder einzelne Teammitglieder und beseitigen Hindernisse.

Ohne agile Führung gibt es kein agiles Unternehmen.

Die Zukunftssicherung eines Unternehmens durch von den Horizonten 2 und 3 repräsentierten Innovationen kann nur mit agiler Führung gelingen.

Aufgabe: Ressourcen

Diese Übung hat das Ziel, den Inhalt dieses Kapitels Revue passieren zu lassen. Die Leitfrage für diese Retrospektive ist: Was habe ich gelernt?

Was hat mich im Kapitel Selbstführung am meisten bewegt?

____

____

____

____

Was habe ich im Kapitel Selbstorganisation gelernt?

Wie hat mich das Thema Rollen und Rollenwechsel in der Führung inspiriert?

Was nehme ich für meine Organisation mit?

4.6 Literaturempfehlungen zum Kapitel

- Professionelle Prozessberatung: Das Trigon-Modell der sieben OE-Basisprozesse, Januar 2014 von Friedrich Glasl, Trude Kalcher, Hannes Piber
- Organisation für Komplexität: Wie Arbeit wieder lebendig wird – und Höchstleistung entsteht, August 2014 von Niels Pfläging

Kapitel 5

Achtsamkeit in Organisationen

»Du kannst die Wellen nicht stoppen, aber du kannst lernen zu surfen.« – Jon Kabat-Zinn

Die in der Einleitung beschriebene VUCA-Welt hat sich nicht zuletzt durch Pandemie und Kriegsgeschehen weiter dynamisiert und ist im Erleben der Menschen noch unberechenbarer geworden. Diese neu entstandene Welt wird mit der Abkürzung BANI beschrieben.

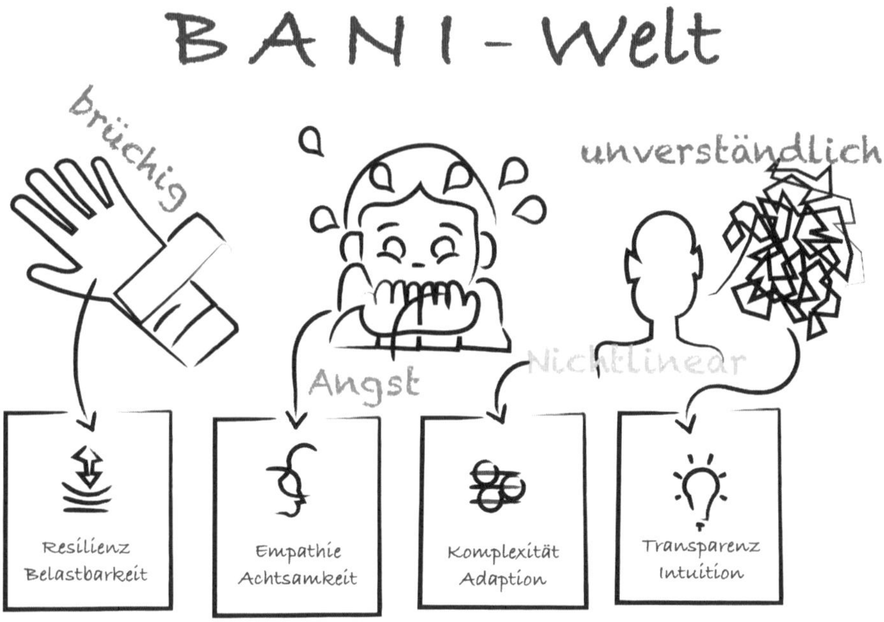

Abbildung 5.1: Wie erleben wir Menschen die »BANI-Welt«?[1]

Diese Welt wirkt auf uns brüchig, unverständlich und nicht linear, sie macht uns Angst.

1 *https://stephangrabmeier.de/bani-vs-vuca/*

Es scheint nicht möglich, sie zu verstehen oder zu kontrollieren. Wie sollen wir uns auf diese Situation einstellen? Die empfohlene Reaktion ist, sich in folgenden Bereichen weiterzuentwickeln:

1. Resilienz: um belastbarer und beweglicher zu werden
2. Achtsamkeit: um mehr Empathie für sich und andere zu entwickeln
3. Adaptivität: um agiler reagieren zu können
4. Intuition: wird durch Transparenz möglich

Wir legen unser Augenmerk auf die Achtsamkeit, weil sie es ermöglicht, unsere emotionalen Reaktionen aufzufangen.

Ein weiterer wichtiger Punkt ist das Thema Stress. Dieser hat in vielen Unternehmen ein sehr hohes Niveau erreicht. Stress ist ein kurzfristiger Energiespender und entwicklungsgeschichtlich ein wichtiger Faktor, um in kritischen Situationen reagieren zu können. Flucht, Kampf und Totstellen sind die typischen kurzfristigen Stressreaktionen. Wenn ein Säbelzahntiger auftauchte, waren diese Optionen lebensrettend. Bei Stress werden viele Hormone ausgeschüttet, die diese Prozesse unterstützen. Sie geben körperlich Energie und nehmen der Verdauung und dem Gehirn Energie. Wir verlieren unter Stress einen erheblichen Teil unseres Denkvermögens und neigen zu bewährten Mustern und Lösungen. Kurzfristiger Stress ist nichts Schlimmes und kann sogar einen Lösungsprozess beschleunigen. Problematisch ist allerdings chronischer Stress. Wir benötigen körperliche Bewegung, um die Stresshormone abzubauen. Diese Bewegung haben wir oft nicht und geraten, noch bevor die Hormone abgebaut sind, wieder in Stress. Dieser Kreislauf kann im Burn-out für den einzelnen Mitarbeiter und im »Organizational Burnout«[2] für das Unternehmen enden. Hier kann Achtsamkeit entgegenwirken.

---

2 Organizational Burnout: Das versteckte Phänomen ausgebrannter Organisationen, Gustav Greve, Springer Gabler, 2018

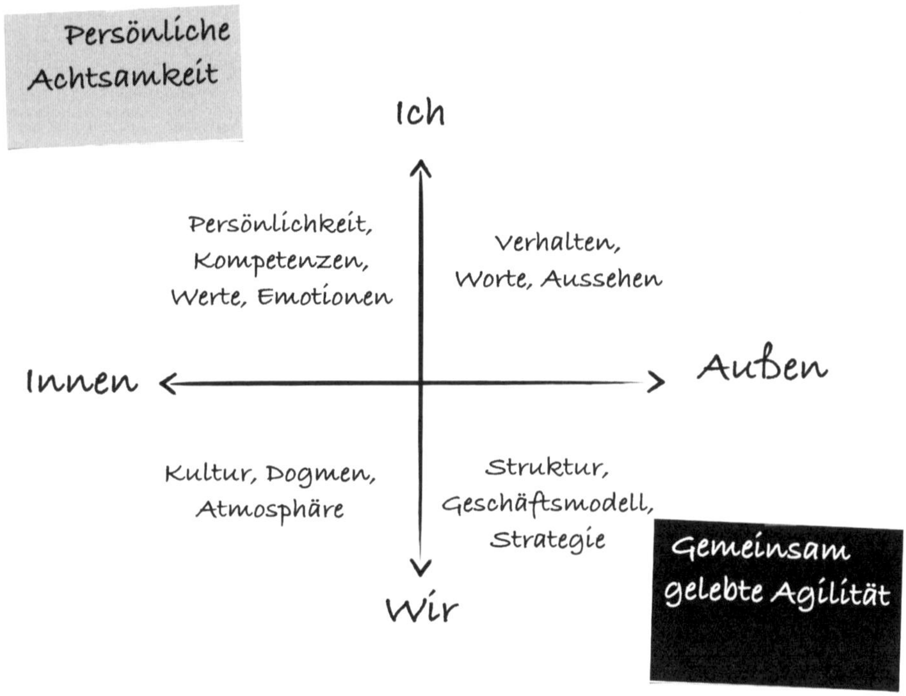

Abbildung 5.2: Achtsamkeit und Agilität in Ken-Wilber-Quadranten[3]

Die Verbindung von Achtsamkeit und Agilität kann man sehr gut am Ken-Wilber-Quadranten erkennen. Agilität bezieht sich auf die Strukturen im Unternehmen. Diese sollen eine flexible und kundenorientierte Arbeitsweise ermöglichen. Die Hälfte des Quadranten, die das »Wir« repräsentiert, ist sichtbar für die Außenwelt.

Achtsamkeit findet eher auf einer persönlichen Ebene statt und wird durch eine bestimmte Haltung des Einzelnen ausgedrückt. Achtsamkeit kann das Verhalten des Einzelnen verändern und auf diese Weise das agile Mindset der Mitarbeiter befördern. Praktiziert eine große Anzahl an Personen Achtsamkeit, wird sich das sehr wahrscheinlich auf die Kultur der Organisation auswirken. Nachvollziehbarerweise wirken sich sowohl das veränderte Verhalten der Menschen als auch die veränderte Kultur indirekt auf die Agilität aus.

Die Wechselbeziehungen gestalten sich in jedem Unternehmen anders. Sie lassen sich nur schwer planen oder festlegen, da im Vorfeld nicht feststeht, wie wir auf Angebote im Bereich Achtsamkeit reagieren. Daher ist es nötig, einen gewissen Freiraum zu ermöglichen und die entstehenden Effekte zu beobachten.

3 *https://www.integralesforum.org/*

5.1 Persönliche Achtsamkeit

»Gefühle kommen und gehen wie Wolken am Himmel. Das achtsame Atmen ist mein Anker im Hier und Jetzt.« – Thích Nhat Hanh

Nachdem das Thema aufgenommen ist und der Begriff im Raum steht, sollten wir vielleicht abgrenzen, was Achtsamkeit ist.

Der Begriff ist in aller Munde, wird vielfach verwendet und ist entsprechend verwässert.

Achtsamkeit ist letztendlich ein Zustand bewusster Geistesgegenwart. Unsere Sinne sind wach und wir erleben den Augenblick, uns selbst und unsere Umwelt im jeweiligen Moment. Das kann die Bewältigung des Alltags erheblich erleichtern.

Achtsamer zu werden, bedeutet bewusster zu leben, sich mehr auf das Hier und Jetzt zu konzentrieren und einen präsenteren Wahrnehmungs- und Bewusstseinszustand zu erreichen.

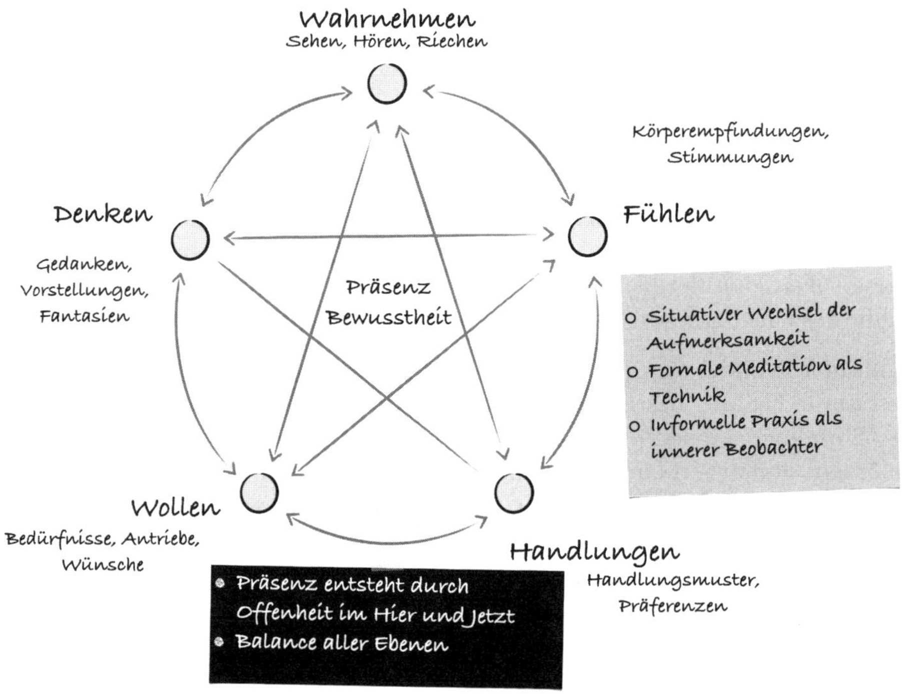

Abbildung 5.3: Das »Bewusstseinsrad«[4]

4 Frei nach Rudi Ballreich Trigon

Achtsamkeit ist demnach eine Meditationspraxis. Sie kann formal für eine bestimmte Dauer praktiziert werden. Es gibt aber auch informelle Achtsamkeit. Hier beobachte oder reflektiere ich im Alltag, wie meine Gedanken und Gefühle sich beeinflussen. Dabei geht es in erster Linie um unsere Wahrnehmungsfähigkeit.

- Wie nehme ich mich selbst und meine Gedankenketten war?
- Wie beeinflussen meine Gedanken meine Emotionen oder meine Emotionen meine Gedanken?
- Was wünsche ich mir, was möchte ich vermeiden?

Wie handle ich, welche Handlungsimpulse führe ich nicht aus? Wodurch wird der Augenblick beeinflusst? Zieht es mich in die Zukunft oder die Vergangenheit? All das wird nur beobachtet. Es wird nicht bewertet oder beeinflusst. Achtsamkeit ist eine Forschungsreise ins Innere, die uns verändern kann. Wenn wir uns häufiger im Hier und Jetzt aufhalten, sind wir offener für Begegnungen und Erfahrungen.

Zu den wissenschaftlich belegten Effekten von Meditation gehören:

- Verbesserung der Konzentrationsfähigkeit
- Zunahme von Empathie
- Steigerung der Kreativität
- Entspannung

In einem agilen professionellen Kontext wie auch in unserem privaten Umfeld sind diese Auswirkungen natürlich äußerst willkommen und haben das Potenzial, unser agiles Arbeitsumfeld, aber auch unser Privatleben dauerhaft positiv zu beeinflussen.

Natürlich gibt es auch kritische Stimmen.[5] Negativ bewertet wurden folgende Entwicklungen:

- Zunehmende Ansprüche an andere
- Die Erwartung, sich selbst verwirklichen zu können
- Stärkerer Fokus auf eigene Interessen – Egoismus

Festgestellt wurde, dass in Unternehmen, die Meditationsangebote unterbreiten, die Kündigungsraten steigen. Das ist wahrscheinlich auf die veränderte Anspruchshaltung der Mitarbeiter zurückzuführen. Es scheint daher wichtig, dass mit dem Angebot zur Meditation auch die Möglichkeit einhergeht, eigene Ideen zu verwirklichen, da anderenfalls erhebliches Frustrationspotenzial entsteht.

Unpassende Rahmendaten stellen aber nach unserer Einschätzung nicht das Potenzial der Meditation an sich infrage.

5 *https://www.deutschlandfunk.de/neue-studie-zu-achtsamkeit-die-nebenwirkungen-der-inneren-100.html*

Sofern man sich entscheidet, dieses Potenzial zu nutzen, kann der Einstieg zum Beispiel mithilfe des MBSR-Programms[6] von Jon Kabat-Zinn gelingen. Hier einige Beispiele:

Sitzmeditation

Auf einem Kissen oder auf dem Boden sitzend, konzentriert man sich auf seine Atmung und nimmt alle auf dem Bewusstseinsrad dargestellten Elemente wahr, Gedanken, Gefühle, Wünsche und Handlungsimpulse. Sie werden lediglich beobachtet, nicht aber festgehalten oder verworfen.

Dafür gibt es zahlreiche gesprochene und geführte Anleitungen. Entsprechende Apps ermöglichen die Personalisierung nach eigenen Bedürfnissen.

Die Meditation gewinnt an Kraft, wenn man sich selbst ohne Hilfsmittel von außen führen kann.

Gehmeditation

Der Fokus der Aufmerksamkeit liegt auf den Füßen. Mit jedem Atemzug wird ein kleiner Schritt gemacht. Dabei beobachtet man ganz genau, wie es sich anfühlt, hier und jetzt zu gehen. Wir beobachten jedes Detail.

Bodyscan

Auch hier dient zunächst eine Anleitung dazu, den eigenen Körper Abschnitt für Abschnitt zu spüren.

Essmeditation

Beim Essen beobachten wir den Geschmack und die Beschaffenheit der Mahlzeit. Auch hier ist jedes Detail wichtig. Abschweifungen und Automatismen versuchen wir zu vermeiden.

---

6 Full Catastrophe Living, Revised Edition: How to cope with stress, pain and illness using mindfulness meditation, Jon Kabat-Zinn, Pikatus Verlag 2016

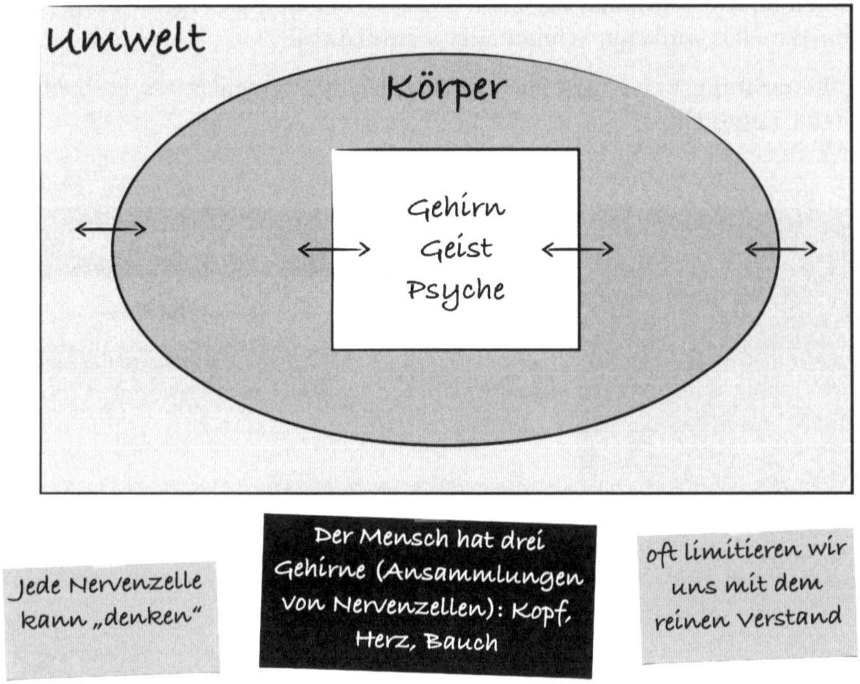

Abbildung 5.4: Verbindung von Körper und Geist im Embodiment[7]

Besonders die weniger bekannten Meditationsvarianten (Bodyscan und Gehmeditation) unterstreichen, dass für unsere Wahrnehmung und unser Denken nicht nur der Kopf verantwortlich ist. Auch die anderen Nervenzellen können denken und tun es auch.

Wir blenden dieses Denken jedoch oft aus. In der Meditation öffnen wir uns für die Signale des »anderen« Denkens.

Unser Körper speichert viele Erfahrungen und Erlebnisse innerhalb des erweiterten Netzwerks von Nervenzellen ab – die Ansammlung von Nervenzellen in unserem Herzen und unserem Bauch sind nicht unerheblich – vergleichbar mit dem Gehirn eines kleineren Säugetiers.

Dieser Gedanke ist z.B. im Zürcher Ressourcen Modell[8] (ZRM) aufgegriffen. Hier spricht man von somatischen Markern und Affekten. Der somatische Marker misst den Affekt. Der Affekt ist eine Vorstufe des Gefühls, eine unmittelbare, immer

7 Embodiment: Die Wechselwirkung von Körper und Psyche verstehen und nutzen, von Wolfgang Tschacher, Hogrefe, 2017

8 Selbstmanagement – ressourcenorientiert: Grundlagen und Trainingsmanual für die Arbeit mit dem Zürcher Ressourcen Modell (ZRM), von Maja Storch, Hogrefe, 2017

körperlich verortete Reaktion auf einen Sachverhalt oder eine Fragestellung (Herzklopfen, der Hals wird eng, Schmetterlinge im Bauch).

Diese Betrachtungsweise wird auch innerhalb des Themenkreises Embodiment vertiefend dargestellt.

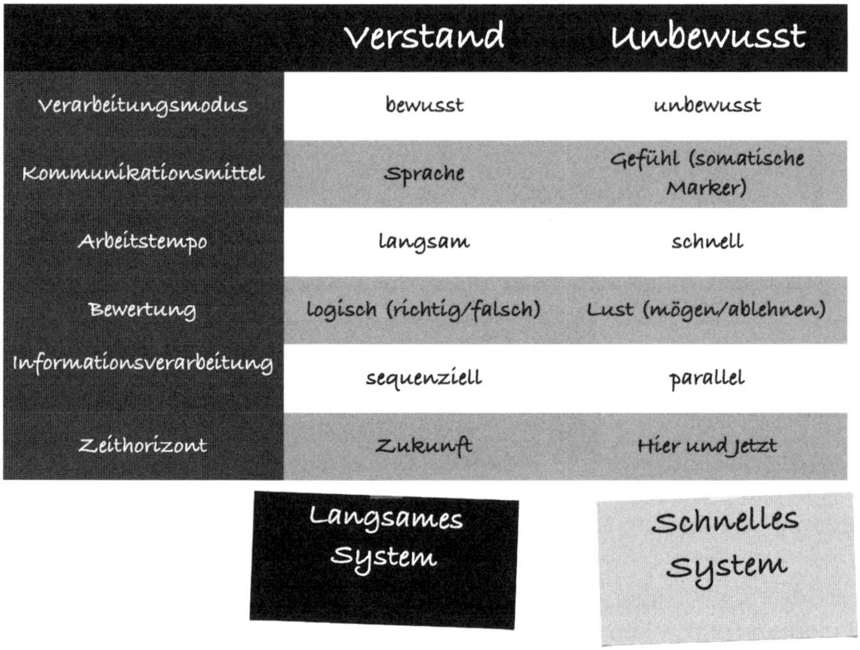

Abbildung 5.5: Bewusstes und unbewusstes Denken[9]

Der Psychologe Daniel Kahnemann beschreibt dieses Phänomen in seinem Werk »Schnelles Denken, langsames Denken«[10] und integriert dabei die Idee verschiedener Ebenen der Wahrnehmung und Erinnerung.

Der bewusste Verstand arbeitet mit Sprache und verbindet diese in sequenziellen logischen Ketten. Alleine durch die Notwendigkeit, sequenziell vorzugehen, ist der Verstand langsam.

Das Denken ist häufig auf die Problemlösung und die Planung der Zukunft ausgerichtet.

Das unbewusste Denken erfolgt viel schneller. Komplexe parallele Prozesse können innerhalb von Sekunden »bedacht« werden. Wir sehen ein Bild und sofort ist

9 Machen Sie doch, was Sie wollen!: Wie ein Strudelwurm den Weg zu Zufriedenheit und Freiheit zeigt, von Maja Storch, Hogrefe, 2016
10 Schnelles Denken, langsames Denken, Daniel Kahnemann, Siedler Verlag, 2016

da eine Emotion: Freude! Wir sehen einen Menschen und haben sofort einen Eindruck: sympathisch!

Das unbewusste Denken ist so schnell, weil es auf Erfahrungen zurückgreifen kann. Es drückt sich über somatische Marker aus. Diese somatischen Marker funktionieren wie eine innere Ampel, die Ja und Nein anzeigt. Sie können sich auf unterschiedliche Weise bemerkbar machen: Kribbeln im Bauch, Enge in der Brust, Weite im Kopf oder kalte Hände – all das sind Körperempfindungen, die auf unseren emotionalen Erfahrungen beruhen. Dieses Denken ist immer im Hier und Jetzt.

Das ZRM versucht, dieses Thema über Kurse und Bewusstwerdung in das Leben der Menschen zu bringen und sie auf diese Weise die beiden Denkwelten zu verbinden. Gleiches kann mithilfe der Meditation gelingen, indem wir unseren emotionalen Erfahrungen mehr Raum geben.

Mögliche Formen der Körpermeditation sind z.B. Yoga, TaiChi und ChiGong.

Die regelmäßige Meditationspraxis unterstützt die eigene Entwicklung. Oft begegnen uns Herausforderungen, die unsere Situation widerspiegeln.

Wenn ich zum Beispiel in der Meditation ständig mit meiner inneren Unruhe kämpfe und eine innere Stimme mir sagt »Hör besser auf, das ist Zeitverschwendung!« und ich lerne nicht, darauf zu hören und weiterzumachen, dann übe ich mich bereits an dieser Stelle in Emotionsregulation.

Von Victor Frankl[11] stammt der Satz: »Die einzige Freiheit des Menschen liegt zwischen Reiz und Reaktion«. Wenn ich nicht jedem Impuls nachgebe, sondern überlege, ob er zur Situation passt und ich mich erst einmal frage »Will ich das wirklich?«, ermögliche ich mir selbst, eine andere Perspektive einzunehmen. Das gilt auch für den Umgang mit uns selbst. Wenn uns z.B. gerade etwas misslungen ist, kann man gewohnheitsmäßig mit einem Selbstvorwurf reagieren: »Hätte ich doch besser aufgepasst, dann wäre mir das nicht passiert« oder »Da habe ich mich mal wieder richtig dumm angestellt, hätte ich doch besser nachgedacht.« Das oder ähnliche Dinge gehen uns durch den Kopf, wenn der Raum zwischen Reiz und Reaktion sehr klein ist.

Man kann diesen Raum bewusst ausweiten und eine andere Reaktion wählen. Man kann Gedanken umformulieren. Statt dem »Hättest du doch besser aufgepasst, dann wäre dir das nicht passiert«, könnte man beispielsweise zu sich sagen: »Heute habe ich nicht aufgepasst. Das ist schade. Aber daraus lerne ich etwas und werde die Sache beim nächsten Mal anders angehen.«

Das Loslassen alter Verhaltensmuster fällt Meditierenden leichter, da sie es häufiger üben. Es kann gelingen, die »Welt mit den Augen eines Kinds zu sehen« bzw. ein

11 Psychotherapie für den Laien. Rundfunkvorträge über Seelenheilkunde, Viktor Frankl, Herder, 5. Auflage

»Beginner Mindset« zu entwickeln. Auf diese Weise fällt es uns leichter, kreative und neue Lösungen zu finden, die nicht auf bekannte Konzepte zurückgreifen und von bereits gemachten Erfahrungen überlagert sind.

Empathie mit anderen wird ebenso durch Meditation verstärkt. Eine stärkere Verbindung mit mir und anderen hilft mir, mich über die Erfolge anderer zu freuen und auf diese Weise mich und andere ein Stück glücklicher zu machen.

Diese Fähigkeiten helfen bei der Entwicklung eines Growth Mindsets[12], welches im »NewWork«[13] eine der wichtigsten Voraussetzungen für die Zufriedenheit der Mitarbeiter und die Performance der Teams ist.

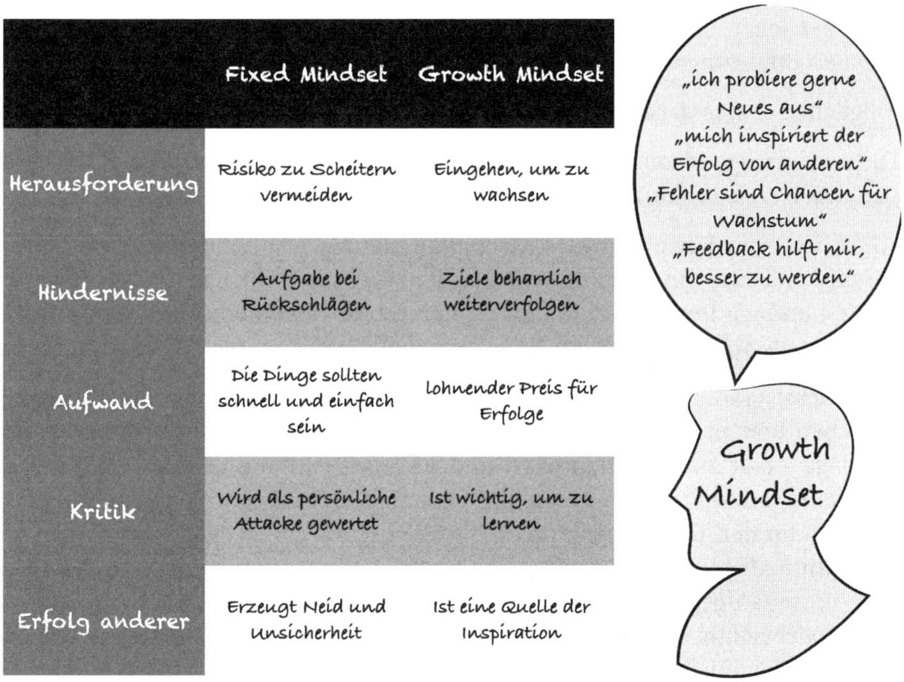

Abbildung 5.6: Growth Mindset

Da unsere Einstellung zur Meditation sehr positiv ist, wollen wir trotzdem eine Warnung aussprechen. Auch die Meditation ist nicht ausschließlich eitel Sonnenschein. Es gibt auch schwierige Abschnitte und innere Kämpfe lassen sich nicht komplett vermeiden.

12 The Growth Mindset Coach: A Teacher's Month-by-Month Handbook for Empowering Students to Achieve von Annie Brock, Selbstverlag, 2016

13 New Work – Gute Arbeit gestalten: Psychologisches Empowerment von Mitarbeitern, Carsten C. Schermuly, Haufe, 2021

Dieser Aspekt wird oft vollständig ausgeblendet, um das Bild nicht zu trüben. Es können Emotionen hochkommen, die in der Vergangenheit keinen Platz gefunden haben. Das fühlt sich nicht immer gut an. Die sogenannte paradoxe Wirkung der Meditation ist ein notwendiger Schritt der Beendung einer Abhängigkeit oder der Verdrängung von Umständen. Da die Meditation ein Prozess ist, sind auch schwierigere Phasen zu durchschreiten. Aber genau in diesen Phasen lernt man am meisten über sein eigenes Leben und seine eigene Geschichte.

Übung zur Meditation

Wie immer ist der erste Schritt – mit einer neuen Praktik zu beginnen – der Schwierigste. Aus unserer Sicht kommt aber im Fall der Meditation eine weitere Erkenntnis hinzu: Die Wirkung entfaltet sich bei täglicher Praxis am ehesten. Deshalb empfehlen wir hier eine relativ stringente Vorgehensweise.

Wir empfehlen, eine der folgenden Apps zu verwenden: 7Mind, Headspace, Calm oder eine andere geeignete App eurer Wahl.

Diese App verwendet man mithilfe eines Probeaccounts für eine Woche.

Innerhalb dieser Woche meditiert man täglich.

Danach stellt man sich die folgenden Fragen:

- Mache ich inzwischen andere Erfahrungen als vorher?
- Was habe ich über mich gelernt?

Sofern keine oder nur eine geringfügig feststellbare Veränderung stattgefunden hat, ist es wahrscheinlich sinnvoll, die Übung abzubrechen und die App zu löschen.

Sofern ein positiver Effekt wahrnehmbar ist, kann die Teilnahme an einem MBSR-Kurs ein möglicher nächster Schritt sein. MBSR ist die Abkürzung von »Mindfulness-Based Stress Reduction« und wird übersetzt in »Stressbewältigung durch Achtsamkeit«. Die Kurse werden fast überall angeboten und die Kosten werden von der Krankenkasse übernommen. Die Teilnahme am Kurs bietet einen festen Ablauf und den Austausch innerhalb einer Gruppe von Gleichgesinnten.

Im Anschluss an den Kurs braucht man die App vielleicht nicht mehr, kann sich natürlich aber immer noch für die Benutzung entscheiden.

5.2 Achtsamkeit im Team

»*Sei in diesem Moment glücklich, das ist genug. Wir brauchen nicht mehr als diesen Moment.*« – Mutter Theresa

Auf der Ebene von Teams ist es schwieriger, Achtsamkeit zu etablieren.[14]

---

14 Micro-Inputs Resilienz: Lebendige Modelle, Interventionen und Visualisierungshilfen für das Resilienz-Coaching und -Training, von Ella Gabriele Amann, Manager Seminare, 2019

Teams bestehen aus unterschiedlichen Individuen, die möglicherweise meditieren wollen oder eben auch nicht. Aufgrund der Bezüge zu persönlichen Fragestellungen ist eine Verpflichtung zur Teilnahme nicht vorstellbar.

Der Ansatz, im Team zu meditieren, wäre zwar theoretisch sogar hilfreich, überschreitet aber in der Praxis zu viele Grenzen zum Privaten.

Das Einverständnis der Gruppe vorausgesetzt, kann man ausprobieren, was passiert, wenn man vor einem Meeting drei Minuten der Stille mit Fokus auf dem Atem walten lässt. Das bleibt aber ein Experiment.

Teams reagieren auf solche Eingriffe sehr unterschiedlich. Die Reaktionsspanne reicht von starker Ablehnung bis hin zu Begeisterung. Immerhin kann ein solcher Versuch ein Anfang sein. Innerhalb eines Teams muss es eine treibende Kraft geben, jemanden, der immer einmal wieder Elemente der Achtsamkeit vorstellt und auf verschiedenen Wegen ausprobiert und in Team-Meetings integriert.

Hier kann man mit der Achtsamkeit beginnen. Es braucht allerdings einen Treiber im Team, der das Thema Achtsamkeit immer mal wieder anders ausprobiert und in die Agenda der Meetings integriert. Im agilen Kontext eignet sich dafür naheliegenderweise die Rolle des Scrum-Masters, da ihm u.a. die Moderation von Meetings obliegt.

Micro Inputs

Wenn man auf direktem Weg einen Einstieg in die Achtsamkeit probieren möchte, sind Micro-Inputs eine gute Option.

Micro-Inputs sind kleine Übungen in Sachen Achtsamkeit, die sich regelmäßig abwechseln. Eine schöne Form der Aufbereitung dieser Übungen sind Karten-Sets.

Nachfolgend drei gute Beispiele, die jedoch das Marktangebot nicht vollständig abbilden, im Moment entstehen in diesem Bereich gerade viele gute neue Produkte:

- Achtsames Arbeiten, Kamel, Frank, Beltz Verlag
- Ressourcenübungen für Erwachsene, Gräßer, Hovermann, Beltz Verlag
- Selbststärkung – News, Beltz Verlag

Mithilfe dieser Karten-Sets wird es möglich, sich dem Thema spielerisch zu nähern. Durch das Ziehen einer Karte kann eine Übung in Achtsamkeit durch ein Teammitglied für alle gewählt werden oder jedes Teammitglied wählt eine Übung für sich selbst, die er bis zum nächsten Termin ausprobiert.

Es ist sinnvoll, von Zeit zu Zeit über die Übungen und ihre Wirksamkeit zu reflektieren.

Das bietet sich zum Beispiel im Rahmen einer Retrospektive an. Folgende Fragen könnten dabei gestellt werden:

- Welche Übungen funktionieren am besten?
- Wie wirken sie?
- Wie wollen wir weitermachen?

Sofern es eine Gruppe von Scrum-Mastern im Unternehmen gibt – eine Community of Practice – und die verschiedenen Gruppenmitglieder Erfahrungen mit Achtsamkeitsübungen sammeln, bietet dieses Forum die Möglichkeit zum Austausch von Erfahrungen.

Neben diesem direkten Einstieg in die formale Achtsamkeit gibt es informelle Achtsamkeit. Diese kann man auch als Achtsamkeit im Denken bezeichnen. Dabei werden alle Ebenen des Bewusstseinsrads berücksichtigt, um eine ganzheitliche – bessere – Herangehensweise zu etablieren.

Diese Form der Achtsamkeit schlägt sich z.B. in der Gestaltung von Meetings nieder.

Mindful Meetings

Der Moderator sollte mit dem Ansatz vertraut sein. Die nachfolgende Grafik visualisiert die benötigten Informationen und ordnet sie ein:

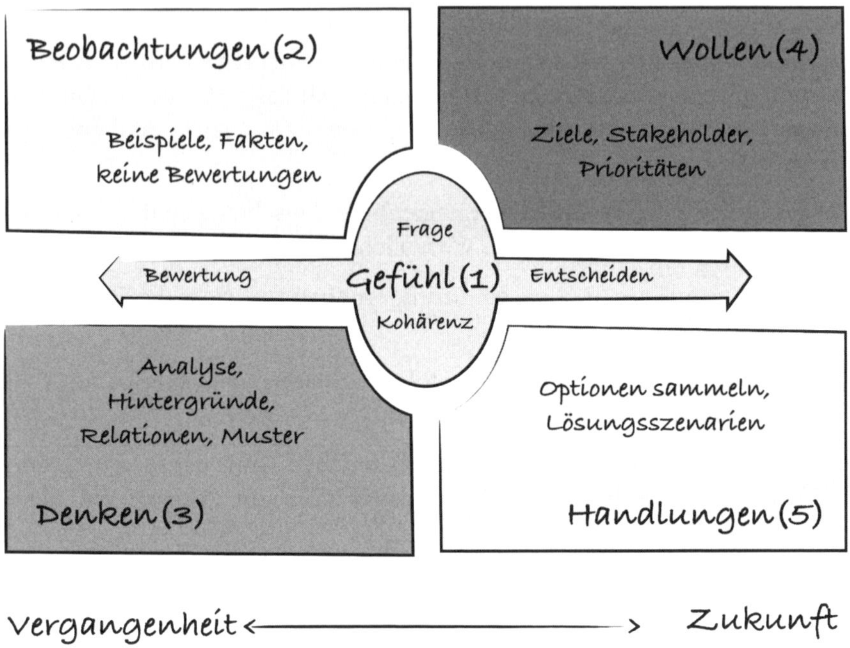

Abbildung 5.7: Visualisierung von Mindful Meetings nach Rudi Ballreich (Trigon)

1. Am Anfang des Prozesses steht immer eine Suchanfrage. Auch wenn die Suchfrage ein rationales Problem betrifft, gehören emotionale Elemente wie die Einordnung als »dringlich« und die Bewertung der Frage als »stimmig« dazu.

   Dabei ist es wichtig, die Frage nach der Stimmigkeit an alle Teilnehmer zu richten. Das Gefühl der Unstimmigkeit bedeutet oft, dass etwas Wesentliches vergessen wurde. Emotionen sind ganzheitlicher und liefern schnellere Ergebnisse als der Verstand.

   Das Gefühl der Unstimmigkeit ist wahrnehmbar, noch bevor man gemeinsam analysiert hat, was genau da nicht passt.
2. Im nächsten Schritt werden Fakten zu dem Thema gesammelt. Sie werden auch in der Darstellung von den Bewertungen getrennt.
3. Der nächste Schritt ist die Analyse. Was können mögliche Ursachen für die Situation, die wir beobachtet haben, sein? Welche Muster ergeben sich? Die größte Schwierigkeit besteht oft darin, die Analyse zu beenden. Viele Teams fühlen sich in der Analyse sehr wohl und wünschen sich Klarheit und Vollständigkeit. Dieses Ziel wird aber oft nicht mit vertretbarem Aufwand zu erreichen sein. Daher bleibt nur die Frage, ob die erreichte Klärung bereits passend ist und wie man weiter vorgehen kann.
4. Wichtig ist zu ermitteln, was die Gruppe erreichen will und auf welche gemeinsamen Ziele man sich einigen kann. Dieser Teil wird oft nicht ausgeführt. Dadurch wird das Festlegen geeigneter Maßnahmen erschwert.
5. Im Handlungsraum sammelt man Optionen. Dies ist ein kreativer Prozess und es ist oft hilfreich, sich hier Zeit zu nehmen, statt das erstbeste Ergebnis sofort umzusetzen. Wer viele Optionen hat, kann besser entscheiden und findet qualifiziertere Lösungen.

Die Felder 2 und 3 liegen in der Vergangenheit. Zwischen 2 und 3 wechselt die Ausrichtung der Zeit in die Zukunft. Wo wollen wir hin? Wie setzen wir das um?

Wenn man beginnt, das Tool zu benutzen, empfiehlt es sich, die Felder 1 bis 5 stringent nacheinander zu bearbeiten.

Ein geübter Moderator kann die Reihenfolge variieren, sollte aber darauf achten, dass auch die Gruppe dem Verlauf folgen kann.

Zu einem Mindful Meeting gehören sowohl die Übernahme der Moderatorenrolle als auch die Visualisierung dazu. Das Format kann auf jede Art von Meeting angewendet werden.

Dahinter verbirgt sich die Idee, Achtsamkeit im Denken direkt dort zu praktizieren, wo die meisten Mitarbeiter einen großen Teil ihrer Zeit verbringen.

Das kann eine Hebelwirkung haben, die sich auf die Kultur der gesamten Organisation auswirkt.

Wie bei anderen Methoden auch, ist der Erfolg jedoch nicht zwangsläufig garantiert.

Es kommt vor, dass sich Widerstand in Form von: »Das ist alles kompliziert, können wir nicht einfach mal wieder zum Thema kommen?« regt.

Salutogenese

Abbildung 5.8: Das Modell der Salutogenese[15]

Das Modell entstammt der Entwicklungspsychologie. Es beschäftigt sich mit der Frage, unter welchen Bedingungen sich Menschen optimal entwickeln können. Das ist dann der Fall, wenn sie verstehen, was gerade um sie herum passiert, in ihrer Tätigkeit einen Sinn sehen und davon überzeugt sind, dass sie die Fähigkeiten zur Umsetzung ihrer Aufgaben haben.

Fehlt eines der Elemente, sind Frust, Irritation oder Überforderung die Folge.

So gesehen ist das Gefühl der Kohärenz die Kompassnadel, die die Navigation von Teams in dynamischen Zeiten ermöglicht.

Besonders während einer Transformation oder innerhalb einer Agilen Organisation etabliert sich oft ein konstanter Beta-Status. Hier kann ein Dialog zu diesen

15 Salutogenese kennen und verstehen: Konzept, Stellenwert, Forschung und praktische Anwendung, Claudia Meier Magistretti, 2019, Hogrefe

vier Elementen Probleme aufdecken. Dieser Dialog kann z.B. im Rahmen von Retrospektiven stattfinden.

Rubikon-Prozess

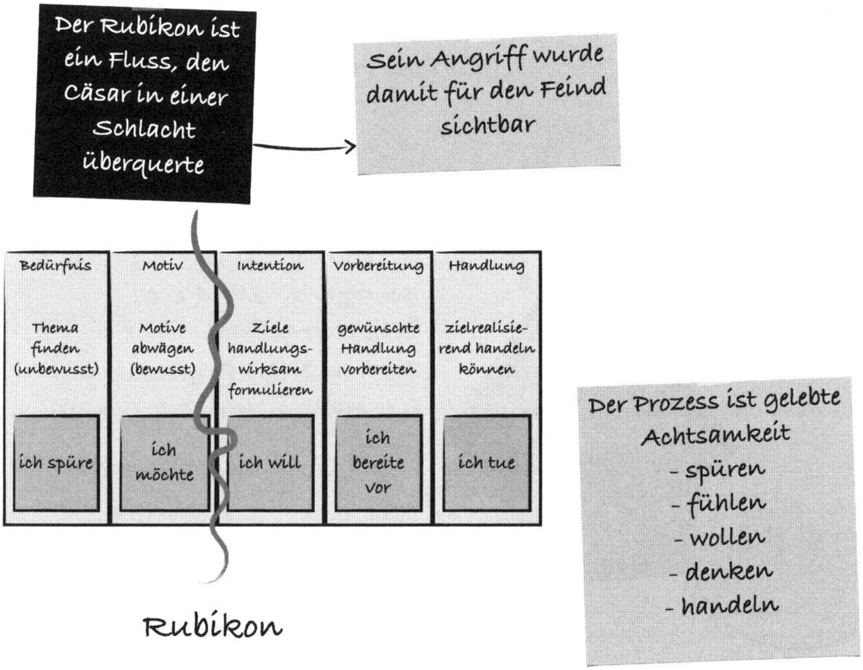

Abbildung 5.9: Rubikon-Prozess des Zürcher Ressourcen-Modells (ZRM)

Zum Zürcher Ressourcen-Modell gehört der sogenannte Rubikon-Prozess zur ganzheitlichen Entwicklung von Menschen, dessen einzelne Schritte in unserer Grafik abgebildet sind.

Dieser Prozess versucht, eigene Ziele so zu beschreiben, dass auch unser Unterbewusstsein sie mitträgt.

Diese sogenannten Mottoziele werden daher so formuliert, dass sie sowohl für unser Bewusstsein als auch das Unterbewusstsein attraktiv sind.

Der Prozess zur Entwicklung der Fragen sollte von einem darin geschulten Berater im Rahmen eines Workshops durchlaufen werden.

Jedes Teammitglied beschreibt dabei Ziele für die eigene Entwicklung, aber auch das Team als Ganzes.

Der Ablauf im Detail ist in dem Buch von Regine Stopka beschrieben (»Mit agilem Mindset zum Erfolg« von Regine Stopka im Hogrefe Verlag).

Team-Charter

Eine weitere Möglichkeit, Achtsamkeit in Teams zu etablieren, stellt das sogenannte Team-Charter dar.

Das Team-Charter[16] steht in Beziehung zu Themen wie Resilienz und positive Psychologie.

Es geht weniger auf die individuellen Bedürfnisse der Teammitglieder ein, sondern es beschreibt, welche Haltung eine optimale Zusammenarbeit des Teams befördert.

Das Team lernt dann Schritt für Schritt, sich dem Idealbild in der Praxis anzunähern.

Dazu braucht es entsprechende gemeinsame Reflektionsräume und eine Moderation. Im Laufe des Prozesses kann das Team die Charter anpassen. Das sollte man jedoch nicht direkt am Anfang machen.

- **Optimismus**: Das Glas ist halb voll und wenn nicht, dann machen wir es halb voll -> Selbstwirksamkeit
- **Akzeptanz**: Unsere von uns nicht veränderbaren Rahmenbedingungen sind die Basis.
- **Lösungsorientierung**: Probleme sind für uns die Impulse, um Lösungen zu entwickeln.
- **Opferrolle verlassen**: Klar doch! Wir lösen uns aus der Opferrolle ...
- und gehen in **Verantwortung**
- Wir **vernetzen** uns – Erfahrungen, geteilt mit anderen. Sind ein MEHR
- Und wir **entdecken Freude und Sinn** in dem, was wir tun.

Abbildung 5.10: Team-Charter-Empfehlung

16 Frei nach Dr. Claudia Härtl-Kasulke, *https://www.bk-k.de/team/*

Team-Evaluation

Mithilfe dieser Übung kann man in Erfahrung bringen, welchen Standpunkt die Teammitglieder in Bezug auf Achtsamkeit vertreten. Die Evaluierung kann in zwei verschiedenen Varianten erfolgen:

Die Mini-Evaluation zeigt beispielhaft, wie Informationen zum Thema Mindset und Kultur gewonnen werden können.

Alternativ kann eine Expertenbewertung durch ein unstrukturiertes Interview erfolgen.

Dazu werden die Gesprächspartner in eine Diskussion über das Thema Achtsamkeit verwickelt und im Anschluss wird analysiert, welche Wertung mitschwingt.

Für die Mini-Evaluation nehmen die Teammitglieder die Wertung direkt vor, während der interviewende Experte die Auswertung für die Teammitglieder in der gleichen Struktur im Anschluss an das Gespräch vornimmt.

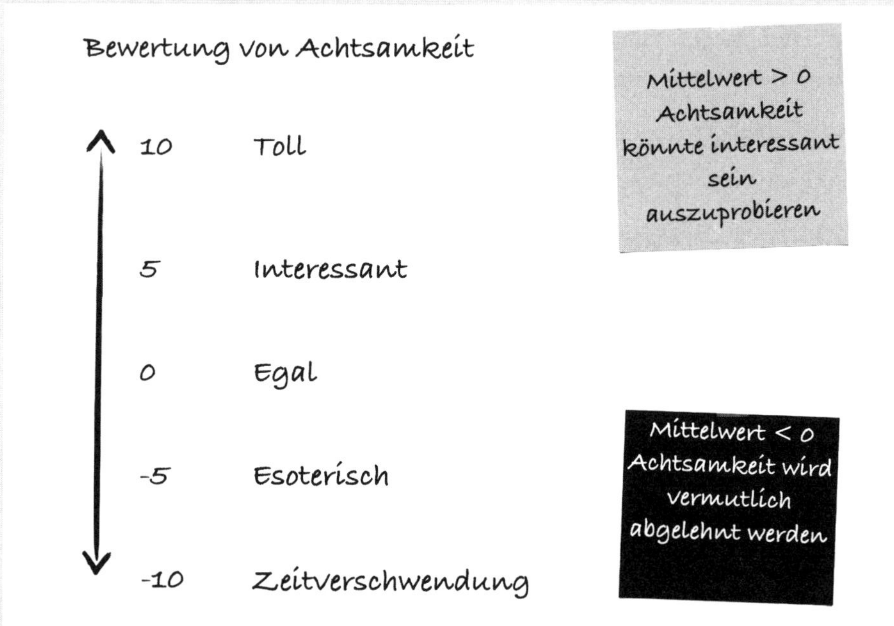

Abbildung 5.11: Auswertungsbogen für die Evaluation

Sind drei oder mehr Teammitglieder befragt worden, ist der Mittelwert als Ausgangspunkt für die nachfolgende Auswertung zu bilden:

Stimmt der reale Mittelwert mit dem vermuteten Wert (»Bauchgefühl«) überein?
Welche Schlüsse kann man aus der Bewertung ziehen?
Wie kann das Thema weiterverfolgt werden?

5.3 Achtsamkeit in der Führung

»Die wahre Lebensweisheit besteht darin, im Alltäglichen das Wunderbare zu sehen.« – Ralph Waldo Emerson

Achtsamkeit in der Führung kann damit beginnen, eine eigene Meditationspraxis zu kultivieren. Wenn man sich selbst in der Situation befindet, ist einem oft nicht bewusst, dass man als gestresste Führungskraft eine demotivierende Ausstrahlung auf seine Umgebung hat.

Tunnelblick und Fokus auf bestehende Lösungen können dem Unternehmen Schaden zufügen, weil die Möglichkeit, innovativ vorzugehen, unterlaufen wird.

Die Fähigkeit, empathisch zu reagieren, stärkt die Beziehung zu Mitarbeitern.

Zuhören können ist daher eine zentrale wichtige Fähigkeit für Führungskräfte. Nicht mit verschiedenen Dingen beschäftigt, sondern tatsächlich im Augenblick präsent zu sein, ist durch kein Tool oder Konzept zu ersetzen.

Menschliche Führung[17]

Dieses Führungsmodell wurde als Manifest formuliert. Der Ansatz ist sehr anschaulich in Form der zentralen Thesen dargestellt.

17 Manifest für menschliche Führung: Sechs Thesen für neue Führung im Zeitalter der Digitalisierung, von Marcus Raitner, Amazon Press, 2019

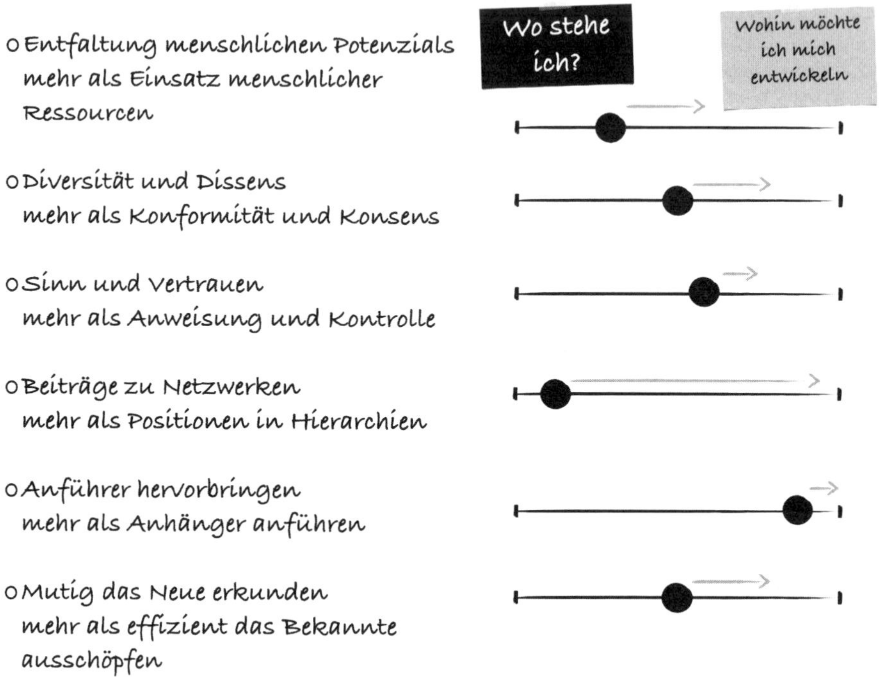

Abbildung 5.12: Das Manifest für menschliche Führung mit Selbstbewertung

Ziel dieser Art zu führen ist es, auch unter Berücksichtigung der Prinzipien der Achtsamkeit, das Potenzial jedes Einzelnen zu entfalten.

Es kommt dabei darauf an, Diversität und Dissens anzuerkennen und wertzuschätzen.

Der Ausdruck »Nah bei den Menschen, hart in der Sache« beschreibt sehr gut, wie Dissens ohne Konflikt funktionieren kann. Das Ziel ist es, gemeinsam in der Diskussion um gute Ergebnisse zu ringen. Es kommt dabei nicht darauf an, die Position, Rollen oder den Status in den Vordergrund zu stellen, sondern gute Argumente auszutauschen: überzeugen und sich überzeugen lassen.

Sinn stiften und kommunizieren sind Führungsaufgaben. Den Mitarbeitern zutrauen, dass sie gute Entscheidungen treffen können und immer ihr Bestes geben, gehört auch dazu. Führungskräfte, die als Netzwerker agieren, helfen, existierende Silos aufzubrechen.

Auf diese Weise kann es gelingen, dass verschiedene Personen die Führung in Bezug auf ein spezielles Thema oder in einer Situation zeigen.

In einer agilen Organisation gibt es viele Rollen, die an keine disziplinarische Verantwortung gekoppelt sind. Verschiedene Mitarbeiter agieren demzufolge als Führungskräfte mit einer Verantwortung für bestimmte Aufgaben.

Mit dieser Verantwortung geht es einher, bewusst Risiken einzugehen, Innovationen zu fördern und mit Prototypen statt mit immer gleichen Modellen zu arbeiten. Eine wichtige Voraussetzung dafür ist die Etablierung einer Fehlerkultur.

Der sehr praxisnahe Ansatz wurde in der IT-Abteilung von BWM entwickelt und passt sehr gut zu den in SCRUM und im Design Thinking verankerten Werten und hilf dabei, den Fokus der Führung auf das Wesentliche zu richten.

Embodiment

Beim Embodiment geht es darum, den eigenen Körper und dessen Signale wahrzunehmen. Sowohl das bewusste als auch das unterbewusste Denken zu nutzen, ist das Ziel.

Innere Verbundenheit mit sich selbst ist der Anfang einer guten Beziehung zu sich und anderen. Die eigenen Emotionen wahrnehmen und ausdrücken zu können, ermöglicht es auch anderen, einen besseren Zugang zu uns zu finden. Emotionen sind eine wichtige Informationsquelle. Sie wahrzunehmen, ist eine wichtige Voraussetzung für unsere Beziehungen untereinander. Das klingt banal, aber leider gibt es viele Unternehmenskonstellationen, die diese Wahrnehmung erschweren. Der Satz »Lass uns das mal professionell angehen und die Emotionen weglassen« beschreibt sehr gut den aktuellen Status quo in vielen Büros, der nur einen Teil unserer Emotionen und Eingebungen zutage treten lässt. Dahinter verbirgt sich die tiefere Ursache für viele Konflikte und Blockaden. Diese Blockaden zu lösen, setzt unglaublich viel Energie und kreatives Potenzial frei.

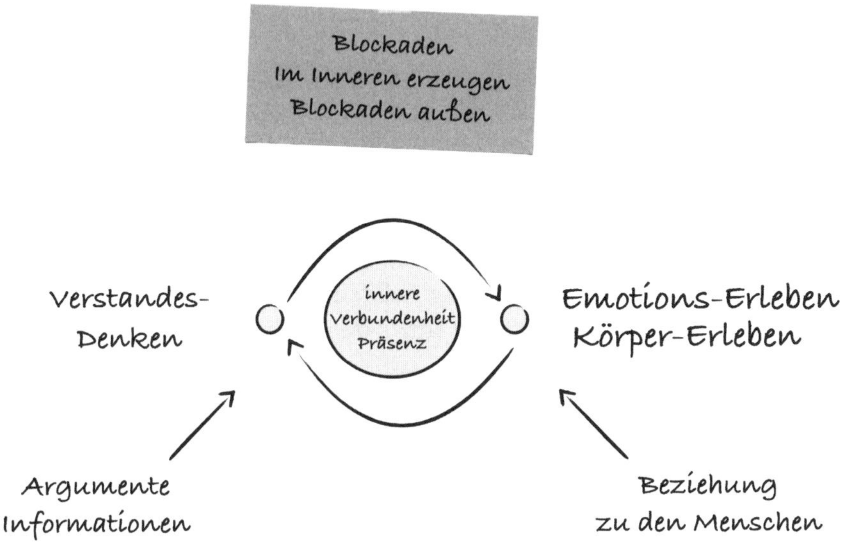

Abbildung 5.13: Gemeinsam denken[18]

18 Dialogische Intelligenz: Aus dem Käfig des Gedachten in den Kosmos des Denkens, von Martina Hartkemeyer, INFO3 Verlag, 2016

Selbsteinschätzung

In der Grafik zur menschlichen Führung sind Skalen für eine Selbsteinschätzung. Auf der linken Seite stehen die Werte, die weniger wichtig sind. Auf der rechten Seite finden sich die wichtigeren – also rechts »Konformität und Konsens« und links »Entfaltung menschlichen Potenzials«.

Der erste Schritt ist eine ehrliche Selbsteinschätzung. Wo stehe ich gerade in meinem Berufsleben?

Dann stellt sich die Frage, wohin ich mich entwickeln möchte. Das beschreibe ich erst einmal nur als Wert, der einer ersten Eingebung entspricht.

Erst im Anschluss geht es darum, was das genau bedeuten würde. Was könnte oder müsste ich anders machen?

Wer bin ich, wenn ich all das erreicht habe? Positive Zielbilder können einen Sog erzeugen. Lust ist das Gegenteil von Druck.

5.4 Achtsamkeit in der Organisation

»*Die Weisheit des Lebens besteht im Vermeiden der unwesentlichen Dinge.*« – Lin Yutang

Es gibt einige Organisationen, die Achtsamkeit in ihre Organisation integriert haben. Google ist hier wahrscheinlich der Vorreiter, der mit dem Programm »Search inside yourself« auch das Thema Meditation eingeführt hat.

In Deutschland ist SAP diesem Weg gefolgt. Das Unternehmen bietet entsprechende Schulungen an und es gibt Räume, in denen der Einzelne seiner Praxis nachgehen kann.

Es ist auch möglich, geführte Gruppenmeditationen zu besuchen. Die Teilnahme dabei ist jedoch freiwillig und bezieht sich nicht etwa auf Abteilungen. Auf diese Art entsteht eine Meditations-Community. Eine Anzahl von Trainern ist dafür eingestellt und ein Budget ist dafür vorgesehen.

In diesem Kontext tauchen natürlich Fragen wie »Ist Meditation Arbeitszeit?", »Kann ich mir diese Zeit nehmen, obwohl gerade viel los ist?" auf. Die Integration von Meditation in den Arbeitsalltag stellt eine echte Herausforderung dar. Das wichtigste Prinzip erscheint uns das Prinzip der Freiwilligkeit.

Wichtig zu den Effekten der Meditation ist noch zu wissen, dass sie wieder verschwinden, wenn man mit dem Meditieren aufhört. Sie sind nicht von Dauer. Wenn ich ein Jahr lang meditiere und wieder aufhöre, ist danach kein Unterschied mehr feststellbar. Diese Information gewinnt an Gewicht, wenn man berücksichtigt, dass die Abbrecherquote bei der Meditation sehr hoch ist.

In öffentlichen Kursen kann man davon ausgehen, dass mindestens 95 % derer, die beginnen, keine regelmäßige Praxis entwickeln. Deshalb ist es sinnvoll, zusätzlich die Achtsamkeit im Denken zu entwickeln. Diese kann die Kultur eines Unternehmens unter Umständen nachhaltiger verändern.

Innere Strukturen entwickeln

Die Führung beginnt bei der Selbstführung. Wenn Agilität und Achtsamkeit auf der Reise zur Agilität Hand in Hand gehen, könnte das idealerweise so aussehen:

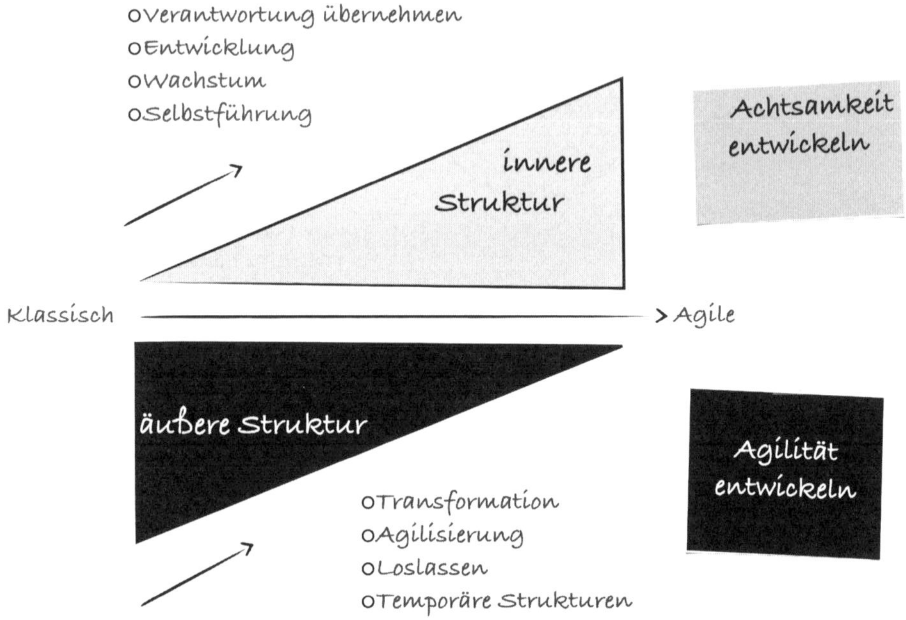

Abbildung 5.14: New Work needs inner work

Wenn das Korsett einer starren Linienführung abgebaut wird und die Mitarbeiter Stück für Stück ermächtigt werden, bedeutet das, dass sie Verantwortung und Führungsaufgaben übernehmen müssen. Sie müssen an ihren Aufgaben wachsen und auch wachsen wollen. Diesen Prozess kann die Achtsamkeit unterstützen.

Die Reise der Achtsamkeit in der Agilität

Es gibt keine Konzepte, die für alle funktionieren. Jedes Unternehmen und seine Kultur sind individuell.

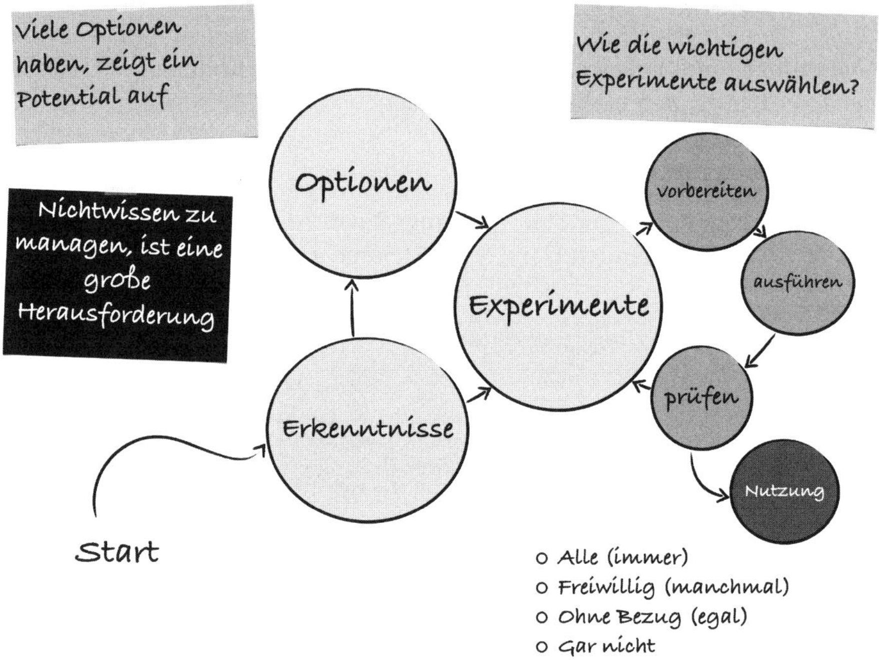

Abbildung 5.15: Experimentportfolio[19]

Es ist notwendig, viele kleine Experimente auszuführen. Ein Beispiel für ein solches Experiment könnte sein: »Wir testen Mikro-Achtsamkeit in den agilen Teams«. Solche und ähnliche Themen sammelt man dann in einem Portfolio von Experimenten. Man überlegt sich, wie man ein jedes Experiment gestaltet und wie man erkennt, dass es erfolgreich verlaufen ist. Dann wird es durchgeführt. Nach einer definierten Zeit wird es ausgewertet. Dazu wird gemessen, wie gut die Kriterien für den Erfolg erfüllt wurden. Dann wird entschieden, wie auf Basis dieser Erkenntnisse weiter vorzugehen ist. Die Nutzung eines Konzepts kann dabei so aussehen, dass, wenn z.B. die Micro-Achtsamkeit gut angenommen wurde, dieses Konzept in einem größeren Kontext angewendet wird.

19 Facilitation – Workshops online & Präsenz agil gestalten mit Wondercards (Methoden-Spiele-Tools-Formate), Moderation-Kartenset für Berater, Agile Coaches, Trainer, von Nadja Peteranovshaja

Zwei Betriebssysteme

Der Begriff kommt aus dem Umfeld der skalierten Enterprise-Modelle und klingt sehr technisch. Gemeint ist damit, dass es zwei unterschiedliche Steuerungsmöglichkeiten eines Unternehmens gibt, die nebeneinander existieren können.[20]

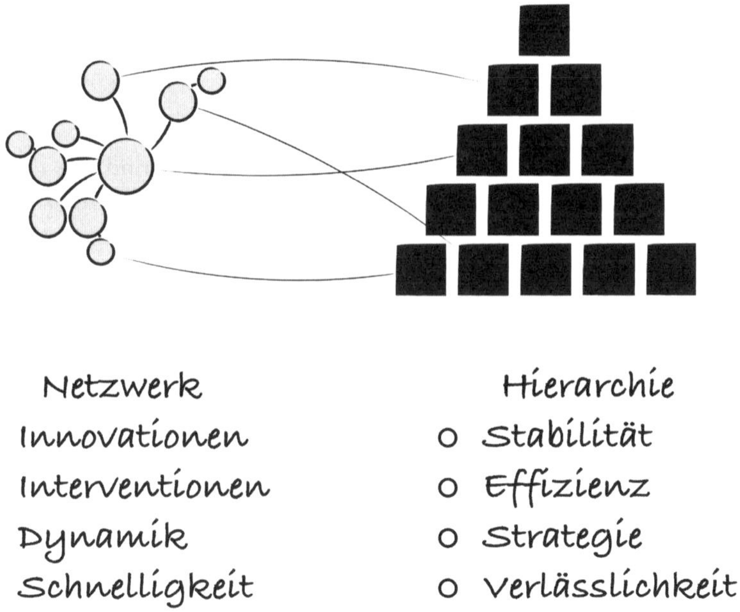

Abbildung 5.16: Modell der zwei Betriebssysteme einer Organisation

Die eine ist die klassische Hierarchie und die andere ist ein Netzwerk aus Mitarbeitern, die bestimmte Rollen auf Augenhöhe haben. Eine der bekanntesten Rollen ist ein SCRUM-Master, er hat zwar Prozessverantwortung, ist dem Team aber nicht vorgesetzt. Er moderiert die Entscheidungsfindung des Teams. Eine Variante der Einführung von Achtsamkeit ist die Verbindung von informellen Netzwerken mit der Hierarchie. Für die konkrete Umsetzung ist es hilfreich, innerhalb des Teams eine Rolle zu identifizieren.

Diese Rolle ist dann dafür verantwortlich, Experimente durchzuführen und auszuwerten. Hier ist die Rolle des SCRUM-Masters prädestiniert. Er moderiert bestimmte Meetings wie Retrospektiven und kann auf diese Weise die Anwendung der Achtsamkeit im Denken einführen und bewerten, ob Erfolgskriterien sichtbar werden. Einzeln eingesetzte Scrum-Master mit dieser Aufgabe bilden ein loses

20 Micro-Inputs Veränderungscoaching: Die wichtigsten Modelle, Erklärungshilfen und Visualisierungen für das Coaching von Veränderungsprozessen, von Anna Egger, Manager Seminare, 2020

Netzwerk, das an einer Stelle mit einem üblicherweise in der Hierarchie verankerten Portfolio verbunden werden muss.

Das Portfolio hat üblicherweise ein Budget und ist mit Managern besetzt, die dem Thema entsprechendes Gewicht in der Organisation verleihen können und bei Bedarf Entscheidungen in Bezug auf vorab bereits erwähnte Fragen wie »Ist Meditation Arbeitszeit?" erwirken können.

Auf den ersten Blick klingt das Ganze möglicherweise kompliziert. Wir haben aber in der Praxis viele positive Erfahrungen gesammelt und oft eine Stimmung, die dem Aufbruchscharakter vor einer Reise ähnelt, aufgenommen.

Wer sich noch mehr konkrete Beispiele für Workshops und ein Beispiel eines Unternehmens wünscht, das mit Themenfeldern rund um die Achtsamkeit agiert, dem sei das Buch »Agile & Mindful Leadership« im mitp-Verlag empfohlen.

Reisetagebuch

Diese Übung soll sich mit der Reise des Unternehmens und derjenigen auf persönlicher Ebene befassen. Die erste Grafik dieses Kapitels umreißt das Thema sehr gut.

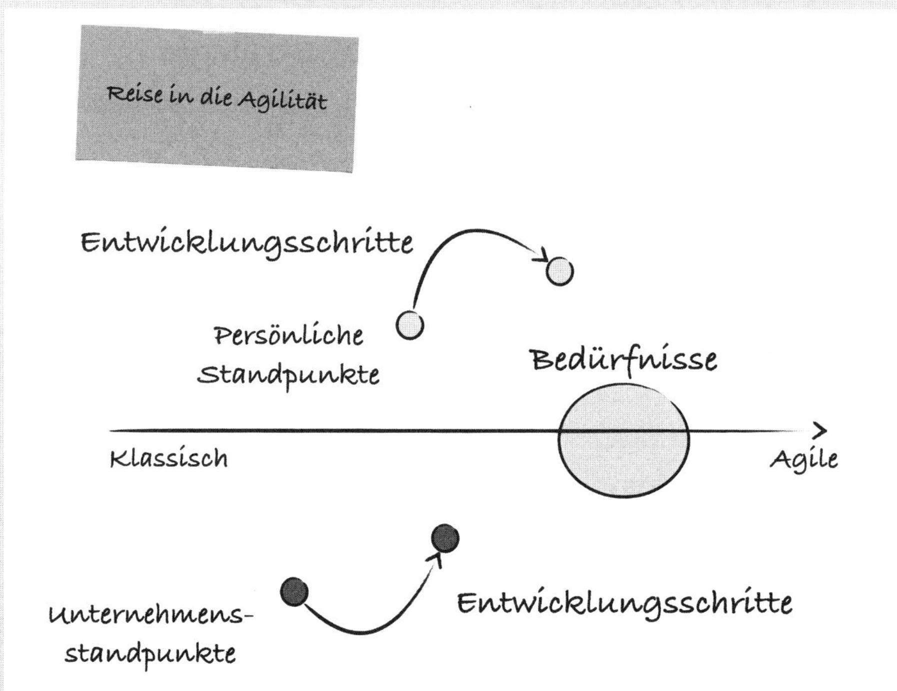

Abbildung 5.17: Persönliche Reise skizzieren

Auf der oberen Hälfte beschreibt man seine persönliche Reise in die Agilität.
Wie haben sich Mindset und die Befähigung zur Selbstführung entwickelt?
Welche Schritte und Rückschritte hat es gegeben?
Auf der unteren Hälfte wird die Reise des Unternehmens beschrieben.
Wo stand es davor?
Wie hat es sich entwickelt?

Bedürfnisse erkennen:
Was benötige ich für meinen nächsten persönlichen Entwicklungsschritt?
Welche Möglichkeiten benötige ich in meinem Unternehmen?

Vielen Dank, dass du bis zum Schluss durchgehalten hast. Wir wünschen dir viel Erfolg auf deinem weiteren Weg!

Stichwortverzeichnis